"十三五"国家重点出版物出版规划项目
人因工程学丛书

大型复杂人-机-环境系统中的人因可靠性

Human Reliability in Large Complex
Man-Machine-Environment Systems

张力 胡鸿 著

国防工业出版社

·北京·

图书在版编目（CIP）数据

大型复杂人-机-环境系统中的人因可靠性/张力，胡鸿著. —北京：国防工业出版社，2024.1
（人因工程学丛书）
ISBN 978-7-118-13081-2

Ⅰ.①大… Ⅱ.①张… ②胡… Ⅲ.①人因工程-可靠性-研究 Ⅳ.①TB18

中国国家版本馆 CIP 数据核字（2023）第 248344 号

※

国防工业出版社出版发行
（北京市海淀区紫竹院南路 23 号 邮政编码 100048）
三河市腾飞印务有限公司印刷
新华书店经售

*

开本 710×1000 1/16 印张 18 字数 300 千字
2024 年 1 月第 1 版第 1 次印刷 印数 1—1500 册 定价 120.00 元

（本书如有印装错误，我社负责调换）

国防书店：（010）88540777　　书店传真：（010）88540776
发行业务：（010）88540717　　发行传真：（010）88540762

致 读 者

本书由中央军委装备发展部**国防科技图书出版基金**资助出版。

为了促进国防科技和武器装备发展，加强社会主义物质文明和精神文明建设，培养优秀科技人才，确保国防科技优秀图书的出版，原国防科工委于1988年初决定每年拨出专款，设立国防科技图书出版基金，成立评审委员会，扶持、审定出版国防科技优秀图书。这是一项具有深远意义的创举。

国防科技图书出版基金资助的对象是：

（1）在国防科学技术领域中，学术水平高，内容有创见，在学科上居领先地位的基础科学理论图书；在工程技术理论方面有突破的应用科学专著。

（2）学术思想新颖，内容具体、实用，对国防科技和武器装备发展具有较大推动作用的专著；密切结合国防现代化和武器装备现代化需要的高新技术内容的专著。

（3）有重要发展前景和有重大开拓使用价值，密切结合国防现代化和武器装备现代化需要的新工艺、新材料内容的专著。

（4）填补目前我国科技领域空白并具有军事应用前景的薄弱学科和边缘学科的科技图书。

国防科技图书出版基金评审委员会在中央军委装备发展部的领导下开展工作，负责掌握出版基金的使用方向，评审受理的图书选题，决定资助的图书选题和资助金额，以及决定中断或取消资助等。经评审给予资助的图书，由国防工业出版社出版发行。

国防科技和武器装备发展已经取得了举世瞩目的成就，国防科技图书承担着记载和弘扬这些成就，积累和传播科技知识的使命。开展好评审工作，使有限的基金发挥出巨大的效能，需要不断摸索、认真总结和及时改进，更需要国防科技和武器装备建设战线广大科技工作者、专家、教授，以及社会各界朋友的热情支持。

让我们携起手来，为祖国昌盛、科技腾飞、出版繁荣而共同奋斗！

国防科技图书出版基金
评审委员会

国防科技图书出版基金
第七届评审委员会组成人员

主 任 委 员	柳荣普
副主任委员	吴有生　傅兴男　赵伯桥
秘 书 长	赵伯桥
副 秘 书 长	许西安　谢晓阳
委　　　员 （按姓氏笔画排序）	才鸿年　马伟明　王小谟　王群书 甘茂治　甘晓华　卢秉恒　巩水利 刘泽金　孙秀冬　芮筱亭　李言荣 李德仁　李德毅　杨　伟　肖志力 吴宏鑫　张文栋　张信威　陆　军 陈良惠　房建成　赵万生　赵凤起 郭云飞　唐志共　陶西平　韩祖南 傅惠民　魏炳波

"人因工程学丛书"编审委员会

主任委员 陈善广

副主任委员 姜国华 葛列众 王春慧 陶 靖

委　　员（以姓氏笔画为序）

丁　力　马治家　方卫宁　田志强
孙向红　李世其　李建辉　肖志军
张　力　张　伟　明　东　周　鹏
周前祥　郝建平　郭小朝　郭金虎
黄端生　梁　宏　蔡　刿　薛澄岐

秘　　书 徐凤刚 周敏文

丛 书 序

近年来，随着科技文明的进步和工业化信息化的飞速发展，一门新兴学科——人因工程学（human factors engineering）越来越受到人们的关注。它综合运用计算机科学、人体测量学、生理学、心理学、生物力学等多学科的研究方法和手段，致力于研究人、机器及其工作环境之间的相互关系和影响，使设计的机器和环境系统适合人的生理、心理等特点，最终实现提高系统性能且确保人的安全、健康和舒适的目标。20世纪40年代，军事装备系统改造的实际需求促成了人因工程学的兴起，装备研制人员从使用者的角度出发对老旧装备升级改进，大大提高了装备的效能，扭转了人适应机器的传统思想。经过半个多世纪的发展，人因工程学的方法、技术得到了全面提升，在波音飞机的全数字化设计、哈勃天文望远镜的修复、高速列车的设计等方面发挥了巨大作用，可以说科技的进步促进了人因工程学的高速发展。人因工程学自诞生以来，一直得到许多工业化水平先进的发达国家的高度重视，在不同阶段和地区又称为工效学、人机工程学、人类工效学、人体工学、人因学等。人因工程学在其自身的发展过程中，有机融合了各相关学科的理论，不断完善自身的基本概念、理论体系、研究方法，以及技术标准和规范，从而形成了一门研究和应用范围都极为广泛的综合性学科。

人因工程学在我国起步较晚，近20年来在国家载人航天工程、"863"计划、"973"计划、重大仪器设备专项的支持下，我国在人因工程学研究与应用上取得了一大批原创性理论和技术成果，为推动我国人因工程技术水平和认识水平奠定了基础。进入21世纪，人因工程思想日臻成熟，在国防和经济建设、社会生活中应用更加广泛，"以人为本"的设计理念更是被装备制造、产品研发领域追逐。很多高校为此也设置了相关专业，以适应行业需求的形势发展。目前国家提出"中国制造2025"工业化发展新蓝图，不仅会极大推动信息化与制造业的融合，也必将推动智能信息、可穿戴式人-机交互新技术的发展以及人与机器的结合，为人因工程的发展带来更大的机遇和挑战。

在此背景下，中国航天员科研训练中心人因工程国家级重点实验室充分发挥其在航天人因工程研究的引领作用，与国防工业出版社策划推出"人因工程学丛书"，恰逢其时，可喜可贺！

"人因工程学丛书"既有对国外学者著作的翻译，也有国内学者的原著，内容涵盖了人因工程基础理论、研究方法、先进人-机交互、人因可靠性、行为与绩效、数字人建模与仿真、装备可维修性等多个研究方向，反映了国内外相关领域的最新成果，也是对人因工程理论、方法、应用的全面总结与升华。

相信该丛书的出版，将对推广人因工程学科理念，丰富和完善我国人因工程学科体系，激发更多大专院校学生、学者从事人因工程领域研究的热情，提升我国装备研制的人因设计能力和装备制造水平，必将产生积极的作用。

沈荣骏

注：沈荣骏，中国工程院院士。

序 一

张力教授等所著《大型复杂人-机-环境系统中的人因可靠性》通过对不同复杂人-机-环境系统特征与人员特性的分析、归纳和共性抽象，建立了适应不同系统的人因可靠性通用理论，包括人因可靠性基础理论、分析方法、提升技术，以及在大型复杂人-机-环境系统中的若干应用案例。本书结合了作者历年承担的国家自然科学基金项目和企业工程项目研究成果与当前国际前沿动态，主要技术方法均源自对国内外经典原型重构或是作者的自主创新，且经过国内人因可靠性工程的应用修正检验（如核电厂运行、军用船舶驾驶、航空航天操控等），著述的内容学术水平高，阐述的技术方法先进成熟，可为复杂人-机-环境系统面临日趋严峻的人因失误预防提供有效的技术手段，对国防工业系统人员可靠性评估、论证与提升具有重要的实用价值。

在科技高度发达、新技术日新月异的今天，系统的运行条件包括系统硬件、软件和环境，其可靠性水平都有很大程度的提高，然而系统中人的特性依然，或者进化极微，因而人在人-机-环境系统中的作用更为关键和重要，对于大型复杂人-机-环境系统的安全性、可靠性更是如此。本书为思考、分析、解决这些问题提供了思路、工具和参考，因此我向读者郑重地推荐本书。

陈善广
2022 年 5 月

注：陈善广，国际宇航科学院院士，中国载人航天工程副总设计师，人因工程国家级重点实验室主任。

序 二

大型复杂人-机-环境系统中的人因可靠性研究是可靠性工程的一个前沿研究领域，具有紧迫的需求和广泛的应用前景，张力教授等的著作《大型复杂人-机-环境系统中的人因可靠性》，可谓是呼应需求，应时而生。本书重点介绍了复杂人-机-环境系统中人因可靠性理论与技术方法，包括讨论与建立了人因可靠性基础理论，阐述了人因可靠性若干基本概念，探讨了复杂人-机-环境系统人员认知行为机制及规律，建立了规范化的人因可靠性分析技术、人因事件分析与预防方法、人因绩效提升方法，并给出了这些理论、方法和技术的应用案例。

本书包含了诸多新的学术观点和理论方法，是作者在其系列国家自然科学基金项目支持下完成的成果。如本书的第2章，在辨析与阐述人因可靠性研究领域的若干基本概念：人因、人因工程、人员行为、人因绩效、人因可靠性、人因可靠性分析、人因失误、人因事件等的基础上，辨识了它们的内涵、着眼点、区别及其相互关系；分析阐述了人因可靠性研究的方法论，合理界定了研究的范畴与边界；从而澄清了学术界多年来存在的不一致认识，有助于更准确地理解和使用它们。又如第3章，作者建立了一种以系统工程为基础、综合运用多学科理论方法的人因事件分析技术——人因失误因素辨识与原因分析技术；基于日本福岛核电厂事故的经验教训，构建了技术+人+组织的一体化人因事件综合防御体系，阐述了该体系的结构、功能机制和动力学机制。

本书还介绍了国际安全系统工程界的若干新理论、新观点，如麻省理工学院（MIT）的N. G. 莱文森（N. G. Leveson）教授对传统事故致因假设提出的7个质疑和7个新观点；国际著名人因可靠性研究专家E. 赫纳根（E. Hollnagel）在其新著《安全-Ⅰ与安全-Ⅱ：安全管理的过去和未来》中所建立的基于组织安全概念的非线性事故致因模型；荷兰著名安全工程专家 S. 德科（S. Dekker）博士的新观点：人因失误不是问题之因，而是问题之果，仅是系统深层问题的症状、外在表现，是人们在不确定的有限资源下追求成就的另类方式；以及徐伟东博士提倡的事故多重起因理论等。

总之，本书是一本学术性和技术性兼备的优秀著作，可供从事复杂人-机-环境系统设计、运行与安全评价等领域的研究人员与工程人员参考，也适合大学和研究院所相关专业的教师与研究生阅读。

谢红卫
2022 年 5 月

注：谢红卫，国防科技大学智能科学学院教授，博士生导师。

前 言

随着科技进步，系统设备（硬件和软件）可靠性不断提高，运行环境得到大的改善，但作为人-机-环境系统极其重要的一方——人，一方面，由于其生理、心理、社会、精神等特性，既存在一些内在弱点，又有极大的可塑性和难以控制性；另一方面，尽管系统的自动化程度提高了，但归根结底它还要由人来控制操作，要人来设计、制造、组织、维修、训练与决策，因而，人在系统中的作用不是削弱了，而是更加重要和突出了。特别是从安全性来看，由人的因素诱发的事故已成为系统最主要的事故源（之一）。因此，如何去分析、理解、提升人因可靠性，以揭示系统的薄弱环节，减少人因失误，把人的因素纳入系统可靠性与风险的整体考虑，便成为亟待解决的重要问题，也是国际可靠性工程、安全工程与管理科学界的一项重要前沿课题，在大型复杂人-机-环境系统（如核电厂、空间站、大型武器装备系统、大型电网调度中心等）有着广泛的需求和应用前景。

30 年来，在国家自然科学基金、国防军工技术基础计划等的长期支持下，作者完成了一系列有关人因可靠性的基础理论研究，然后将这些理论成果转换为工程技术并应用于实践，先后完成了大亚湾核电厂、岭澳核电厂、岭澳核电厂二期、秦山核电厂、秦山第三核电厂、华东电网调度中心、中国舰船研究设计中心、中国航天员科研训练中心、湖南天雁机械公司等单位的人因可靠性项目，研究成果获得国防科学技术奖二等奖 3 项、三等奖 1 项，湖南省科技进步二等奖 1 项、三等奖 1 项。本书正是作者基于对这些成果的总结和概括，通过对不同复杂人-机-环境系统特征与人员特性共性的抽象，建立的适应不同系统的人因可靠性通用性理论。

本书主要内容如下：

（1）第 1 章 绪论。系统地分析了随着科学技术的发展，大型复杂人-机-环境系统自动化程度和人-机界面的演变导致人因可靠性对系统安全的作用与影响。人因是引发系统事故的主要原因之一，也是提升系统安全性、可靠性，以及系统运行绩效的重要因素。善用人因可靠性不仅可以改进系统安全性，也是创造利润之道。

（2）第2章　人因可靠性基础理论。讨论与建立了人因可靠性基础理论，包括深刻阐述了人因可靠性若干基本重要概念，分析了它们的内涵、着眼点、区别及其相互关系；人因可靠性研究的方法论及研究的范畴与边界；大型复杂人-机-环境系统运行特征对人因可靠性的影响；复杂人-机-环境系统中主要采用的人的认知行为模型；复杂人-机-环境系统中人员认知行为机制及规律，人因失误特征、形成机制与模式；人因失误分类；大型复杂人-机-环境系统中人因事故模型；等等。

（3）第3章　人因可靠性分析方法。阐述了人因可靠性分析的目的与意义；简介了迄今为止的主要人因可靠性分析方法，剖析了它们的特征、优点与不足；分析与预测了人因可靠性分析方法的发展动态；建立了一种规范化的人因可靠性分析技术，其由分析模型、技术程序、基本数据、文档模式等构成，给出了应用实例。

（4）第4章　人因事件分析与预防方法。建立了一种以系统工程为基础、综合运用多学科理论方法的人因事件分析技术——人因失误因素辨识与人因事件原因分析技术，其中，人因失误因素辨识是沿着事前从因素到结果的正向思维过程，侧重于失误（事故）发生前的因素辨识，目的在于预测与预防系统中潜在的人因失误；人因事件原因分析是沿着事后从结果到因素的逆向思维过程，侧重于失误（事故）发生后的原因分析，目的在于防止人因失误重复发生。这两部分紧密联系，相互支持，共同构成一个有机整体。然后在此基础上建立人因失误预防方法与工具，提出了技术+人+组织一体化人因事件综合防御体系。

（5）第5章　人因绩效及其提升方法。阐述了人因绩效提升原理与框架，建立了包括个体、班组、组织等人因绩效提升方法，给出了应用实例。

（6）第6章　人因可靠性理论与方法在大型复杂人-机-环境系统中的应用。分析了大型复杂人-机-环境系统中人因可靠性应用的关键要素，建立了人因可靠性分析流程，给出了人因可靠性分析理论、方法、技术在核电厂、航空航天系统、大型舰船、铁路系统等方面的应用案例。

（7）第7章　数字化控制系统的人因可靠性。总结、分析了数字化控制系统的发展及其伴随的人因特征，数字化控制系统的人员行为，提出了适合数字化控制系统的人因可靠性分析技术及人因失误预防方法。

（8）第8章　人因可靠性试验设计与应用。介绍了人因可靠性试验设计方法，给出了应用案例。

本书第1~第4章由张力撰写，第5~第8章由胡鸿撰写。

本书的相关研究工作获得了国家自然科学基金项目（项目号：71771084、71371070、71071051等）的资助，国家自然科学基金委员会管理科学部对作者的研究给予了长期的支持，作者对此深表谢意。本书参考、引用了作者团队合作伙伴以及国内外同行的大量成果，作者在此向他们一并致谢。博士研究生、硕士研究生刘雪阳、许飞鸿、谢元忱、王春波、刘建桥、刘雅、甘文娟、林创等也对本书的出版做出了贡献，谢谢他们。

非常感谢中国载人航天工程副总设计师陈善广研究员和国防科技大学谢红卫教授推荐本书申报国防科技图书出版基金项目，并为本书作序。同时，感谢国防科技图书出版基金资助本书出版。

人因可靠性的理论、方法正在发展，本书仅是对作者前一研究阶段工作的一个总结，存在不完善之处，敬请读者批评指正。

张　力

2023年1月

目 录

第1章 绪论 ··· 1
  1.1 人-机-环境系统的发展与演变 ·· 1
  1.2 人因可靠性对系统安全的作用与影响 ······································ 4
  1.3 人因可靠性研究历史与发展 ·· 6
  1.4 善用人因可靠性是创造利润之道 ··· 7
  参考文献 ·· 8

第2章 人因可靠性基础理论 ·· 9
  2.1 人因可靠性重要概念 ··· 9
    2.1.1 人因、人因工程与工效学 ··· 9
    2.1.2 人的行为与人因绩效 ··· 13
    2.1.3 人因可靠性、人因失误、人因失效、人因事件、人因失效事件与人因事故 ··· 15
    2.1.4 人因可靠性分析与人因事件分析 ··································· 18
    2.1.5 人因失误类型与人因失误模式 ······································ 19
    2.1.6 人-系统界面与人-系统交互 ·· 19
    2.1.7 人因可靠性研究的方法论 ·· 20
    2.1.8 人因可靠性研究的范畴及边界 ······································ 21
  2.2 大型复杂人-机-环境系统运行特征对人因可靠性的影响 ·············· 22
  2.3 人的认知行为模型 ··· 25
    2.3.1 刺激-调制-响应（S-O-R）模型 ····································· 25
    2.3.2 Wickens认知过程信息处理模型 ··································· 25
    2.3.3 决策阶梯模型和SRK三级行为模型 ······························· 26
    2.3.4 情境控制模型 ··· 28
    2.3.5 信息、决策和行动模型 ··· 28
    2.3.6 宏认知功能框架模型 ·· 32
  2.4 人因失误的性质与特征、产生机制和模式 ······························· 32
    2.4.1 人因失误的性质与特征 ··· 32

2.4.2　人因失误产生机制 ……………………………………………… 33
　　2.4.3　人因失误模式 …………………………………………………… 35
2.5　人因失误分类 …………………………………………………………… 35
2.6　大型复杂人-机-环境系统中人因事故模型 …………………………… 35
参考文献 ………………………………………………………………………… 36

第3章　人因可靠性分析方法 …………………………………………… 39

3.1　人因可靠性分析的目的与意义 ………………………………………… 39
　　3.1.1　人因可靠性分析的目的 …………………………………………… 40
　　3.1.2　人因可靠性分析的意义 …………………………………………… 40
3.2　人因可靠性分析方法简介 ……………………………………………… 41
　　3.2.1　第一代 HRA 方法 ………………………………………………… 41
　　3.2.2　第二代 HRA 方法 ………………………………………………… 48
　　3.2.3　第三代 HRA 方法 ………………………………………………… 56
3.3　一种规范化的 HRA 技术 ……………………………………………… 58
　　3.3.1　分析模型——THERP+HCR ……………………………………… 59
　　3.3.2　规范化 HRA 技术程序 …………………………………………… 61
　　3.3.3　规范化 HRA 技术基本数据 ……………………………………… 65
　　3.3.4　规范化 HRA 技术文档模式 ……………………………………… 67
　　3.3.5　应用实例 …………………………………………………………… 68
3.4　HRA 方法发展动态 ……………………………………………………… 73
参考文献 ………………………………………………………………………… 74

第4章　人因事件分析与预防方法 ……………………………………… 77

4.1　人因失误因素辨识 ……………………………………………………… 78
　　4.1.1　人因失误因素辨识概述 …………………………………………… 78
　　4.1.2　人因失误因素辨识多视图法 ……………………………………… 79
4.2　人因事件根本原因分析 ………………………………………………… 84
　　4.2.1　诱发系统人因事件的主要因素 …………………………………… 84
　　4.2.2　人因事件根本原因分析方法 ……………………………………… 85
　　4.2.3　人因事件分析方案与程序 ………………………………………… 87
　　4.2.4　事件原因分析的新观点 …………………………………………… 94
4.3　人因失误预防方法与工具 ……………………………………………… 96
　　4.3.1　美国核电运行研究所人因失误预防战略方法 …………………… 96
　　4.3.2　技术+人+组织一体化人因事件综合防御体系 …………………… 99
　　4.3.3　人因失误预防工具 ………………………………………………… 103

参考文献 ………………………………………………………………… 106

第5章 人因绩效及其提升方法 …………………………………… 108

5.1 人因绩效及其影响因素 ……………………………………… 108
5.1.1 人因可靠性、人因绩效与人因绩效管理 ……………… 108
5.1.2 人因绩效的发展演变 ……………………………… 110
5.1.3 人因绩效的影响因素 ……………………………… 111

5.2 人因绩效提升原理与框架 …………………………………… 113
5.2.1 人因绩效的提升原理 ……………………………… 113
5.2.2 人因绩效的提升框架 ……………………………… 115

5.3 人因绩效提升方法 …………………………………………… 121
5.3.1 个体人因绩效提升方法 …………………………… 121
5.3.2 班组人因绩效提升方法 …………………………… 125
5.3.3 组织人因绩效提升方法 …………………………… 131

5.4 人因绩效评估方法及其核电厂应用 ………………………… 136
5.4.1 核电厂主控室操作员人因绩效评估方法 …………… 138
5.4.2 核电厂主控室操作员人因绩效评估应用 …………… 147

参考文献 ………………………………………………………………… 151

第6章 人因可靠性理论与方法在大型复杂人-机-环境系统中的应用 … 152

6.1 大型复杂人-机-环境系统中人因可靠性应用的关键要素 …… 152
6.1.1 大型复杂人-机-环境系统中人因可靠性分析理论 …… 152
6.1.2 大型复杂人-机-环境系统中人因可靠性分析原理与流程 ………………………………………………… 156

6.2 核电厂的人因可靠性 ………………………………………… 158
6.2.1 核电厂人因可靠性及其人因失误辨识 ……………… 158
6.2.2 某核电厂操作员人因可靠性分析案例 ……………… 161

6.3 航天系统的人因可靠性 ……………………………………… 165
6.3.1 航天作业活动特征及其人因可靠性 ………………… 165
6.3.2 航天作业人因失误及其辨识 ………………………… 171
6.3.3 航天作业人因失误分析与预防 ……………………… 179

6.4 导弹保障系统的人因可靠性 ………………………………… 191
6.4.1 导弹保障过程中人因失误原因分析 ………………… 191
6.4.2 导弹保障系统的人因可靠性分析 …………………… 191
6.4.3 导弹保障系统人因可靠性与绩效提升对策 ………… 193

6.5 其他大型复杂人-机-环境系统人因可靠性 ………………… 194

6.5.1　舰船操控人因可靠性 194
　　6.5.2　铁路行业的人因可靠性 197
　　6.5.3　煤矿安全生产的人因可靠性 200
　　6.5.4　石油钻井作业的人因可靠性 202
参考文献 206

第7章　数字化控制系统的人因可靠性 208

7.1　数字化控制系统的发展及其特征 208
　　7.1.1　数字化控制系统的发展 208
　　7.1.2　数字化控制系统的特征 210
　　7.1.3　数字化控制系统的人因特征 213
7.2　数字化控制系统的人员行为 215
　　7.2.1　数字化控制系统的人员行为及其属性 215
　　7.2.2　数字化控制系统的人员认知行为类型与特征 217
7.3　数字化控制系统的人因可靠性分析技术 224
7.4　数字化控制系统的人因失误预防方法 228
　　7.4.1　数字化控制系统对人因失误的影响 229
　　7.4.2　人因失误预防方法 230
7.5　数字化控制系统的人因可靠性技术发展趋势 233
　　7.5.1　数字化控制系统的可靠性分析发展现状 233
　　7.5.2　数字化控制系统的人因可靠性分析技术发展趋势 237
参考文献 238

第8章　人因可靠性试验设计与应用 239

8.1　人因可靠性试验设计 239
　　8.1.1　确定研究类型 239
　　8.1.2　选择研究对象 239
　　8.1.3　界定研究变量 240
　　8.1.4　额外变量的控制 241
　　8.1.5　数据处理与分析 243
　　8.1.6　人因可靠性主要研究工具 244
8.2　人因可靠性试验方法应用 246
　　8.2.1　噪声水平对人不安全行为的影响试验[6] 246
　　8.2.2　数字化控制系统信息显示特征对操作员信息捕获绩效的
　　　　　　影响及优化试验[7] 250
参考文献 255

Contents

Chapter 1 Introduction 1

1.1 Development and Evolution of Man-Machine-Environment System 1
1.2 Role and Influence of Human Reliability on System Safety 4
1.3 Developing History of Human Reliability Research 6
1.4 Making Good Use of Human Reliability is Good Economics 7
References 8

Chapter 2 Fundamentals of Human Reliability 9

2.1 Important Concepts of Human Reliability 9
  2.1.1 Human Factors, Human Factors Engineering, Ergonomics 9
  2.1.2 Human Behavior, Human Performance 13
  2.1.3 Human Reliability, Human Error, Human Failure, Human Failure Event, Human Error Event, Accidents Caused by Human Failure 15
  2.1.4 Human Reliability Analysis, Human Failure Event Analysis 18
  2.1.5 Error Type and Error Mode 19
  2.1.6 Human-System Interface, Human-System Interaction 19
  2.1.7 Methodology of Human Reliability Research 20
  2.1.8 Scope and Boundary of Human Reliability Research 21
2.2 Influence of Operation Characteristics of Large Complex Man-Machine-Environment System on Human Reliability 22
2.3 Human Cognitive Behavior Models 25
  2.3.1 S-O-R Model 25
  2.3.2 Human Information Processing Model (Wickens) 25
  2.3.3 Decision Ladder Model and SRK Behavior Model 26
  2.3.4 COCOM Model 28
  2.3.5 IDA Model and IDAC Model 28
  2.3.6 Macro Cognitive Function Model 32

2.4 The Characteristics, Mechanism and Pattern of Human Error ……… 32
  2.4.1 Nature and Characteristics of Human Error ………………… 32
  2.4.2 Mechanism of Human Error ……………………………… 33
  2.4.3 Human Error Mode ……………………………………… 35
2.5 Human Error Categories ………………………………………… 35
2.6 Human Accident Model in Large Complex Man - Machine-Environment System ……………………………………………… 35
References ……………………………………………………………… 36

Chapter 3 Human Reliability Analysis Method ……………………… 39

3.1 Purpose and Significance of Human Reliability Analysis …………… 39
  3.1.1 Purpose of Human Reliability Analysis …………………… 40
  3.1.2 Significance of Human Reliability Analysis ………………… 40
3.2 Human Reliability Analysis (HRA) Methods ……………………… 41
  3.2.1 First Generation HRA Methods …………………………… 41
  3.2.2 Second Generation HRA Methods ………………………… 48
  3.2.3 Third Generation HRA Methods …………………………… 56
3.3 A Normalized HRA Technique …………………………………… 58
  3.3.1 Analysis Model: THERP+HCR …………………………… 59
  3.3.2 Standardized Procedures of the HRA Technique Standardized …… 61
  3.3.3 Normalized Basic Data of the HRA Technique ……………… 65
  3.3.4 Normalized Document of the HRA Technique ……………… 67
  3.3.5 Example …………………………………………………… 68
3.4 Dynamics of HRA Methods Development ………………………… 73
References ……………………………………………………………… 74

Chapter 4 Human Failure Event Analysis and Prevention Method ……… 77

4.1 Human Error Factor Identification ………………………………… 78
  4.1.1 Overview of Human Error Factor Identification …………… 78
  4.1.2 Multi-View Method of Human Error Factor Identification ……… 79
4.2 Root Cause Analysis for Human Failure Event …………………… 84
  4.2.1 Main Factors that Induce Human Failure Events in a System …… 84
  4.2.2 Root Cause Analysis Methods for Human Failure Event ……… 85
  4.2.3 Analysis Scheme and Procedure for Human Failure Event ……… 87
  4.2.4 Some New Viewpoints on Event Cause Analysis …………… 94
4.3 Methods and Tools for Human Error Prevention ………………… 96

  4.3.1 Human Error Prevention Strategy of INPO ················ 96
  4.3.2 Systemic Approach Including Technological, Human and
     Organizational Factors ··································· 99
  4.3.3 Human Error Prevention Tools ···························· 103
 References ··· 106

Chapter 5 Human Performance and Promotion Method ············ 108

 5.1 Human Performance and Influencing Factor ················ 108
  5.1.1 Human Reliability, Human Performance and Human
     Performance Management ································· 108
  5.1.2 Evolution of Human Performance ························· 110
  5.1.3 Factors Influencing Human Performance ·················· 111
 5.2 Human Performance Promotion Principle and Framework ········ 113
  5.2.1 Promotion Principle of Human Performance ················ 113
  5.2.2 Framework for Improving Human Performance ············· 115
 5.3 Human Performance Improvement Methods ················· 121
  5.3.1 Personal Performance Improvement Methods ··············· 121
  5.3.2 Team Performance Improvement Methods ················· 125
  5.3.3 Organization Performance Improvement Methods ············ 131
 5.4 Human Performance Evaluation Method and Application in
   Nuclear Power Plants ······································· 136
  5.4.1 Human Performance Evaluation Method for Nuclear Power
     Plant Control Room Operators ···························· 138
  5.4.2 Human Performance Evaluation Example for Nuclear Power Plant
     Control Room Operators ································· 147
 References ··· 151

Chapter 6 Application of Human Reliability Theory to Large
     Complex Man-Machine-Environment System ············ 152

 6.1 Key Elements of Human Reliability Application in a Large
   Complex Man-Machine-Environment System ··············· 152
  6.1.1 Human Reliability Analysis Theory for Large Complex
     Man-Machine-Environment System ······················ 152
  6.1.2 Principle and Process of Human Reliability Analysis for Large
     Complex Man-Machine-Environment System ············· 156
 6.2 Human Reliability in Nuclear Power Plants ···················· 158

  6.2.1 Human Reliability and Human Error Identification in a Nuclear Power Plant ·· 158
  6.2.2 A Case of Human Reliability Analysis for a Nuclear Power Plant Operator ·· 161
 6.3 Human Reliability in Space System ·· 165
  6.3.1 Characteristics and Human Reliability of Space Operation ·········· 165
  6.3.2 Human Error and Identification in Space Operation ················ 171
  6.3.3 Analysis and Prevention of Human Error in Space Operation ··· 179
 6.4 Human Reliability in Missile Support System ·· 191
  6.4.1 Analysis of Human Error in Missile Support Process ················ 191
  6.4.2 Human Reliability Analysis in Missile Support System ············· 191
  6.4.3 Countermeasures for Improving Human Reliability and Performance in a Missile Support System ································· 193
 6.5 Human Reliability of Other Large Complex Man-Machine-Environment Systems ·· 194
  6.5.1 Ship Operator Reliability ·· 194
  6.5.2 Railway Operator Reliability ·· 197
  6.5.3 Coal Mine Safety Operator Reliability ······································ 200
  6.5.4 Oil Drilling Operator Reliability ·· 202
References ·· 206

Chapter 7 Human Reliability of Digitalized Control System ················ 208

 7.1 Digital Control System Development and the System Characteristics ·· 208
  7.1.1 Development of Digital Control System ·································· 208
  7.1.2 Characteristics of Digital Control System ································ 210
  7.1.3 Human Factor Characteristics in Digital Control System ············ 213
 7.2 Human Behavior in Digital Control System ·· 215
  7.2.1 Human Behavior and Attribute in Digital Control System ·········· 215
  7.2.2 Cognitive Behavior Types and Characteristics in Digital Control System ·· 217
 7.3 Human Reliability Analysis Technology for Digital Control System ·· 224
 7.4 Human Error Prevention Methods in Digital Control System ············ 228
  7.4.1 Influence of Digital Control System on Human Error ················ 229
  7.4.2 Human Error Prevention Methods ·· 230

7.5 Development Trend of Human Factor Reliability Technology in
Digital Control System 233
   7.5.1 Development Status of Reliability Analysis of Digital Control
System 233
   7.5.2 Development Trend of Human Reliability Analysis
Technology for Digital Control System 237
References 238

Chapter 8 Design and Application of Human Reliability Experiment ... 239

8.1 Human Reliability Experimental Design 239
   8.1.1 Define Type of Study 239
   8.1.2 Selection of Study Objects 239
   8.1.3 Define Study Variables 240
   8.1.4 Control of Additional Variables 241
   8.1.5 Data Processing and Analysis 243
   8.1.6 Main Research Tool of Human Reliability 244
8.2 Application of Human Reliability Test Method 246
   8.2.1 Influence of Noise Level on Human Unsafe Behavior ... 246
   8.2.2 Influence of Information Display Characteristics on Operator
Information Acquisition in a Digital Control System 250
References 255

绪论

大型复杂人-机-环境系统已经普遍存在于现代社会的各个行业与领域。本章简述人-机-环境系统的发展与演变，分析人因可靠性对系统安全的作用与影响，回顾人因可靠性研究历史与发展，以实例说明善用人因可靠性不仅可以改进系统安全性，也是创造利润之道。

1.1 人-机-环境系统的发展与演变

凡是有人参与的生产、工作、生活等各类系统本质上均属于人-机-环境系统。这里，系统中的"人"是指作为该系统主体的人（如工作系统中的操作人员、决策人员等）；"机"是指人所控制的一切对象（如工具、机器、计算机、技术、管理系统等）的总称；"环境"是指人、机共处的特定条件与情境（如空间、温度、噪声、振动、系统正在经历的事故状态等）。这样定义的人-机-环境系统已存在多年，经历了多个发展阶段。在近现代，人-机-环境系统从最初的手工作业系统发展到复杂技术系统、社会-技术系统，系统的规模越来越大，子系统、元部件越来越多，人、机、环境的交互和耦合越来越多样、越来越复杂，图1-1和图1-2展示了简单人-机-环境系统和复杂人-机-环境系统中人与机、环境子系统的关系。

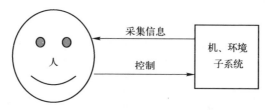

图1-1 早期手工作业系统中人与机、环境子系统的关系

20世纪90年代，Reason就指出复杂人-机-环境系统的发展出现了5个特征[1]。

（1）系统更加自动化。操作人员的工作由过去以"操作"为主转变为监视—决策—控制过程。操作员离他们控制的对象和过程越来越远，而日益复

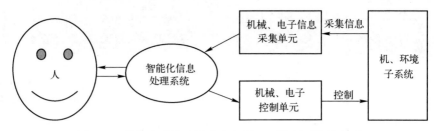

图 1-2 现代自动化系统中人与机、环境子系统的关系

杂的机器开始干预，甚至取代人类的体力劳动和脑力劳动。

（2）系统更加复杂和危险。大量使用计算机使系统内人与机、各子系统间相互作用更加复杂、耦合更加紧密，高风险系统越来越多、越来越复杂；同时使大量的潜在危险集中在较少几个人身上（如中央控制人员）。

（3）系统具有更多的防御装置。为了防止技术失效和人因失误对系统运行安全的威胁，系统普遍采用了多重、多样专设安全装置。这些装置提高了系统的安全性。但对这些安全装置的依赖性又降低了操作人员对系统危险性的警觉。同时，这些安全装置仍可能由于人因失误而失效——如切尔诺贝利核电厂事故（实验过程中关闭安全保护装置），因此它们也可能是系统最大的薄弱环节。

（4）系统更加不透明。系统的高度复杂性、耦合性和大量防御装置增加了系统内部行为的模糊性，操作人员、管理人员、维护人员经常不知道系统内正在发生什么，也不理解系统可以做什么。这可能使系统中潜在的错误长时间地未被发现。

（5）系统存在"自动化的嘲弄"。许多系统设计者认为操作人员不可靠且效率低，因此努力采用自动化装置取代操作人员。这就出现两种情况：设计者的失误对事故与事件的发生有重大影响；试图去除操作人员的设计者仍然让操作员"实施设计者无法想出如何自动操作的任务"。近年，波音 737 MAX 8 飞机事故就是其典型案例。

Reason 据此认为，在复杂人-机-环境系统中人因失误发生的可能性，尤其是后果及影响变得更大了，并且隐性失效（而不是显性失效）对系统安全的威胁最大。

30 年过去了，历史充分证明了 Reason 归纳的人-机-环境系统的发展特征和发展趋势的正确性。以大规模复杂人-机-环境系统的典型代表——核电厂为例，图 1-3～图 1-5 表征了随着科学技术的发展系统自动化程度和人-机界面的演变。其中图 1-3、图 1-4、图 1-5 分别为基于模拟技术、模拟技术-数字技术混合式、数字技术的核电厂主控室信息显示控制系统，它们在与人因相关方面有着显著的差异。例如：

图1-3 基于模拟技术的
核电厂主控室[2]

图1-4 模拟技术-数字技术混合式
核电厂主控室

图1-5 数字化核电厂主控室

（1）显示方式，系统逐步由基于模拟技术的测量仪表、模拟图、记录仪等显示装置发展为基于计算机技术的数字化显示系统，如操作员工作站视频显示器（VDU）、主控室大屏幕、运行参数表、流程图、操作画面、多种信息导航形式。数字化系统信息容量比传统显示界面大了很多倍，但信息界面的直观性降低，大量信息需要操作员通过导航去寻找，增加了他们的认知负荷和操作负荷。

（2）控制方式，传统系统一般采用硬控制器，如旋钮、按键、调谐器；数字化系统则采用软手操，如鼠标、软按钮、软控制器，对计算机高度依赖。

（3）报警方式，由传统的报警光牌、报警蜂鸣器发展为数字化报警系统。常规光牌报警窗固定不变，受空间局限，设有多个综合报警，在复杂的紧急情况下常不易判别，例如1979年美国三哩岛核电厂事故最初30min内，报警光牌亮了137个，报警蜂鸣器响了85次，超异常的紧急信息致使操作员心理极度紧张，陷入了混乱。数字化报警系统更具灵活性和多样性，可以根据操作员需求设置单一报警、分组显示和变更报警内容，节省操作员对报警确认时间；但数字化报警系统在屏幕上显示的数量较少，并且设置时可能顾此失彼。

（4）操作规程，传统系统采用纸质打印文档，数字化系统则采用电子化、计算机化规程系统。

（5）人-机界面，数字化系统人-机接口高度集中，且人-机接口多样化，但产生了新的界面管理任务，改变了操作员的作业模式和认知行为，甚至运行组织结构和机制。

1.2 人因可靠性对系统安全的作用与影响

大规模、现代化的人-机-环境系统不仅为人类带来了巨大的经济效益，也深刻地改变了人们的工作方式。然而，这样的系统也随之可能带来两方面的问题：在强调以人为中心的时代，它是否能适合人的特性、充分满足人顺利完成系统任务的需求？更为突出的是，相当多这样的系统，一旦发生安全事故，则可能导致社会的巨大灾难，如日本福岛核电厂事故、印度 Bhopal 化工厂毒气泄漏、切尔诺贝利核电厂事故、响水化工厂大爆炸、波音 737 MAX 8 飞机事故等。造成这两个问题的根源在于，系统的安全与效益不仅取决于自身的技术水平，还极大地取决于它与人和环境的协调程度。随着科技进步，系统设备（硬件和软件）可靠性不断提高，运行环境得到大的改善，许多"自动化系统"甚至"智能系统"也得到较广泛应用，因此减少了技术系统硬件发生故障或失效的可能途径。但作为人-机-环境系统极其重要的一方——人，一方面，由于其生理、心理、文化、社会、精神等特性，既存在一些内在弱点，又有极大可塑性和难以控制性，相比技术系统，人的基本素质保持不变，人的认知行为特性演化发展的速度跟不上技术系统发展的速度，而系统对人的要求发生了质的变化；另一方面，尽管系统的自动化程度提高了，但归根结底还要由人来控制操作，由人来设计、制造、组织、维修、训练，由人来决策，因而，人在系统中的作用不是削弱了，而是更加重要和突出了。特别是从安全性来看，由人的因素而诱发的事故已成为系统最主要的事故源之一，人因失误已成为对系统安全性影响最大的因素之一[3]。众多的统计资料均显示，当今，世界上所有人-机系统失效因素中，约有 70%~90% 直接或间接源于人的因素[4-5]。造成这种状况的主要原因或许可以归纳为以下几个方面。

1. 人始终是系统的主宰者

无论是早期的手工作业系统还是目前的大规模复杂社会-技术系统都是以人为中心，人是系统的最终决策者，即便是"智能"系统也仅是局部替代最终决策的前期动作（人的作用的不可替代性），系统中自动化、智能化的引入，并非取代了人的活动，而是改变了人的活动，所以系统必然会受到人的行为的影响。系统自动化程度的提高带来了人因失误的迁移，由运行中操作型的直接人因失误转变为对自动化系统设计、维护、测试、检测、管理等间接人因失误。系统智能化程度的提高导致失误类型由疏忽等较低层次的认知失误向诊断、判断、决策等较高层次的认知失误类型转变（低层失误大多可由自动化系统、冗余系统纠正）。

2. 人的内在弱点

人不仅拥有生理需求还有心理需求，这既是长处，也是弱点。这是人固有的本性，虽然可以通过后天的教育、培训和优化人-机界面以及组织管理等来进一步改善，但并不能消除。人的内在弱点主要来自两大方面：①机体生理界限，包括体力界限、反应速度界限、精度界限、生物节律界限和对外部环境变化的容许界限等；②主体的意识界限，包括主体内部意识和动机、期望，在实践基础上的感知，在环境条件下的情感，对感知的提炼和把握规律性的能力，以及对自我行为的规划能力等。人作为一种现实的反映意识体，它与机体的生理界限和客观事物的真实性具有相当程度的镶嵌性和背离性，认识上的弱点总是客观的。人生理-心理的并存，导致了人的复杂性、灵活性、适应性，也导致人不可能完美无缺，决定了人在不同条件下行为的不确定性和随机性，并且其失误机理的复杂性远远超过了机械、电子设备。

3. 技术系统复杂性的增加进一步强化了人引发的失效的潜在性

技术系统复杂性的增加，在某种意义上提供了更多的人因失误的机会，Perrow 将这种现象解释为风险自动调节动态平衡理论，即技术上的先进有时会导致人对风险感知程度减弱，因此会产生更接近可接受绩效限度的行为，进而显著地减少了安全裕量[6]。在现实中，相互矛盾的事实确实时常存在：技术的改善并不总是导致系统整体故障的下降，有时甚至会增加其故障的严重性，其原因是当自动化失效时，系统可能更接近故障状态，或已经处于故障状态，这将消除或减少纠正行为的机会，即显著地降低了故障的恢复裕度。

针对复杂社会-技术系统特征，Reason 认为，这类系统在任何一段时间内都存在潜在失效，就像人体内有病原体一样[1]。这些失效的影响不会立即表面化，但会助长不安全行为，弱化系统防御机制。通过系统的保护性措施，它们中的多数或能被发现、修正、防止。但是有时一系列的触发条件发生，那些"驻在病原体"（resident pathogen）便同其以"微妙的和几乎不可能的"方式相结合，阻挠系统的防御，从而带来灾难性破坏。驻在病原体包括由决策人员、设计人员、管理程序等作出的不当决定的影响，以及潜在的维修错误、常规干扰和人的固有弱点。触发条件包括部件失效、系统异常、环境条件变化、运行人员失误和异常干扰等。近年，Reason 进一步认为管理决策和组织过程中的失误是诱发系统失效最根本的潜在原因，并提出应该采用正向思维发挥人在组织事故预防与减少中的积极作用[7]。

1.3 人因可靠性研究历史与发展

人因可靠性（human reliability）也称人的可靠性或人员可靠性。早期较系统的人因可靠性研究为20世纪50年代美国桑迪亚国家实验室（Sandia National Laboratory，SNL）开展的一项针对复杂装备系统的风险分析项目，其评估了操作人员完成任务的概率[8]。1964年8月，在美国新墨西哥大学召开的人因可靠性国际学术会议标志着人因可靠性学科的正式确立。

从发展历程来看，人因可靠性研究对象主体经历了从个体到班组，再到组织的演变。在人因可靠性研究的早期阶段，研究的主要对象是作业/工作系统操作过程中的个体，着眼于任务及条件因素和作业者的生理、心理因素，重点考虑的是人的认知行为特性、人的内在弱点和长处，聚焦于其操作是否会出错以及出错的可能性。如人因失误概率预计技术（technique for human error rate prediction，THERP）[9]、成功似然指数法（success likelihood index method，SLIM）[10]、操作员动作树（operator action tree，OAT）[11]等早期的人因可靠性分析方法均是在这种背景下开发的。随着人-机-环境系统的发展，系统的运行操作和事故处理越来越多地依赖班组的协作，于是人因可靠性研究的对象发展到班组的行为。研究者进一步认识到，作为人-机-环境系统中一个子系统的人，其行为固然要受到该个体生理、心理因素的影响，受到机械子系统、环境子系统的约束，但现代生产系统中的人，并不是以一个孤立的个体（或群体）出现于人-机系统，而是作为组织中的一员而存在的。这个组织贯穿或控制着个体所处的人-机系统，以及外层更大的生产系统，任何个体造成的失误或对失误的防范都是在该组织综合管理下实现的。因此，人-机-环境系统实质上是一个社会-技术系统，组织管理对个体和班组有重要作用，人的因素应从个体扩展到"系统中、组织中的人"，突出人的社会属性和精神属性，强调组织管理对人员可靠性、系统效率的作用。但是，组织也可能犯错误。组织错误归根结底是一种人因错误，且对复杂系统而言，组织错误是对其安全性最大的潜在威胁，如Reason认为管理决策和组织过程中的失误是诱发系统失效最根本的潜在原因[7]。于是人因可靠性研究扩展到组织范畴。对于组织，重点考虑的是组织政策、组织制度、组织流程、执行等对组织任务完成的影响。

另外，人因可靠性研究、应用也从最初主要考虑系统操作、运行阶段的人因可靠性逐步发展为考虑系统寿命周期的每个阶段，包括设计阶段、建造阶段、运行/使用阶段、维修阶段等，但在不同的阶段可能有不同的侧重点，如在系统设计阶段侧重于功能分配、任务分析、人-机界面设计等，首要考虑的是不能设置"人因陷阱",以及相关设计要素对操作人员完成任务的影响;而在系统运行阶段重点则是预防和减少人因失误,包括人因事件分析、界面改善、培训、经验反馈/学习、人因绩效提升等。在这些发展、演变过程中,人因可靠性需要考虑、涉及的系统因素和交互关系越来越多,形成了人因可靠性分析研究的多种模式/层面,如人-机交互、人-环境交互、人-软件交互、人-工作交互、人-组织交互、人-机-环境系统整体可靠性等。

经过60余年的发展,人因可靠性研究从个体发展到班组再到组织,从生产系统的操作阶段发展到系统的全寿命周期,从核电、航空航天、航海、石油、化工、交通等工业领域和军事装备领域发展到医疗、酒店管理等服务业领域,其研究的广度和深度以及应用面不断扩展。张力等将目前人因可靠性研究的主题归纳为人因失误机理、认知行为模型、人因可靠性分析方法、人因失误数据、如何减少人因失误、提升人因可靠性水平等方面[12]。

1.4 善用人因可靠性是创造利润之道

人因是引发系统事故的主要原因之一,也是提升系统安全性、可靠性,以及系统运行绩效的重要因素。

汽车后窗中央上方第三刹车灯或许是通过人因工程设计提升人因可靠性最为著名的案例[13]。20世纪70年代,美国公路交通安全局赞助了两项实地研究项目,发现如果汽车装设第三刹车灯,就能够使后面来车驾驶员及早接收到刹车信号,缩短后车驾驶员的反应时间,进而避免公路意外事故。20世纪70年代中期,华盛顿特区的2100辆出租车分别装上了中央上方第三刹车灯或传统的刹车灯,进行公路上实际试用。结果显示,装设后窗中央上方第三刹车灯不仅可以减少50%的追尾事故,即使因无法避免而发生追撞,其严重性也可减少一半。依据该项研究结果,美国政府修订了汽车安全标准,规定1985年以后生产的小汽车都必须安装这种后窗中央上方第三刹车灯。该标准实施后,据美国公路交通安全局估算,每年可以避免12.6万件车祸事故,减少9.1亿美元财产损失。而这项计划仅投入200万美元研究经费及300万美元修法费用。该项研究基于的理论基础就是通过增强信息刺激广度和强度,提高驾驶员的信息获取能力,进而提升人因可靠性。

本书作者在大亚湾核电厂、秦山核电厂、岭澳核电厂、岭东核电厂长期人因可靠性研究应用的实践表明,通过改进运行人员的可靠性的确可以减少核电厂非计划停堆次数和降低事故率,保证核电厂安全性和提升经济效益。这正如国际原子能机构(IAEA)在《安全文化》(75-INSAG-4)中指出的那样:"除了人们往往称之为'上帝的旨意'以外,系统发生的任何问题在某种程度上都来源于人因失误。然而人的才智在查出和消除潜在问题方面是十分有效的,这一点对安全有着积极影响。"[14]

参 考 文 献

[1] REASON J. Human Error [M]. New York:Cambridge University Press,1990.
[2] OFFICE OF NUCLEAR REGULATORY RESEARCH. Research Activities FY 2015-FY2017:NUREG-1925 [R]. Washington D. C.:U. S. NRC,2016.
[3] 张力,王以群. 人因分析:需要、问题和发展趋势 [J]. 系统工程理论与实践,2001 (6):13-19.
[4] CHANG Y J,BLEY D,CRISCIONE L,et al. The SACADA database for human reliability and human performance [J]. Reliability Engineering and System Safety,2014,125:117-133.
[5] HOLLNAGEL E. 安全-Ⅰ与安全-Ⅱ-安全管理的过去和未来 [M]. 孙佳,译. 北京:中国工人出版社,2016.
[6] PERROW C. Normal Accidents:Living With High Risk Technologies [M]. Princeton:Princeton University Press,2011.
[7] Reason J. 人类的贡献:不安全行为、事故和英雄回归 [M]. 孙佳,译. 北京:中国工人出版社,2016.
[8] SWAIN A D. Human reliability analysis:need,status,trends and limitations [J]. Reliability Engineering & System Safety,1990,29 (3):301-313.
[9] SWAIN A D,GUTTMANN H E. A handbook of human reliability analysis with emphasis on nuclear power plant applications:NUREG/CR-1278 [R],Washington D. C.:U. S. NRC,1983.
[10] EMBREY D E,HUMPHREYS P,ROSA E A,et al. SLIM-MAUD:An Approach to Assessing Human Error Probabilities Using Structured Expert Judgement,Vol. Ⅰ:Overview of SLIM-MAUD,Vol. Ⅱ:Detailed Analyses of the Technical Issues:NUREG/CR-3518 [R]. Washington D. C.:U. S. NRC,1984.
[11] HALL R E,FRAGOLA J,WREATHALL J. Post-event human decision errors:operator action tree/time reliability correlation:NUREG/CR-3010 [R]. Washington D. C.:U. S. NRC,1982.
[12] 张力,等. 数字化核电厂人因可靠性 [M]. 北京:国防工业出版社,2019.
[13] 李再长,黄雪玲,李永辉,等. 人因工程 [M]. 台北:华泰文化事业股份有限公司,2011.
[14] INTERNATIONAL NUCLEAR SAFETY ADVISORY GROUP. Safety Culture:IAEA Safety Series 75-INSAG-4 [R]. Vienna:IAEA,1991.

2 人因可靠性基础理论

本章讨论与建立人因可靠性基础理论，包括人因可靠性重要概念，它们的内涵、着眼点、区别及其相互关系；人因可靠性研究的方法论以及研究的范畴及边界；大型复杂人-机-环境系统运行特征对人因可靠性的影响；复杂人-机-环境系统中主要采用的人的认知行为模型；人因失误特征、形成机制与模式；人因失误分类；大型复杂人-机-环境系统中人因事故模型等。

2.1 人因可靠性重要概念

本节讨论人因可靠性研究领域的若干重要概念，如人因、人因工程、人员行为、人因绩效、人因可靠性、人因失误、人因失效、人因事件等，辨识它们的内涵、着眼点、区别及其相互关系，以便更准确地理解和使用它们。

2.1.1 人因、人因工程与工效学

人因、人因工程和工效学是几个常用且似乎可以替换使用的术语。但从这些术语产生基于的学科基础和应用发展的历史看，不同国家和地区的称呼及使用习惯是不尽一致的，如美国早期主要基于工程心理学使用人因/人因工程（human factors/human factors engineering），而欧洲主要基于劳动科学则采用了工效学（ergonomics）。其实即使在一个国家，站在不同的角度对这些术语内涵的理解和术语的使用也是存在差异的。

1. 国际工效学学会

国际工效学学会（International Ergonomics Association，IEA）于1959年成立时使用术语"工效学"（ergonomics），其简单定义为"使工作适合工人（fitting the job to the worker）"。后其被修订为研究人在某种工作环境中的解剖学、生理学和心理学等方面的因素；研究人和机器及环境的相互作用；研究在工作中、生活中和休假时怎样统一考虑工作效率、人的健康、安全和舒适等问题的学科。随着科技发展和社会应用需求的变化，IEA对该定义做了多次修订，并于20世纪80年代初正式将"工效学"和"人因学"视为同义词，

开始平行使用术语"工效学与人因"（ergonomics/human factors）[1]。目前，IEA 对工效学/人因学的定义是：一门研究人与系统其他要素之间交互作用的学科；也是将有关理论、规则、方法和数据应用于设计以优化人的感受和系统总体性能的专业。IEA 指出，人因学有助于协调那些与人的需求、能力和局限性之间的交互，同时强调，人因专家和实践者应当致力于对任务、工作、产品、环境、系统的设计和评估，以使它们与人的需求、能力和局限性相一致。

2. 美国学术界、政府部门、工业界

美国是人因研究最发达的国家，以下以美国为例，分析、比较其学术界、政府部门、工业界等方面对术语工效学、人因、人因工程内涵的理解和使用范畴。

美国人因与工效学学会（Human Factors and Ergonomics Society，HFES）成立于1957年，其最初的名称为美国人因学会（Human Factors Society of America），使用术语"人因（学）"，经过多年的国际合作与交流，该学会与欧洲和 IEA 达成了共识，1992 年美国人因学会改名为"Human Factors and Ergonomics Society"，并采用了 IEA 对"human factors/ergonomics"的定义。

美国科学院（National Academy of Sciences）使用术语"人因"，将其定义为主要关注一个或多个人在面向任务的环境中与设备、其他人或两者交互的表现。

美国国家研究委员会（National Research Council）使用了两个术语：工效学（ergonomics）和人因工程（human factors engineering，HFE），认为"工效学是研究人类的特点，以为生活和工作环境做出适当设计"；而人因工程则是应用从多种学科中提取的科学原理、方法和数据来开发人在其中发挥重要作用的工程系统。

美国航空航天局（National Aeronautics and Space Administration，NASA）使用术语"人因"，但将其定义为一个包含多个研究领域的涵盖性术语，包括人的行为、技术设计和人-机交互等。

美国联邦航空管理局（Federal Aviation Administration，FAA）采用术语"人因"，认为人因学需要多学科的努力来生成和汇编有关人类能力和局限性的信息，并将这些信息应用于设备、系统、设施、程序、工作、环境、培训、人员配备和人员管理，以实现安全、舒适和有效的人类行为。

美国食品与药物管理局（Food and Drug Administration，FDA）将人因学和人因工程区分开，分别定义为：人因是研究人们如何使用技术，它涉及人的能力、期望及限制与工作环境和系统设计的交互；人因工程是指将人因原理应用于设备和系统的设计。

美国空军系统司令部（Air Force Systems Command）则认为："人体工程

不是人因的同义词。'人因'这一术语更为全面，涵盖了对系统中的人应该考虑其生物医学和社会心理学的所有方面。它不仅包括人体工程学，也包括生命支持、人员选拔与培训、培训设备、工作绩效辅助，绩效测量和评价。"

美国工业界人因研究的最大推动者之一美国核管理委员会（U.S. Nuclear Regulatory Commission，USNRC）区别使用人因学和人因工程，定义人因学为一个关于人类特性的科学事实的集合体，涵盖了所有的生物医学、心理学和社会心理学方面的考虑。它包括但不限于在人因工程、人员选择、工作设计、培训、工作绩效辅助和人因绩效评估等方面的原则和应用；人因工程则定义为应用有关人的能力和局限性的知识去设计工厂，包括其系统和设备。HFE提供合理的保证，使工厂、系统、设备、人员工作任务和工作环境等方面的设计与工厂和相关设备的运行、维护及支持人员的感觉、知觉、认知和身体属性相一致。

美国电力研究院（Electric Power Research Institute，EPRI）认为：关于人类行为的知识来自许多科学学科，包括生理学、医学、心理学和社会学。"人因"一词指的是这一信息体。"人因工程"是指将这些知识应用于工厂和设备的设计。

美国核动力运行研究所（Institute of Nuclear Power Operations，INPO）一般使用"人因"，定义为研究在不同的工作环境中，人在执行不同的角色和任务时（在人-机界面上）是如何与设备交互的。

美国医疗设备与设计行业区别使用人因和人因工程：人因这门学科的本质是理解人们如何使用工具、产品和系统来完成期望的任务，它试图消除或至少管理有时确实发生的人因错误；人因工程是一门应用科学，它利用人因原理构造出更安全、更容易接受、更舒适、更有效地完成给定任务的设计。

3. 人因在中国的使用和发展

我国对人因较有规模的研究和应用大约始于20世纪80年代，受欧美各国的影响和研究者基于的学科，使用的术语也是多种多样。如机械工程专家从人-机系统功能分配、界面设计的角度喜欢/惯于采用术语"人机工程"，西南交通大学曹琦教授[2]、同济大学丁玉兰教授[3]、南京航空航天大学陈毅然[4]教授等可谓其代表。湖南大学赵江洪教授等偏于产品和工作系统设计，因而采用"人体工程学"[5]。而从注重人-机系统效率的角度则更多地使用"人类工效学"或"工效学"，如浙江大学朱祖祥教授[6]、东北大学杨学涵教授[7]等。还有专家称为"人-机学"[8]。1989年成立的中国人类工效学学会按照国际工效学学会使用术语"人类工效学"。目前，国内该术语名称尚未统一，但有归为"人因/人因工程/工效学"的趋势。

4. 人因/人因工程/工效学的一般性定义及特征

通过上述对IEA，美国学术界、政府部门、工业界，以及我国对人因、人因工程、工效学内涵理解和使用的比较分析及归纳总结，可以认为这几个术语的本质是相同的，即研究由人制造的、有人参与控制或使用的产品或系统中，人与系统其他要素之间的交互规律、基本原理、设计与评估方法等，其目的是使人在系统中工作、生活达到安全、高效、宜人，并使系统总体性能达到最佳。它们具有共同的特征：多学科、多领域交叉；以应用为导向，由设计驱动；聚焦两个输出——使用者感受与系统效能；贯穿系统工程思想。人因工程即以系统性的观点来讨论人、机、环境、活动间的互动关系。

需要注意的是，在上述定义中，"人在系统中工作、生活达到安全、高效、宜人，并使系统总体性能达到最佳"，是一个统一整体。历史上对人因/人因工程/工效学曾经出现过两种较极端的片面理解：一种是认为人因工程主要追求满足人在系统中的健康、舒适；另一种是认为人因工程必须以人-机系统性能最优为目的。基于人们对人-机系统存在目的的认识，第一种片面理解已基本消失。第二种片面理解的主要根源在于两点：①对人在系统中的作用、功能、贡献理解不足，对人因工程的本质理解不足；②对于系统的总体性能，从技术、经济的合理性、可行性及成本-效益比来看，我们不应该追求"最优"，而应追求"最适合""最佳"，这也就是西蒙的满意解。基于这些认识，人因/人因工程/工效学的基本理念或许不宜简单地理解为"以人为中心"，而更恰当的或许是"以保证人完成任务为中心"。

在人因工程历史上之所以长期存在不同的术语，或许有两个方面的原因：

① 从人因研究历史看，欧洲国家早期偏于使用工效学，其主要理论基础是人体生理学和劳动科学，强调对（体力）工作中的人的研究；美国偏于使用人因或人因工程，其主要基于工程心理学和系统工程学，强调以设计为媒介去影响终端系统的变化，突出人-机交互。②不同背景/领域专家不同角度的认识。面向不同的研究应用对象产生了不同的研究领域和研究焦点及若干专门方法技术，从而产生了不同的术语。如设计、工程部门的技术人员对人因的主要考虑方面是人因适合性、人-机匹配、安全性等，因此他们通常使用术语人因工程；而系统使用者、管理人员则重点希望提高系统效率，自然也就偏于采用工效学。其实，除了人因、人因工程、工效学外，人体工程、人机工程、人-机-环境系统工程、管理工效学、职业工效学等术语也同时在不同的领域使用。而被更广泛地使用的是人因，它更综合、包含的范围更大，可以影响整个系统性能，与系统和/或其组件设计、运行和维修相关的人的能力、局限性及其他各种人类特性均有关。人因（学）不只是关注系统工效，它还包含更多更深的人文精神。人因，简言之就是与人有关的因素。

基于以上分析，还可以如表2-1所示来理解人因（学）与人因工程/工效学的区别。

表 2-1 人因（学）与人因工程/工效学的区别

人因（学）	人因工程/工效学
• 学科：人因知识集合/体系 • 基础科学层次 • 方法论：以人为本，系统思想 • 基础理论：人的行为特性、内在弱点、限制、优势	• 专业：应用人因知识于实践 • 技术科学：工程技术层次 • 方法论：系统工程 • 工程方法，技术手段 • 面向应用

2.1.2 人的行为与人因绩效

此处所指的"人的行为"不如同社会科学中那样的广义，而仅指人因工程中狭义的人的行为，即人-机系统中，一个人为执行/完成某项任务所付出的脑力和体力劳动，包括可观察到的（运动、语言）和不可观察到的（思想、决策、情感反应等）活动。这些活动是可描述的，并且可观察到的行为应该可测量和可控制。

在人因研究中，分析/研究"人的行为"时至少应当考虑 3 个方面的情况：①行为的模式；②影响行为的因素；③将这两者有机地、系统地表征出来得到人的行为模型。

行为模式（performance model）是人们有动机、有目标、有特点的日常活动结构、内容以及有规律的行为序列，是人处理信息的某种方式，通常与一个人对某一特定任务的熟悉程度和注意力有关。如人因可靠性研究中常用的 3 种行为模式：基于技能的行为模式（skill-based performance）、基于规则的行为模式（rule-based performance）、基于知识的行为模式（knowledge-based performance）。

影响人员行为的因素多种多样。Alan D. Swain 在著名的 NUREG/CR-1278 报告中使用行为形成因子（performance shaping factors，PSF）来表征影响人的行为的因素，其 PSF 分为三大类：①外部 PSF，个人因素之外的；②内部 PSF，人员自身的；③应激水平[9]。PSF 概念被广泛用于人因可靠性研究方法中，如 SLIM[10]、SPAR-H[11] 等。后来发展起来的人因失误分析技术（ATHEANA）中的失误迫使情境（error-forcing contexts，EFC）[12]、认知可靠性与失误分析方法（CREAM）中的通用行为条件（common performance conditions，CPC）[13] 以及班组情境下的信息、决策和行为模型（IDAC）中的行为影响因子（performance influencing factors，PIF）[14] 等均是基于 PSF，虽然名称有所差异，但本质是相同的。

本书作者于 1992 年将 PSF 定义扩充为：对人的认识、判断、行动过程产生（不利）影响的物理的、精神的因素，包括人-机界面、人的内因、作业特性、组织管理和外部原因5个方面[15]。

人的行为模型是对人行为模式和影响行为的因素有机的、系统的表征，是人认知行为过程的序列和元素的表示，这些序列和元素用于在执行任务时进行认知活动。人的行为模型是基于科学和实验知识以及任务情境下人员工作的理论。在人因研究中使用模型来帮助分析人员理解任务情境中作业者涉及的认知行为过程，以便他们能够识别潜在的问题区域，从而针对这些问题进行研究和改进。其也是从系统的角度看个人的行为表现，展示个人的行为是如何通过技术条件和工作环境与工作系统的结果相关联的。有多种多样的行为模型，如 Wickens 的认知过程信息处理模型[16]，Hollnagel 在认知可靠性与失误分析方法（cognitive reliability and error analysis method，CREAM）中建立的情境控制模型（contextual control model，COCOM）[13]，著名的 Rasmussen 的 SRK 三级行为模型[17]。

人因绩效这个术语来自英文"human performance"，其定义是"为达到特定结果而执行的一系列行为"[18]。该定义表明人因绩效包含两部分内容：行为和结果，即人因绩效=行为+结果。行为是人们所说所做的事，是达到目的的手段，是一种可以观察到的完成任务的努力和行动，并且可以测量。结果是由行为产生的、可以度量的绩效。该定义有助于解释为什么改进工作不仅要注重结果，而且需注重行为过程。而过去在实践中容易重后果，轻视/忽视个人表现出来的行为，特别是当行为未造成有害后果时，海因里希法则中的小事件被忽略，未遂事件被忽略。现在，为了改进绩效，需更多地关注所期望的行为。

英文术语"human performance"有时也用于仅指人员在完成他们任务过程中的行为和影响这些行为的因素。对此，中文似乎没有恰当的词能够表达该语义，或许译为"人的行为"或"人的行为能力"较合适。

除此之外，在某些工业部门，如核工业，"human performance"还有一个更特定的含义。许多工厂都有"human performance"部门或小组，其主要活动和目的是监测及保持工厂良好的人因绩效。在这个角色中，他们可能还会参与相关的活动，如人员选择、培训、工作绩效辅导、人的绩效评估、安全文化和根本原因分析。现在，这种人因管理活动已经由核工业扩散到其他行业。这个含义更接近"人因"管理。

因此，"human performance（HP）"的含义如图 2-1 所示，其表明了人的行为、人因绩效、人因管理之间的关系。

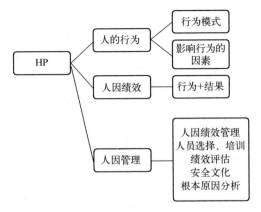

图 2-1　人的行为、人因绩效、人因管理之间的关系

2.1.3　人因可靠性、人因失误、人因失效、人因事件、人因失效事件与人因事故

基于讨论问题的立场/角度，人因可靠性（human reliability）有多种定义，既可以非常简单也可以十分复杂，如"一个人在一个规定的时间周期内适当行为的概率"[19]，"成功执行人类活动的概率，无论是为某一特定行为还是为一般行为"[18]，"人在规定的时间内（如果时间是一个限制因素）正确完成系统所规定的任务，并且没有发生使系统功能降级的额外行为的概率"[9]。一般而言，来自工程领域的人偏于沿用机械/技术系统中可靠性的概念，将系统中的人视为系统的一个部分，将其可靠性等同于系统设备、元件故障概率的度量。而基于行为科学的人，则更多地将人因可靠性视为个体的心理质量，或个性特性，类似于对机器的信任度。

在系统可靠性研究的早期阶段，对设备失效的研究占据了可靠性领域，而人的可靠性只是一种附属，仅仅作为一种元器件来对待，分析、研究的对象是个体在具体工作任务执行过程中的行为，关注的重点在于任务是否完成，对人因失误机理的探讨聚焦于"在外部条件没有显著改变的情况下，一个人执行一项指派的任务，为什么有时候成功而有时候又会失败"。然而，随着系统变得越来越复杂，人的作用/角色从单纯的设备使用者变为更直接参与系统运行的各个方面，人对系统的可靠性和安全运行的贡献越来越大，人因可靠性也就逐步从设备可靠性中独立发展成了一门科学和系统评价方法。人因可靠性的概念扩大了、更广阔了，包括对所有包含了人承担的系统功能部分的情况，而不仅仅是完成操作任务。特别是如果工作条件变化了（如温度，可用时间，部件或设备、系统出现故障），那么期盼行为也就有理由随之改变。人因可靠性分析、研究的对象也从注重个体行为可靠性发展为个体、班组（群体）、组织行为可靠性，从单纯的针对人扩展为考虑人与系统中其他要素的交互。人因可靠性研究的目的是分析、预测、减少与预防人因失误，以提高人对系统可靠性的贡献，保证系统运行安全可靠。因此本书作者将人因可靠性定义为：人在给定的条件、限定的时间和可接受的限制范围内，完成任务的能力。它包括两个方面的含义：①可靠性水平受到人当时的状态、任务性质、任务时间和环境因素的影响；②能力度量表现为成功完成任务的可能性[20]。

尽管人因可靠性对应的英文也是"human reliability"，但在国内研究的早期，通常采用的中文术语为"人的可靠性"或"人员可靠性"[21-23]，随着上述研究的深入和发展，本书作者于 2000 年初呼吁采用术语"人因可靠性"来表征其内涵、研究范畴和方法等的发展[24-25]，突出强调人因可靠性是针对人与系统中其他所有要素的交互，而不是单纯地针对人；不仅仅是研究/分析个体，也包括班组和组织，更要特别重视人员行为形成因子（PSF）。该观点现在已经获得广泛的认同[26-36]。当前，随着智能人–机系统的兴起而涌现出大量的新型人–机协同问题、人–机整合问题，人与机已成为密不可分的智能体，人因可靠性的概念、方法对其也是适用的。

科学总是在实践中不断进步的。随着系统的规模、功能、复杂性的发展，许多系统不仅要有很高的可靠性，而且要有良好的维修保障性等特性，于是"可靠性"的概念逐步扩展为"可信性"。可信性（dependability）是指"在需要时按要求执行的能力"。可信性特性包含可用性及其固有的或外部影响因素，如可靠性、容错性、恢复性、完整性、安全性、维修性、耐久性和维修保障性。可信性也用作描述产品或服务与时间相关的各种质量特性的综合术语，表示为满足规定的特性集合的等级、程度、置信度或概率。产品典型的可信性特性规范包括：执行的功能，持续执行的时间，储存、使用和维修的条件，以及整个寿命周期内安全性、效率与经济性要求。相应地，也就产生了人因可信性（human aspects of dependability）的概念，用于描述"会影响整个系统性能，与系统和/或其组件设计、运行与维修相关的人的能力、局限性及其他各种人类特性"[37]。该概念包含应该考虑的所有人因方面，包括系统寿命周期内的全部阶段、系统寿命周期不同阶段参与的全部人员（如项目经理、设计者、程序编写者、操作人员、维修人员、培训者、运营管理人员等），与人交互的机器及其运行所处的社会和物理环境等要素，这些都通过影响人的行动和决策从而影响系统的可信性。显然，可以认为，人因可信性是对人因可靠性的发展。

人因失误（human error）是与人因可靠性对应的一个术语，类似于一个硬币的两面。人因可靠性研究的主要目的是预测什么在将来有可能发生，而人因失误研究则主要是为已经发生的事情寻求原因和解释。人因可靠性分析即要辨识、评估系统中可能存在的人因失误。但何谓人因失误？如同人因可靠性一样，不同的学科背景、研究目的、应用领域对于人因失误的含义也存在不同的理解。这正如 Hollnagel 在其建立的认知可靠性与失误分析方法（CREAM）中认为：尽管我们似乎都明白人因失误的意思，但要为其下一个精确的技术性定义是极其困难的，因为我们各自对此想象的案例、理解的前提、讨论的基点不尽一致，即对人因失误的内涵缺乏一个共识[13]。为破除这个困境，Rasmussen 等建议可以从不同的专业领域来讨论人因失误的来源和特性[38]。当从不同的角度对失误的自然特性和起源进行讨论的时候，分析的起点就会很明显的不同。于是，心理学家经常基于人的行为本质上是有特定目的的，强调必须要充分理解其主观目的和意图并与行为联系起来。如 Reason 定义"人因失误包括所有的人的心智行为和体力行为未能达到预期目的的情形"[39]。Senders 等称失误是人类无意中偏离预期行为的行为[40]。工程师就提出将操作人员视为系统的一个组件，按照设备成功或失效的方法来描述操作人员执行任务的情况。如美国核管理委员会（USNRC）在风险相关术语表（NUREG-2122）[41]中定义：人因失误指人的行为超出了某种可接受的限度，包括应行动而未行动/不作为，但不包括恶意行为。SPAR-H 方法中定义人因失误为"超出容许范围或偏离规范的行动，此处所指可接受的行为限度由系统决定，其可能与排序、时间、知识、接口、过程等方面有关"[11]。USNRC 报告 NUREG-1921 基于在概率风险评价（probabilistic risk assessment，PRA）中的使用，定义人因失误为在 PRA 中建模的人类行动的失败，该失败导致工厂功能、系统或部件的失效，但不包括恶意的行为[42]。而社会学家则习惯将主要的失误模式归因于社会-技术系统的特征，经常把管理风格、组织结构等视作影响失误率的中间变量。如美国核动力运行研究所（INPO）认为：失误是一种行为，没有恶意或预谋，不是结果；失误通常是由不完整的信息或假设造成的，涉及对任务或工作相关信息的心理处理困难，而不是动机；人因失误是由工作场所的人为限制和环境条件（包括不适当的管理和领导做法）以及为绩效创造条件的组织弱点之间的不匹配而引起的[18]。

难以对失误给出一个准确定义的困难还在于"失误"不存在一个唯一的意思，它既可以用于描述某个事情的原因，也可用于描述一个事件或行动本身，还可用于描述一个行动的后果。因此，Hollnagel 提出，人因失误的定义至少应该包含 3 个直观部分：特定的行为、绩效标准、准则，可测量的行为/绩效差距/不足，个体行动的选择度/意志[13]。

本书主要讨论大规模复杂人-机-环境系统中的人因可靠性和人因失误，因此将人因失误定义为：人未能恰当地、充分地、精确地、可接受地完成所规定的绩效标准范围内的任务，也可简单地理解为"人所采取或忽略了的活动与其期望之间的差异"。

类似于"人的可靠性"，国内早期研究和实践中也并存着与人因失误同义的多个术语,如人的失误、人为失误、人为错误等。本书作者认为,人因失误可简称人误,但不宜称"人为失误""人为错误",因为中文中"人为"具有"故意为之"的含义,而人因失误不包括恶意的、故意做错的行为。"人因失误"也包含个体、群体、组织的含义,内涵较"人的失误"更为丰富,且从语言的角度,"人因失误"也比"人的失误"更优美。作者在论文、报告、会议广泛地宣传这个观点,逐步获得了学术界、企业界、政府部门的认同,现已普遍规范地使用术语"人因失误"。

在实际使用中,人因失误通常用来描述导致不期望结果发生的情境状态、部分或全部由人的行为引起的事件的原因。的确,"人因失误"可用来表示事件的原因(用于事故原因的解释)和行为的具体分类(用于认知领域的分类)。但有必要对每个部分进行清晰的界定,以免产生混淆,同时有利于研究的发展。尤其是对人因失误的根本原因进行分析需要特别谨慎,因为它很可能无止境地分析下去,而不像设备失效可以查明确切的根本原因。

在研究与应用中,与人因失误相关的术语还有人因失效、人因事件、人因失效事件、人因事故等。人因失效(human failure)一般可以视为人因失误的同义词。在某些领域,也有观点认为人因失效的内涵范围更大,包含了违规行为,即人因失效由人因失误和人员违规行为两部分构成[37]。在本书中,考虑到人因可靠性分析的可操作性,采用人因失效狭义定义,即作为人因失误的同义词。而人因失效事件(human failure event,HFE)可以定义为:概率安全评价(PSA)中系统响应模型中的一个基本事件,表示由于人的未行动/不作为(inaction)或不适当的行为,亦即人因失误导致设备、系统或功能失效或不可用,在响应特定的工厂状态时而未能完成所需的功能。HFE包含始发事件前HFE、激发始发事件的HFE、始发事件后HFE三类。HFE的定义通常与HFE的识别相结合,随着PSA的发展,HFE的定义也在不断完善和修订。人因失误事件(human error event)与人因失效事件基本同义。但在PSA中,人因失误事件是作为建模的一种人因失误类型,定义在"人因失效事件"下,在此语境下,一个人因失误事件即一个人因失误,因而较少采用术语人因失误事件。人因失误事件、人因失效事件也经常通称为人因事件,即由人因失误引发的事件。人因事故则是主要由人因失效而导致的事故。

2.1.4 人因可靠性分析与人因事件分析

人因可靠性分析(human reliability analysis,HRA)是一种结构化、系统化评价人因可靠性的方法或过程,包括辨识系统中潜在的人因失误/人因失效事件,并使用模型、数据或专家判断系统地评估这些事件发生的概率。HRA属于事前预测,其含有3个主要目标/基本功能:人因失误辨识(辨识什么失误可能发生？是如何发生的？包括其机理、影响因素等），人因失误量化（量化这些失误发生的概率），人因失误减少（如何减少失误和/或减轻其影响，通过减少人因失误来增强人因可靠性）。人因可靠性分析在人因相关的许多领域均有重要作用，如辨识与评价系统中可能的人因失误，人-机界面设计与评价，作业绩效提升，支持概率安全评价（PSA）等。

尽管人因可靠性的定义为"人在给定的条件、限定的时间和可接受的限制范围内，完成任务的能力"，然而几乎所有的人因可靠性分析方法都不是直接分析、量化人完成规定任务的能力/完成任务的可能性，而是分析、量化其反面——人因失误发生的可能性。可以认为人员完成任务的成功概率与未完成的概率即人因失误的概率是互补的，但其实，从正面去分析人员成功完成任务或研究人员作业绩效与从人员可能发生的失误去分析，这两者考虑问题的基点和因素是有差别的。

人因事件分析是系统化分析事件发生的原因、根源、机制的方法，属于事后分析。

2.1.5 人因失误类型与人因失误模式

出于研究基于的层面/角度和应用的领域不同，有多种人因失误类型（human error type）与人因失误模式（human error mode）的定义和分类[39,41]。本书将人因失误类型视为对产生于构思和实施行动序列（即规划、记忆和执行）中涉及的认知水平的人因失误分类。常用的分类与Rasmussen的三级行为对应，即划分为技能级失误、规则级失误和知识级失误。而人因失误模式则是指各种认知活动（不管其失误类型）中反复出现的出错种类，如偏离（slip）、遗忘（lapse）、错误（mistake）。如同人因可靠性的定义带有强烈的硬件可靠性定义的痕迹一样，在工程应用中，人因失误模式也常常类比机械设备的"故障模式"——组件无法执行其功能的方式，即一个部件特定功能失效的外部表征，可以观察到它而确定发生了故障，也即故障的表现形式，将人因失误模式定义为人因失误的外在表现形式，可以观察到。如遗漏、重复、次序错误、误用规则等。

2.1.6 人-系统界面与人-系统交互

人-系统界面（human-system interfaces，HSI）是系统的一部分，相关人员通过与它的交互以履行其职能和执行任务。主要的HSI包括警报、信息显示、控制和程序。HSI的使用会受到许多因素的直接影响，例如：HSI构成工作站的组织形式，如控制台和面板；将工作站及其配套设备布置成设施的安排，如主控室、远程开关站、就地控制站、技术支持中心、应急运行设施等；使用HSI的环境条件，包括温度、湿度、通风、光照和噪声。HSI的使用还可能受到工厂设计和运营的其他方面的间接影响,如人员培训、轮班计划、工作实践和管理/组织因素等。

人-系统交互(human-system interaction)是描述人与系统之间彼此的通信过程。在系统运行过程中,人通过系统界面接收系统的相关信息,获得输入内容,经过自己对所获得信息的认知、理解、判断做出决策,通过控制装置对系统发出相应指令或操作;系统接收来自人通过控制装置输入的信息,然后执行命令,系统对执行的后果经常被系统界面显示出来,然后人又获得新的信息,进入新的认知响应阶段,如此循环,推进系统任务的进展。

在复杂人-机-环境系统中,特别是在异常工况下,人的响应行为是由大量不同的人-系统交互行为构成的,它们对于事故的进程起着至关重要的作用。一方面,人能够作为事件/事故的引发者和扩大者;另一方面,人能够成为事故的缓解者。同时,人与系统的交互行为具有高度的场景依赖性,受到多种因素的作用和影响。

2.1.7 人因可靠性研究的方法论

人因可靠性是人因学/人因工程的一个重要研究及应用领域。人因工程有三大目标:安全、高效、适人,而安全、高效基于适人。当然,在一个系统中实施人因工程时需满足其约束条件,最主要的约束条件包括保证系统功能实现(提升系统的可用性)、技术水平与条件、经济性(效能-费用比)等,亦即,人因工程需以系统工程思想为指导。同样地,人因可靠性理论与方法基于的方法论也是系统工程/系统学的思想,即必须始终认识到、把握住人-机-环境系统这个整体,人是这个系统整体中的人,他要受到这个系统中机的因素、环境因素等系统所有组分的作用和影响,因此不能孤立地研究人的行为,而要从人(个体、班组)、机、环境、技术、组织多层面、多侧面站在系统整体的高度来系统性地考虑、设计和实施人因可靠性,其目标是使人-机-环境系统整体功能达到最优/最佳。在此前提下,强调机适宜人,人适应机,基点落在人和组织。对于人,重点考虑的是人的认知行为特性、人的内在弱点和长处。对于组织,重点考虑的是组织政策、组织制度、组织流程、执行等。这种人+机+环境+技术+组织的人因可靠性体系中的每个层面/侧面并不冲突,不存在一个比另一个更重要,它们相互支持、依存、耦合成一个系统。每个层面都应该基于自己的地位、环境、任务做好自己的工作,方能保障系统人因可靠性的提升,进而保障系统可靠性的提升。

在系统寿命周期的每个阶段(包括设计阶段、运行/使用阶段等),都可以应用人因可靠性理论与方法,但在不同的阶段可能有不同的重点,如在系统设计阶段重点是功能分配、任务分析、HRA、人-机界面设计等,而在运行阶段重点则是预防和减少人因失误——包括人因事件分析、界面改善、培训、经验反馈/学习、人因绩效提升等。本书的重点是针对系统运行阶段的，在相关章节也适当涉及了设计阶段。

对于不同的对象系统，其对人因可靠性的需求是存在差异的，必须进行系统目标需求分析。如对于大型复杂人-机系统应以提升人因可靠性为核心。因为人-机系统设计的首要考虑因素是实现其规定的功能，无论所采用的技术多么先进，系统功能多么强大，自动化程度多么高，系统最终的控制与决策均需由人来完成，人因可靠性在很大程度上决定了系统的可靠性和绩效发挥，因此在系统功能分配、人-机界面设计时需以提升人因可靠性为核心。而对于日常生活、工作用品系统，则应以提升人因适合性为核心，包括可用性、易用性、舒适性、经济性、美观性、用户体验等。另外，不同的系统都会存在其特殊性，必须充分研究这些特殊性，包括功能差异、优先度差异、环境差异、作业模式差异、事故处理差异、决策支持差异等，在此基础上来确定该系统需要研究的人因可靠性问题及其优先顺序和解决策略。

人因可靠性研究本质上是一门应用学科，应该强调研究与应用并重，以应用为导向。从科学角度研究人的能力、限制和其他特点，为人-系统界面技术奠定科学基础。从应用角度把从人因科学研究获得的原理、原则、方法、技术、数据应用于系统的分析、设计、评估、控制和标准化。

2.1.8 人因可靠性研究的范畴及边界

人因可靠性研究学科自1964年8月于美国新墨西哥大学召开的人因可靠性研究第一次国际学术会议正式确立以来，研究的广度和深度不断扩展，文献［43］将其研究范畴划分为人因失误机理、认知行为模型、人因可靠性分析方法、人因失误数据、如何减少人因失误、提升人因可靠性水平等领域/方面。

随着人因可靠性概念内涵的发展，人因可靠性研究对象主体也经历了从个体到班组，再到组织的演变，似乎与组织安全、组织管理学等越来越相关，逐步向宏观人因工程/组织人因工程领域演进。但Laumann等建议人因可靠性通常用于个体或工作小组层面上分析，更接近人因领域而不是组织安全[43]。考虑到大规模复杂人-机-环境系统的主要技术特征，人因可靠性研究重点聚焦于该类系统的人-系统交互过程，以及研究方法技术的可操作性，本书赞同Laumann的观点，即人因可靠性研究主要着眼于人与系统设备、技术等要素交互过程中的个体、班组的行为，而不是宏观组织，但需考虑组织因素对个体、非组行为的影响。

2.2 大型复杂人-机-环境系统运行特征对人因可靠性的影响

早期人们认为，人-机-环境系统发生失效的主要原因在于机器。因此聚焦于设备可靠性的研究获得了巨大的成功，而对人在人-机-环境系统中所起的作用和影响则关注较少。20世纪50年代，美国桑迪亚国家实验室（SNL）开展的一项复杂武器装备系统的风险分析项目中，发现人在地面上的操作活动的失误概率若为0.01，换到空中操作，则该操作的失误概率将加倍至0.02。这说明了系统运行特征会对人因可靠性带来影响。然而，当时该项研究成果揭示出来的实质并没有获得应有的重视。

1979年美国三哩岛核电厂堆芯熔化事故发生后，人们认识到在大型复杂人-机-环境系统运行中，不仅在正常运行条件下，在复杂的事故演变动态过程中，人与系统的交互行为对于事故的缓解或恶化也有着至关重要的作用，人的可靠性具有显著的重要意义。随着切尔诺贝利核事故等一系列人因事故的发生，在人因可靠性分析方法的研究中，人们对大型复杂人-机-环境系统运行控制特征施于人因可靠性的影响有了更加深刻的认识。

在大规模复杂人-机-环境系统中，人自身的知识、对所操作机器的了解和操作技能掌握程度、相应的操作使用经验，以及自身所处的心理状态、生理状态等构成人的内在因素。机器与人发生交互的单元包括向人传递运行状态信息的输出装置和接收人操作指令的控制设备等技术系统要素。而外在的环境因素主要是指操作者在系统中工作时的环境温度、背景噪声、灯光条件，以及班组合作与交流、组织文化氛围等管理因素。系统通过信息输出设备将系统的运行状态信息传送给操作员，操作员在认知处理后，作出控制操作，其过程是"监视—确认—决策—控制"。随着技术进步，大规模复杂人-机-环境系统的发展表现出如 Reason 所总结的 5 条特征，即系统更加自动化、更加复杂和危险、具有更多的防御装置、更加不透明、存在"自动化的嘲弄"[39]。这些特征对系统中人员行为模式产生了极大的影响，使人因失误发生的可能性增大，并且后果及影响易于恶化。

以核电厂为例，当其主控室从基于模拟技术发展为基于数字技术，核电厂主控室人-机-环境系统对运行人员的可靠性至少产生了4个比较明显的影响因素[44]：

（1）操作员的因素。操作员的知识经验、操控能力和心理素质都将影响人-机交互的绩效，在紧急状态下尤其突出。数字化控制系统出现异常后，操作员知识水平越高、经验越丰富就越可能在人-机交互过程中降低其复杂性，具有高的绩效水平。若操作员的经验和知识积累不丰富，对于人-机交互复杂性的评估很容易出现偏差或进入盲区,影响操作员在有效时间内做出正确的判断。在面对压力的时候,心理素质好的操作员能有条不紊地处理异常状况,降低人-机交互复杂性,从而减少其发生人因失误的概率。

(2) 任务因素。任务的复杂性一方面是由任务本身的特征决定的,当任务包含多个要素、要素之间的关系较为复杂并且具有不确定性的时候,任务表现得更加复杂;另一方面是由人的有限理性和认知水平的局限性决定的,人-机交互中当人所具备的知识经验、能力不能充分认识任务的属性或者与该项任务不匹配时,将会导致任务变得更加复杂。在数字化控制系统中,操作员需要完成的主要任务有监视/检测、状态评估、响应计划、响应执行等,还有画面配置、导航、调整、查询等辅助性任务。这两类任务如果在数字化控制系统中越复杂,时间压力就会越大,从而大幅降低人员绩效。

(3) 人-机界面因素。数字化控制系统中存在着大量的人-机界面,其信息系统可能包含上千幅的显示画面,信息量特别大,同时在显示和控制上也带来了更多的复杂性,对于构成人-机界面的基本元素,它们的显示方式、显示格式、显示页面、数据质量和更新速度等都需要考虑。以显示方式为例,有图形、字符、文本、表格、图标等多种形式,各种显示方式下又有不同的显示种类,如字体的种类、图标种类、颜色种类、报警种类等。控制设备在数量、种类上更加繁多,设备之间以及设备和显示器之间的距离等方面在人-机界面设计的时候都需要加以考虑。如果人-机界面设计得好,会降低操作员认知疲劳,而如果不符合人因工程原则,那么在面对大量信息的情况下,人机界面管理任务就会加重,增加人-机交互的复杂性,迫使操作员消耗更多的注意力,增加操作员心智负担。

(4) 操作因素。数字化控制系统中有大量的运行画面需要监视、确认与控制,数字化设备和软件的使用需要操作员增加注意力,确认操作正确。鼠标、键盘的精确定位是操作员执行操作的关键,如果不能很好地找到定位点,可能会增加操作时间,甚至可能造成误操作,影响绩效水平。针对应用软件的大量使用,操作员需要掌握各种软件的使用方法,增加了操作员的认知疲劳,特别是在应急状态下操作负荷数倍于正常情况,操作就更加复杂,对系统的可靠性影响也更大。

这4个因素会在以下7个方面对人因可靠性构成影响:

(1) 情境意识水平降低。一方面,数字化控制系统中计算机工作站代替了传统的显示-控制盘台,报警信息显示灯、压力读数表等通过人-机界面中的符号、数值来表示,不再显得那么直观,操作员减少了情境压力;另一方面由于操作员对数字化技术掌握得不够熟练,没有足够的知识和经验来判断和预测将要发生的情境,因此操作员没有充足的情境意识。

(2) 交流反馈不及时。数字化后,操作员之间的交流不仅是面对面的直接交流，还经常需要通过电话通信从其他操作员那儿获取所需了解的信息，特别是在紧急情况下，主控室操作员需要从其他部门处获得信息并加以反馈，这就存在信息延迟的情况，往往操作员不能及时反馈主控室操作员所需的信息。

(3) 时间压力增大。数字化后，当操作员执行任务不确定该怎样达成目标时，可以利用导航搜索所需的信息或者使用操作规程来完成任务，但是这增加了任务结构的复杂性，如果没有足够的知识解决这种复杂的任务，就会给操作员带来时间压力。

(4) 界面管理任务重。数字化控制系统中操作员需要完成的任务分为两大类：监控系统运行的任务与界面管理任务。界面管理是为了保证第一类任务更加有效、可靠地完成，人的认知资源是有限的，而界面管理需要消耗大量的认知资源，因此加重了界面的管理任务。

(5) 巨量信息有限显示。数字化人-机界面信息显示有大屏幕显示全厂概况，还有计算机工作站的小屏幕显示部分画面信息。虽然计算机信息显示全面且可靠，但是巨量的信息必须通过下拉滚动条打开重叠的画面或者导航显示，操作员需要对大量的信息进行过滤、筛选、重组、整合等，因此增加了操作员的认知负荷，可能造成信息的误判断，或者信息缺失。

(6) 操作控制易出错。频繁的操作（打开设备操作窗口、单击操作指令、确认操作指令、执行操作指令、关闭操作窗口等）会增加操作人员的认知负荷和时间压力，在紧急情况下操作员容易产生误操作。另外，鼠标的定位速度和精确度有待提高，在进行软操作时，软控制会覆盖一些重要的信息，影响操作速度。

(7) 规程易用性偏差。数字化控制系统的规程基于计算机软件，代替了传统控制系统中的纸质规程，便于计算机快速调用与阅读，但也会存在许多不足，例如：操作规程使用的是英文，而不是汉语，不便于国内的操作员认读；规程在执行过程中可以在计算机上通过打钩来确认规程执行的具体步骤，但是在紧急情况下，容易出现遗漏项。

许多系统设计者认为操作人员不可靠且效率低，因此，努力设计自动化装置取代他们。然而，受认知能力和水平的限制，对于大规模复杂系统，设计者很难全面正确地把握所设计系统的整体协调和平衡，常常会在系统中留下某些缺陷或疏忽，直到系统运行过程中在某种条件下激发了该缺陷才会被发现，如微软公司的 Windows 软件经常打补丁。近期，最典型的"计算机控制优先于人"设计造成的重大灾难是波音 737 MAX8 客机事故，其配备的自动防失速系统/机动特性增强系统（MCAS）剥夺了飞行员对飞机的控制权。其实，不仅是在波音 737 MAX8 客机这样的系统中存在这种人、机优先控制权的问题，在不少复杂系统也存在此问题，例如 AP1000 型核电厂在事故的最初

30min 内反应堆操作员不动作情况。对于人-机系统，自动化和人工操控应该如何平衡？在涉及系统安全的关键操作上，是人员的操作优先，还是自控系统优先？或者说人和机器，我们应该更信任谁？这些都为人因可靠性研究提出了新的课题和挑战。

2.3 人的认知行为模型

模型是指人们为了达到某种特定的目的而对研究对象与有关的理论、假设等之间关系所做的一种概念化、系统化的抽象描述。建立在认知心理学上的人的可靠性模型通常称为"人的认知行为模型"，其一般采用思维过程的序列和元素来表征，这些序列和元素用于在执行任务时进行认知活动，模型的主要目的和功能是研究人的思维过程，探究人的失误机理，解释人的失误行为，指导人因可靠性分析（HRA）实践。

人的认知行为模型与人的认知行为特性假设密切相关，每种认知行为模型都是基于其认可的特定的认知行为特性和相关假设。基于不同的研究视角和认知行为特性的假设已有多种人的认知行为模型，其中对人因可靠性研究发展起过重要作用的模型包括刺激-调制-响应（stimulus-organism-response，S-O-R）模型、Wickens 的人的认知过程信息处理模型、Rasmussen 的决策阶梯模型和技能-规则-知识（SRK）三级行为模型等，以及近年来的 CREAM 方法中的情境控制模型，Mosleh 团队构建的班组情境下信息、决策和行动模型，Whaley 等建立的宏认知功能模型等。

2.3.1 刺激-调制-响应（S-O-R）模型

S-O-R 模型[45]是早期经典的人的认知行为模型。它将人的认知响应过程分为 3 个环节：①通过感知系统接收外界输入的刺激信号（simulation）；②解释和决策（organization）；③向外界输出动作或其他响应行为（response）。这 3 个环节的支持功能均基于记忆。该模型将人的行为解释为是外部刺激后的结果，并根据不同的调制状态，刺激能够引发不同的响应效果。所有人的行为都是 S-O-R 这 3 个环节的组合，只不过复杂的行为是由多个 S-O-R 环节交织且并行进行的，当一个事件序列中的任意环节断裂时，就会发生人的失误。它类似于人的"黑匣子"理论，在实际应用中重点仍放在具有可观察性的输入信号与输出行为上。

2.3.2 Wickens 认知过程信息处理模型

Wickens 认知过程信息处理模型[16]将人当作一个信息处理器，借用计算机信息处理理论来描述人的认知活动。该模型如图 2-2 所示，其有若干模块，用来模仿和实现人的认知过程的"输入—处理—输出"3个主要阶段：①输入/感知阶段，通过人的传感器（如眼、耳等）获取外部事件或刺激信息，形成可用的认知信息，包括对输入信号的探查和对刺激物的识别；②判断/处理阶段，将输入的认知信息进行加工，进行决策和响应选择；③响应/输出阶段，执行所确定的响应决策。在每个阶段都存在最适宜的绩效限度，当这种限度被超越时，在任何一个阶段都会发生失误行为。

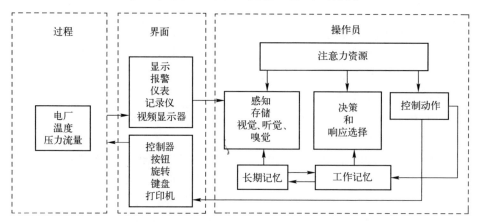

图 2-2　Wickens 应用于人-机界面的人的信息处理模型

2.3.3　决策阶梯模型和 SRK 三级行为模型

Rasmussen 于 20 世纪 70 年代提出的决策阶梯模型[46]被广泛作为人的失误分类框架的基础。阶梯模型认为人在进行问题解决和决策计划时，存在规范化和期望下的序列化的信息处理阶段，但也存在许多非序列化的处理方式。模型将人的认知过程分为 8 个阶段：激发、观察、识别、解释、评价、目标选择、制定/选择规则、执行规则，如图 2-3 所示。模型的核心在于 8 个认知阶段之间存在捷径，它可以减少信息处理数量，反映人的认知有效性与经济性，而这取决于人对于任务的熟悉程度。这些捷径在图中以虚线给出。但是，这种捷径的存在意味着人的失误机会的增加，关键在于作业者是否能够在其经验与现时情境之间作出正确匹配。阶梯模型的重要性还在于它为深入探究每个阶段人的失误机理提供了可能性，并且反映了人在不同的情境环境下，面对不同复杂程度的任务的响应特点。后来该模型进一步演化成为著名的 SRK 三级行为模型（图 2-4）。

SRK 三级行为模型[17]基于认知心理学的信息处理理论将人的认知活动表征为基于技能的行为（skill-based）、基于规则的行为（rule-based）、基于知识的行为（knowledge-based）3 种类型。基于技能的行为是指在信息输入与人的反应之间存在着非常密切的耦合关系，它不依赖给定任务的复杂性而只

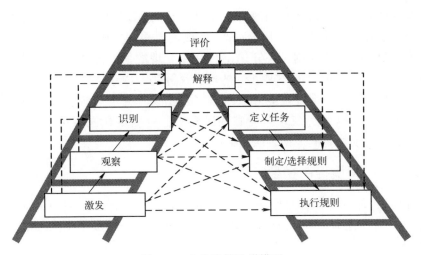

图 2-3　人的决策阶梯模型

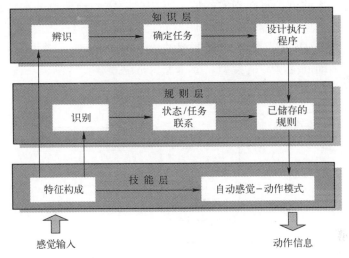

图 2-4　SRK 三级行为模型

依赖人员培训水平和完成该任务的经验。基于规则的行为是由一组规则或程序控制和支配的，它与技能型行为的主要不同点来自对实践的了解或者掌握的程度。基于知识的行为是发生在当前情境不清楚、目标状态出现矛盾或者完全未遭遇过的新的情境下，作业人员无现成的规则可用，必须依靠自己的知识、经验进行分析、诊断和决策，这种知识行为的失误概率较大。因此，在技能层，由于受高度熟练的实践和经验的控制，作业人员执行的是非常熟悉的状态，其状态特征与预先设定好的存储记忆的动作序列高度吻合，个体感知到的信息、运动神经以及肌肉动作是自动进行处理的，几乎不需要消耗人的注意力资源。在规则层，通过运用已有的规则，以及受规则的限制和影响,大量自动化的行为方式被融入一个新的行为模式中,在确定目标之后要求保持原来的动作或进行另外的动作,因而需要根据规则在关键点作出选择,这样的行为需要意向控制。在知识层,需要处理的信息是作业人员从未实践过的新颖情况,作业人员必须进行推理、计算等,由于人的信息处理能力的局限性,基于知识的推理可能导致误解释等错误,并可能延长寻找解决问题对策的时间。可以说,在人因可靠性研究中,特别是在人因可靠性分析中,SRK 三级行为模型影响最大、应用最广泛。

2.3.4 情境控制模型

情境控制模型(contextual control model,COCOM)是 Hollnagel 在 CREAM 方法中建立的认知模型,如图 2-5 所示,它构成了 CREAM 方法的基础[13]。

COCOM 模型把人的行为按认知功能分为 4 个基本的类,即观察、解释、计划、执行。人的行为是在现实的情境下按照一定的预期目的和计划进行的,但是人又根据情境的反馈信息随时调整自己的行为,这是一个多次交互的循环过程。在 COCOM 中,情境用控制模式(control model)来描述,其分为 4 种控制模式,即混乱型、机会型、战术型、战略型。

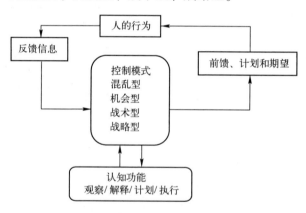

图 2-5 情境控制模型

在 COCOM 中,认知不仅是一系列输入而产生的反应,也是一个连续地对目标或原有意图的纠正和修正的过程。这符合认知系统工程的基本原则——人的行为既是有目的的也是应激性的。

2.3.5 信息、决策和行动模型

Mosleh 团队于 20 世纪末以工程应用为目的,建立了一种可模拟分析核电厂操作员行为的认知行为模型——信息、决策和行动(information,decision,action,IDA)[47]模型,如图 2-6 所示。

第 2 章 人因可靠性基础理论

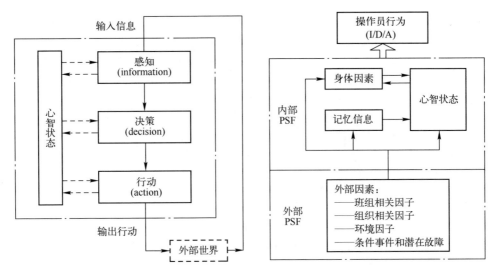

图 2-6 IDA 模型框架

IDA 模型将操作员的信息处理过程分为 3 个模块：I——信息（收集信息）：操作员对核电厂条件的感知；D——决策（诊断并对应该如何行动做出决策）：操作员应对当前情境应采取的目标与策略，包括工作记忆（对核电厂预期响应、当前的行动记忆、与核电厂征兆相关的早期经验、核电厂系统与操作的知识等）；A——行动（执行拟定的行动）：基于 D 阶段所做的决定，在核电厂中执行操作。IDA 模型将核电厂人员的失误分为内部失误与外部失误。内部失误可以是 IDA 任何一阶段的失误。外部失误分为 3 类：系统、程序和班组。IDA 也总结了几种可能对行为产生影响的因素，如时间压力。

21 世纪初，Mosleh 团队在 IDA 模型基础上拓展，开发了基于 IDA 模型的班组情境下信息、决策和行动模型（information，decision，action in a crew context，IDAC）[48]，用于仿真操作班组对复杂系统事故响应的认知行为，并嵌入事故动态仿真器（accident dynamics simulator，ADS）。

IDAC 是计算机模拟认知模型，用来模拟核电厂异常状态情境下运行班组的动作响应。IDAC 的班组行为模拟包含两个功能性元素：认知处理器和心理处理器/心智状态（MS），如图 2-7 所示，它们通过记忆和规程相互作用，共同组成 IDAC 个人认知处理模型。

认知处理器包括 IDA 的 3 个模块，但其功能较 IDA 有所扩展。信息预处理是指一个人处理输入信息时的高度自动化的处理过程。该模块涉及信息过滤、理解与记忆、整理与分类、优先级，但止于更进一步的推理与总结。问题解决与决策对应于 IDAC 中的"诊断与决策"。该模块内容发生在信息感知之后，是指人员对感知信息的处理，包含的认知活动有状态评估、诊断、计

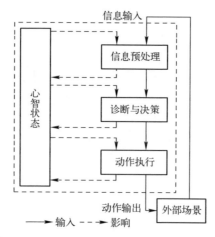

图 2-7 ADS 中 IDAC 操作员认知信息流模型

划响应。操作员注意到的信息被转换为问题陈述（problem statement）或需要解决的目标。解决问题的过程是指选取合适的方法和策略。目标可以分解为子目标，这样复杂的问题就可以分解为较简单的问题，并采用适当的策略来解决。动作执行（A）是指执行 D 模块决策的行动。行动是典型的基于技能级行为，即非常熟练和反复实践的，不需要特别认知努力。

心智状态（MS）模块与认知处理器中 I、D、A 3 个模块动态地相互作用。认知处理器的任何一个模块发生变化都可能导致心智状态的变化，心智状态也会对 IDA 的每个模块产生影响，如影响 I 模块的信息过滤，影响 D 模块的策略选择，相应地，各个模块也根据活动的结果进行调整。MS 模块解释了认知活动如何开始和继续，以及一个目标为什么被选择或遗弃。

IDAC 在 IDA 循环中嵌套了子循环信息处理模型，如图 2-8 所示，即在 IDA 的任意一个阶段，都包含一个 IDA 的环状子循环结构。例如，在处理信息的 I 模块，操作员需要识别信息（I 模块下的 I），判断获得的信息是否相关（I 模块下的 D），基于决策采取诸如遗弃或与其他信息进行整合的行动（I 模块下的 A）。因此，在信息收集阶段同样有决策元素和操作元素，嵌套的 IDA 环状子结构可以识别属于高层次的 I 模块下的与信息收集相关的决策行为和操作行为，而不是将这一行为归类到 D 模块或 A 模块。这一嵌套结构可以识别特定的微小的失误。IDAC 模型认为采用该子结构形式可在需要将复杂任务分解为简单任务时方便地操作，不断继续分解，直到获得所需层级的子结构。

IDA 和 IDAC 模型主要的区别在于班组部分（C），IDA 仅用于模拟单个操作员的认知行为，而 IDAC 则可用于模拟核电厂运行班组中承担不同责任的个体（如决策者、执行者和顾问）的行为以及这些个体之间的交互，也可用于模拟整个操纵班组的行为。交流与合作是 IDAC 中班组成员交互的两个主要特

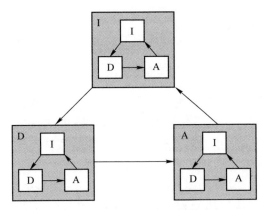

图 2-8 嵌套的 IDA 结构模型

征。交流可以通过正式或非正式渠道进行。班组成员角色规定了交流的渠道，如决策者与动作执行者之间的交流通过正式的交流渠道进行。IDAC 认为除此之外所有的交流都是非正式的。班组合作可能是高度复杂的和动态的，并且依赖班组文化。IDAC 将合作分为支持性行为，如行为监督、错误纠正，工作负荷及职责分配。IDAC 班组模型包含了所有成员个体的动作与系统相互影响的班组交互行为。班组与系统的交互是通过其单个成员的行动进行的，而班组对个体操作员行为的影响是通过与 IDAC 团队相关的行为形成因子来实现的，如图 2-9 所示。

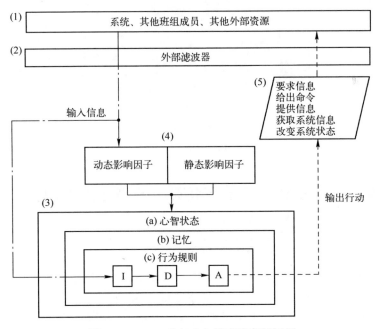

图 2-9 IDAC 动态响应模型的高层视图

IDAC 模型集成了认知心理学、行为科学、神经科学、人因工程等学科的理论，与其他认知行为模型相比，该模型能显著地减小问题的复杂程度。

2.3.6 宏认知功能框架模型

Whaley、Xing、Boring 等在美国核管理委员会（USNRC）的支持下，于 2016 年 1 月发布的研究报告《Cognitive Basis for Human Reliability Analysis（NUREG-2114）》[49]中构建了一个包含 5 个宏认知功能的新型认知模型框架，这些宏认知功能为：①检测和注意；②理解和意会；③决策；④行动；⑤团队合作。图 2-10 展示了 5 种宏认知功能之间的关系。功能之间是平行且循环的、重叠并彼此交互的。各个宏认知功能和个体认知功能都是在团队交互的背景下运行，因此，充分考虑班组层面的认知行为很重要。每个宏认知功能都可能涉及其他功能的某些方面。该模型方法可对每个宏认知功能确定功能可能失效的原因、失效的认知机制以及影响认知机制的因素和可能导致的人因失误，从而为理解人的行为提供了认知基础，为分析评估在一个动态变化的事件情境中人员行为是怎样造成失误的建立了一个结构化的框架。2021 年 5 月，在 NUREG-2114 认知模型框架基础上，Xing 等又发展了一个"人员行为与可靠性的认知模型"，用于描述在任务复杂且经常涉及多个个人或团队的工作领域中人类行为的特性，以更广泛地识别任务情境中的人因失误的原因、机制和影响因素[50]。

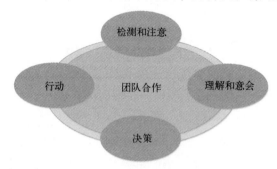

图 2-10　5 种宏认知功能之间的关系

2.4　人因失误的性质与特征、产生机制和模式

2.4.1　人因失误的性质与特征

人因失误广泛存在于人类实践活动中，它是一个多层面、多学科之间的共同问题。如前所述（2.1.3 节），基于不同的领域、行业，人因失误的定义是多种多样的，但一般而言人因失误具有以下基本性质和特点[51-52]：

（1）人的行为如同一个有组织的机体，像系统的硬件和软件一样具有失效率与容许度。

(2) 人因失误包括隐性失误（认知失误）和显性失误（行为失误）。隐性失误是产生显性失误的原因之一。

(3) 相对于正常的人的行为来说，人因失误是一个贬义词，它的产生一般归因于各种不利的情境环境条件，需根据人的行为的后果来判定其是否属于人因失误。

(4) 人因失误具有重复性。人的失误常常会在不同条件甚至相同条件下重复出现，其根本原因之一就是人的能力与外界要求不匹配。人的失误不可能完全消除，但可以通过有效手段尽可能地避免；而一般的部件或设备，一旦发现失效原因，往往可以通过修改设计加以克服。

(5) 人因失效具有潜在性。三哩岛核电厂事故发生的原因之一就是维修人员造成的阀门潜在失效。大量事实说明这种潜在失效一旦与某种激发条件相结合就会酿成难以避免的灾难。

(6) 人的失误行为往往是情境环境（context）驱使的。人在系统中的任何活动都离不开当时的情境环境。硬件的失效、虚假的显示信号和紧迫的时间压力等的联合效应会极大地诱发人的不安全行为。这种强调情境环境的作用是目前研究人的失误行为的热点。

(7) 人的行为具有可变性。人的行为的固有可变性是人的一种特性，即一个人在不借助外力情况下不可能用完全相同的方式（如准确性、精确度等）重复完成一项任务。起伏太大的变化会造成绩效的随机波动进而失效，这种可变性也是人员发生错误行为的重要原因。

(8) 人因失误具有可修复性。人因失误会导致系统的故障或失效，然而也有许多情况说明，在良好反馈装置或人员冗余条件下，人有可能发现先前的失误并给予纠正。此外，当系统处于异常情况时，由于人的参与，往往可以得到缓解或克服，从而使系统恢复正常工况或安全状态。在核电厂概率安全评价（PSA）中，人的恢复因子的计算直接影响核电厂风险值的结果。

(9) 人具有学习能力。人能够通过不断学习从而改进他/她的工作绩效，而机器一般无法做到这一点。在执行任务过程中，适应环境和进行学习是人的重要行为特征，但学习的效果又受到多种因素的影响，如动机、态度等。

2.4.2 人因失误产生机制

人因失误产生机制是研究人因可靠性的理论基础，许多专家对此进行了长期、深入的研究[9,12-13,17,39]。

Reason 认为对人因失误机制的研究可以沿着自然科学和认知科学这两条路径展开[39]，提出了基于自然科学的人类认知注意控制模式和基于认知科学的人类认知图式控制模式，其中人类认知注意控制模式由人的工作空间或工作记忆决定，而人类认知图式控制模式则由人的知识库支配，所有人因失误的产生均主要来源于这两种认知控制模式的作用及影响。Reason 还区分了两个重要概念：失误类型（error type）和失误形式（error form）。失误类型与行为水平相关，产生于构思和实施行动序列（即计划、记忆和执行）中涉及的认知阶段，而失误形式与认知活动描述不足相关，产生于从长期记忆中选择和提取预封装知识结构的一般过程中。因此，可以按照失误发生的行为水平来区分失误类型，而失误形式是各种认知活动（不论其失误类型或行为水平）中反复出现的出错种类。

失误类型的产生机制可采用 Reason 建立的通用失误建模系统（generic error modeling system，GEMS）来分析[39]，如图 2-11 所示。

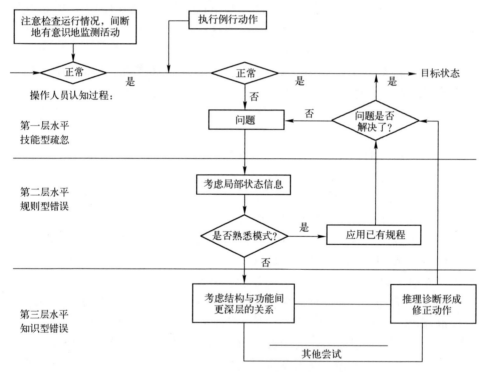

图 2-11 通用失误建模系统

失误形式主要由两个因素形成：相似度和频率。而这些又产生于自动检索过程——相似匹配和频率投机，通过该过程知识结构定位并将其产物诉诸意识（思想、言论、形象等）或传达到外部世界（行动、语言、姿势等）。相似匹配过程按照相似度将适当的知识属性匹配到当前调用条件；频率投机过程按照使用频率较高的项目来解决部分匹配的知识结构。当认知活动描述不足时，这两个过程就更加明显，特别是后者，即在某种程度上认知运行活动描述得越不足，失误形式由频率投机启发法形成的可能性就越大。

Swain 和 Hollnagel 则是基于 PSF 和人员任务特性来描述人因失误机制的[9,13]。

2.4.3 人因失误模式

人因失误模式是人因失误行为的外在表现形式。不同的研究和应用领域有着不尽相同的人因失误模式。如在核电工业，从应用的视角分类，核电厂主要的人因失误模式可分为未发现报警或者事故征兆、对事故征兆或事故判断失误、人员之间交流不足/交流不当、操作失误、组织管理不当等。

2.5 人因失误分类

人因失误的分类方法很多，不同的研究领域、不同的应用都有自己的分类方法，目前尚不存在一种统一的人因失误分类方法。尽管如此，人因失误分类方法大致还是可以归并为两类：一类是基于工程的观点，例如，Meister 的设计失误、操作失误、装配失误、检查失误、安装失误和维修失误[13]，Swain 的执行型失误和遗漏型失误[9]，近年在数字化控制系统中基于操作员认知行为过程的分类：监视/检测失误、状态评估失误、响应计划失误、响应执行失误[20]等；另一类是基于认知行为角度[39]，如 Reason 的偏离、遗忘、错误，Norman 的描述失误、激活失误和捕获失误，Rasmussen 的三级行为失误。

2.6 大型复杂人-机-环境系统中人因事故模型

存在多种可以刻画人因事故的模型，如顺序事故模型（包括 Heinrich 的多米诺骨牌理论、Svenson 的事故演变及阻隔模型、Green 的事故剖析框架等）、流行病学模型、系统事故模型。有着广泛影响的是 Reason 的瑞士奶酪模型，图 2-12 是 Reason 在 1990 年出版的著作《Human Error》中提出的瑞士奶酪模型的雏形[39]。Reason 认为，对于任何生产系统，决策者（工厂管理人员）、一线人员（操作、维护、培训等）、前提条件（可靠的设备和熟练的技术、积极进取的劳动力）、高效率活动（人与机的有机协作）以及防御装置（对可预见危害的防护）等构成了系统的多个层面，由于某些原因，这些层面最终变成了奶酪片。该模型揭示了各种人因失误和组织因素共同导致了一个复杂系统的崩溃。组织错误主要存在于容易出错的决策中，这些决策由设计者和高层管理者决定。然后经由中间要素的传送——管理缺陷、不安全行为的心理前兆、不安全行为——这些不利影响因素结合当时情境和防御弱点，共同突破各类屏障和防御系统。该模型提出后引起了两种误解，或模型存在两种局限性：①该模型显示人因事故的主要责任应该由一线人员转向管理层；

②可以通过线性因果关系寻找发生事故的根源。为了消除这些误解或局限性，Reason 修订了奶酪模型，如图 2-13 所示。

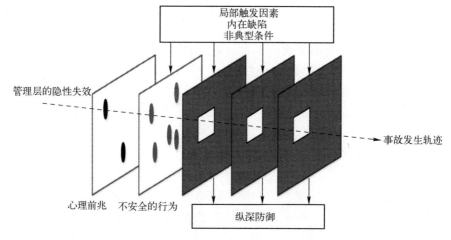

图 2-12　瑞士奶酪模型的雏形[45]

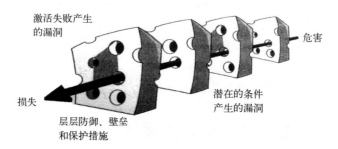

图 2-13　修订后的奶酪模型[53]

新模型中奶酪片上的小孔处于变化过程，如开放或者关闭，即系统某些要素的潜在失效并不总会起作用，因此它们很难被发现。另外，新模型没有指定的防御层，即它包括了各种屏障和保护措施——物理屏障、专设安全设施、管理控制、个人防护装备、一线工作人员等。

参 考 文 献

[1] KUORINKA I. History of the International Ergonomics Association：The First Quarter of a Century [EB/OL]. (2000-1-3) [2023-7-1]. https://www.semanticscholar.org/paper/History-of-the-International-Ergonomics-Association-Kuorinka/e1724b6a6a0b3cf27afd3566cb8e5dce827a63b5.
[2] 曹琦，等. 人机工程设计 [M]. 成都：西南交通大学出版社，1988.
[3] 丁玉兰. 人机工程学 [M]. 北京：北京理工大学出版社，1991.
[4] 陈毅然. 人机工程学 [M]. 北京：航空工业出版社，1990.
[5] 赵江洪. 普通人体工程学 [M]. 长沙：湖南科技出版社，1988.

[6] 朱祖祥. 人类工效学 [M]. 杭州：浙江教育出版社，1994.

[7] 杨学涵. 管理工效学 [M]. 沈阳：东北工学院出版社，1988.

[8] 马秉衡，戌成兴. 人机学 [M]. 北京：冶金工业出版社，1990.

[9] SWAIN A D, GUTTMANN H E. A handbook of human reliability analysis with emphasis on nuclear power plant applications：NUREG/CR-1278 [R]. Washington D. C.：U. S. NRC, 1983.

[10] EMBREY D E, HUMPHREYS P, ROSA E A, et al. SLIM-MAUD：An Approach to Assessing Human Error Probabilities Using Structured Expert Judgement, Vol. Ⅰ：Overview of SLIM-MAUD, Vol. Ⅱ：Detailed Analyses of the Technical Issues：NUREG/CR-3518 [R]. Washington D. C.：U. S. NRC, 1984.

[11] GERTMAN D, BLACKMAN H, MARBLE J, et al. The SPAR-H Human Reliability Analysis Method：NUREG/CR-6883 [R]. Washington D. C.：U. S. NRC , 2005.

[12] COOPER S E, RAMEY-SMITH A M, WREATHALL J, et al. A Technique for Human Error Analysis (ATHEANA)：NUREG/CR-6350 [R]. Washington D. C.：U. S. NRC, 1996.

[13] HOLLNAGEL E. Cognitive Reliability and Error Analysis Method（CREAM）[M]. Oxford Elsevier Science Ltd., 1998.

[14] CHANG Y H J, MOSLEH A. Cognitive modeling and dynamic probabilistic simulation of operating crew response to complex system accident. Part 2：IDAC performance influencing factors model [J]. Reliability Engineering & System Safety, 2007, 92（8）：1014-1040.

[15] 张力. 人机系统中人员行为形成因子 [J]. 安全, 1992（5）：4-6.

[16] WICKENS C D. Engineering psychology and human performance [M]. New York：Harper Collins, 1992.

[17] RASMUSSEN J. Skills, rules and knowledge：signals, signs and symbols, and other distinctions in human performance models [J]. IEEE transactions on systems, Man & Cybernetics, 1983, 13（3）：257-266.

[18] INPO. Human Performance Reference Manual：INPO 06-003 [R]. Atlanta：U. S. INPO, 2006.

[19] HOLLNAGEL E. Human reliability analysis：Context and control [M]. London：Academic Press, 1993.

[20] 张力, 等. 数字化核电厂人因可靠性 [M]. 北京：国防工业出版社, 2019.

[21] 牟致忠, 李泉生. 人的可靠性研究综述 [J]. 上海工业大学学报, 1991, 12（6）：502-509.

[22] 张力, 邓志良, 欧阳文昭, 等. 人员可靠性与系统安全 [J]. 中国安全科学学报, 1995, 5（2）：35-39.

[23] 朱海, 洪亮. 论人的可靠性研究的两种策略 [J]. 人类工效学, 1997, 3（2）：12-15.

[24] 张力, 黄曙东, 何爱武, 等. 人因可靠性分析方法 [J]. 中国安全科学学报, 2001, 11（3）：6-16.

[25] 张力, 黄曙东, 杨洪, 等. 岭澳核电厂人因可靠性分析 [R]. 中国核科技报告, 2001.

[26] 刘继新, 曾道宇, 冯思旭. 基于改进CREAM扩展法的管制人员人因可靠性分析 [J]. 安全与环境学报, 2018, 18（6）：2246-2251.

[27] 吴丹. 基于贝叶斯网络的地铁行车调度系统人因可靠性分析 [D]. 成都：西南交通大学, 2018.

[28] 张峤. 煤矿作业人因可靠性分析与评价方法研究 [D]. 大连：大连理工大学, 2017.

[29] 江浩侠. 基于人因可靠性理论的变电作业风险预控系统开发 [D]. 广州：华南理工大学, 2016.

[30] 刘嘉, 向锦武, 刘剑超. 面向着舰安全性仿真的飞行员人因可靠性模型 [J]. 中国安全科学学报, 2016, 26（10）：19-24.

[31] 唐俊熙, 暴英凯, 刘文海. 变电操作人因可靠性模糊加权评估方法 [J]. 电力系统及其自动化学

报，2016，28（3）：1-5.

[32] 董学军，陈英武. 基于补偿和不可替代因素合成的人因可靠性分析方法［J］. 系统工程理论与实践，2012，32（9）：2087-2096.

[33] 刘莉，徐浩军，井凤玲. 基于贝叶斯网络的飞行安全人因可靠性评估模型［J］. 空军工程大学学报，2009，10（3）：5-9.

[34] 王跃彬. 发动机装配人因可靠性研究［D］. 北京：北京理工大学，2014.

[35] 应华军. 制造系统人因可靠性分析方法及辅助系统开发［D］. 杭州：浙江大学，2010.

[36] 谢红卫，孙志强，李欣欣. 典型人因可靠性分析方法评述［J］. 国防科技大学学报，2007，29（2）：101-107.

[37] INTERNATIONAL ELECTROTECHNICAL COMMISSION. Guidance on human aspects of dependability：IEC 62508［R］. Canton：Genève，2010.

[38] RASMUSSEN J，DUNCAN K，LEPLAT J. New technology and human error［M］. London：John Wiley & Sons，1978.

[39] REASON J. Human Error［M］. Cambridge，UK：Cambridge University Press，1990.

[40] SENDERS J W，MORAY N P. Human Error：Cause，Prediction，and Reduction［M］. New Jersey：LEA Publishers. 1991.

[41] USNRC. Glossary of Risk-Related Terms in Support of Risk-Informed Decision-making：NUREG-2122［R］，Washington D. C.：U. S. NRC，2013.

[42] ELECTRIC POWER RESEARCH INSTITUTE. Fire Human Reliability Analysis Guidelines：NUREG-1921［R］，Washington D. C.：U. S. NRC，2012.

[43] LAUMANN K，RASMUSSEN M，BORING R L. A Literature Study to Explore Empirically：What is the Scientific Discipline of Human Factors and What Makes It Distinct from Other Related Fields［C］//Proceedings of the AHFE 2017 International Conference on Safety Management and Human Factors. Los Angeles，2017.

[44] 邹萍萍，张力，蒋建军. 数字化控制系统人机交互的复杂性对人因失误的影响研究［J］. 南华大学学报（社会科学版），2013，14（5）：78-81.

[45] WOODWORTH R S. Dynamic psychology［M］. New York：Columbia University Press，1918.

[46] RASMUSSEN J，JENSEN A. Mental procedures in real-life tasks：A case study of electronic trouble shooting［J］. Ergonomics，1974，17：193-207.

[47] SMIDTS C，SHEN S H，MOSLEH A. The IDA cognitive model for the analysis of nuclear power plant operator response under accident conditions. Part I Problem solving and decision makingmodel［J］. Reliability Engineering & System Safety，1997，55（1）：51-71.

[48] CHANG Y H J，MOSLEH A. Cognitive modeling and dynamic probabilistic simulation of operating crew response to complex system accident. Part 3：IDAC operator response model［J］. Reliability Engineering & System Safety，2007，92（8）：1041-1060.

[49] WHALEY A M，XING J，BORING R L，et al. Cognitive Basis for Human Reliability Analysis：NUREG-2114［R］. Washington D. C.：U. S. N R C，2016.

[50] XING J，CHANG Y J，SEGARRA J D. The General Methodology of An Integrated Human Event Analysis System（IDHEAS-G）：NUREG-2198［R］. Washington D. C.：U. S. NRC，2021.

[51] 何旭洪，黄祥瑞. 工业系统中人的可靠性分析：原理、方法与应用［M］. 北京：清华大学出版社，2007.

[52] 张力. 概率安全评价中人因可靠性分析技术研究［M］. 北京：原子能出版社，2006.

[53] REASON J. Managing the Risks of Organizational Accidents［M］. Aldershot：Ashgate Publishing，1997.

3 人因可靠性分析方法

本章阐述了人因可靠性分析的目的与意义；简介迄今为止的主要人因可靠性分析方法，剖析它们的特征、优点与不足；分析与预测人因可靠性分析方法发展动态；建立一种规范化的人因可靠性分析技术，其由分析模型、技术程序、基本数据、文档模式等构成，并给出了应用实例。

人因可靠性（human reliability，HR）是指在给定的条件下和规定的时间限度内人员成功完成规定任务的概率。人因可靠性分析（human reliability analysis，HRA）起源于20世纪50年代，由美国桑迪亚国家实验室的数学家Herman Williams和电子设备工程师Purdy Meigs在1952年的武器系统可行性研究报告中首次提出，他们尝试评估了人员失误对装备可靠性的影响，估算了可能发生的人因失误概率（human error probability，HEP）[1]。

广义人因可靠性分析属于人因工程领域，是将人的特征和行为的相关资料及信息应用于指导产品、设施和环境的设计，其以人因工程、系统分析、认知科学、概率统计、行为科学等诸多学科为理论基础，以对人的可靠性进行定性与定量分析和评价为中心内容，以分析、预测、减少与预防人因失误为研究目标，而逐渐发展形成的新兴的学术领域。

HRA技术可用于回溯性分析和预测性分析，指导人因事故的分析，以及系统中人因失误的预测和安全审查。通过对人因事件的回溯性分析，找到人因失误的原因，总结相关的知识、经验和数据，以采取对应措施，从源头上减少或消除人因失误，防止人因事件的重复发生。通过预测性分析，审查或辨识人员所处的情境环境（如任务、规程、组织结构等）中可能存在的缺陷或易诱发人因失误的弱点或陷阱，预测可能发生的人因失误及其发生概率，进而通过采取适当的策略改进系统/设备和组织的设计，以及通过加强操作人员和组织的相关培训等措施来预防失误的发生。因此，从广义上看，可能出现人因失误的任何系统均可在HRA框架内进行分析。

3.1 人因可靠性分析的目的与意义

人因可靠性分析是人机工程学或人因工程学的延伸发展，与认知心理学、统计学、生理医学、行为科学、管理科学与安全科学等诸多学科存在着密切联系。人因失误与人因可靠性是一对矛盾的统一对立面；人因可靠性是指人或其组织对系统的可靠性或可用性而言必须完成的活动的成功概率；人因失误则是从系统的不期望后果角度来定义的。目前，HRA 主要针对含有人参与的技术系统（或称为社会-技术系统）的正常运行状态和事故情境下的人的绩效活动给予评价，并且逐渐向设计、建造、组织管理等方面延伸。在核电、航空、石油化工等复杂系统中，必须对系统可能发生的人因失效/人因失误进行广泛深入的研究以预防或减少灾难性事故的发生，保护人民的生命和财产安全。随着科学技术的发展，系统变得日趋复杂和自动化，但无论系统自动化程度有多高，人在系统的设计、制造、安装、操作和维修等过程中依然发挥着重要的作用。科学技术的进步虽然使设备的可靠性得到很大提高，降低了设备的失效率，却凸显了人的相对失误率。

3.1.1 人因可靠性分析的目的

HRA 可在各个领域中发挥作用，如可对系统可靠性评价做出贡献，有助于在役系统人因失误减少策略的制定，还可为系统的可靠性设计与再设计奠定基础。HRA 可以发现系统的潜在威胁，以及人因失误对系统的影响。HRA 是人因工程设计与应用的一个重要组成部分，分析、评价、优化设计方案可以减少人因失误，并在失误发生时，能提供合理的解决方案，使得系统处于安全运行状态，避免事故发生。总体来看，人因可靠性分析需要达到 3 个基本目标：

（1）辨识系统中可能发生的人因失误，探究其发生机理、影响因素等；

（2）量化这些失误发生的概率；

（3）给出如何减少失误和（或）减轻其影响的对策。

从某种意义上说，上述 3 个目标即 HRA 的基本功能，其主要目的可归纳为以下 3 个方面：

（1）评估系统运行人员的行为可靠性；

（2）识别系统薄弱环节及人员可能发生的失误行为，在事故发生之前加以防范。

（3）最小化人因失误。

3.1.2 人因可靠性分析的意义

人因可靠性分析于 20 世纪 50 年代起步于评估人员失误对武器装备系统可靠性的影响，现已广泛应用于核电厂、航空航天、石油化工、交通指挥、机械制造等多个行业的大型复杂人-机-环境系统。

预防和减少人因事故不仅是技术问题，而且是重要的管理问题。只有对人因可靠性做出正确的分析与预测，才能制定出预防和减少人因事故的有效管理策略和手段；否则防范事故的方法可能是无效的。HRA 是系统安全管理实践中提出的一个重要问题，也是系统管理科学需开展的一项重要工作，其意义主要在于：

（1）在大型系统设计前期，分析、预测可能会发生的人因失误，并应用合理手段加以改进；

（2）在系统运行过程中，进行 HRA，将运行中存在问题及时找出，并提供解决方案。

此外，HRA 在不同领域中，具有不同的意义。例如，在核电厂，对操作员进行可靠性分析，主要是为了：①了解操作员或电厂其他人员如何对事故进行响应，以改进核电厂的操作规程；②改善控制系统人-机界面；③改进操作员培训；④改进电厂组织管理制度等。在航空领域，HRA 用来改进飞机设计，提供合理的空中管理设计，对飞行中的安全具有至关重要的意义。

人因可靠性分析目前尚无适用于各个领域或各种情况的技术方法，在实际工程应用中，要综合应用对象特征与备选 HRA 方法属性来选择或开发适当的方法。

3.2 人因可靠性分析方法简介

半个多世纪以来，基于不同的应用领域、分析目的以及当时的技术条件，已经先后建立了几十种人因可靠性分析方法。这些方法可以按照时间顺序划分为第一代 HRA 方法、第二代 HRA 方法和第三代 HRA 方法，也可根据方法本身的特征进行分类，例如根据方法的动态性可分为静态 HRA 方法和动态 HRA 方法等，如图 3-1 所示[2]。

3.2.1 第一代 HRA 方法

第 1 阶段是 20 世纪 60 年代到 80 年代中后期，主要开发了以专家判断为基础的人因失误概率的统计分析与预测方法。

1. 事故引发与进展分析

事故引发与进展分析（accident initiation and progression analysis, AIPA）[3]是 20 世纪 70 年代中期为评估大型高温气冷反应堆操作员的操作响应概率而研发的，其目的是确定操作员在反应时间内某一行为发生的概率，这与操作员的评价响应时间有关，所以，AIPA 是最早的一种包含时间相关的 HRA 方法。AIPA 中，操作员的行为被描述为是否做出了需要的响应，行为区分为成功或失败。

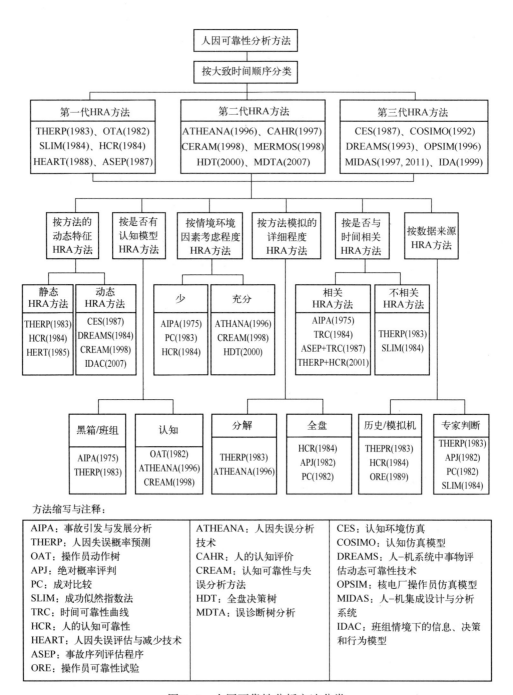

图 3-1 人因可靠性分析方法分类

AIPA 方法包括以下几个基本假定：

(1) 操作员立即做出正确响应的概率为 0，此处"立即"所指的时间间隔为 0.2~40s（事件发生后）。

(2) 如果操作员有足够多的时间，则操作员将采取正确的响应。但"足够多的时间"条件基本无法满足，所以对潜在事故后果无明显改善。

(3) 如果操作员发现第一个响应动作不足以使事故工况得到控制，则他将采取更多的纠正动作直至系统返回安全状态。

AIPA 并没有系统和完整地建立起人的行为模型，人被当作一个黑匣子，其输出是成功或失败的人的行为，但不知道黑匣子内部处理机制。AIPA 也没有考虑各种行为形成因子（PSF）的影响。该方法在核电厂概率安全分析（PSA）中很少被应用。但是，AIPA 是较早的一种用于实践的 HRA 方法，它展示了早期 HRA 方法的一些基本特点。

2. 操作员动作树

操作员动作树（operator action tree，OAT）[4] 是 Hall 等于 20 世纪 80 年代早期建立的，其将人对事件的响应分为 3 个连续的阶段：观察事件、诊断事件与对事件的响应。OAT 假设第三阶段发生的错误，即执行响应动作过程中出现的失误不是最重要的，最重要的是发生在第二阶段的诊断失误。因此，对 OAT 方法而言，重点是对操作员正确诊断事件概率的确定。

OTA 包含 5 个步骤：

(1) 从系统事件树中辨识出相关的系统安全功能；

(2) 辨识出需维持系统安全功能的事件中特定的行为；

(3) 辨识出系统给出的相关告警信息，以及允许操作员进行响应的时间；

(4) 将这些失误表示在 PSA 中的故障树和事件树中；

(5) 估计失误的概率。

OAT 与其他一些早期的 HRA 方法相比，明显的改进是将人的响应行为划分为观察、诊断与响应动作 3 个阶段，不足之处是其仅考虑了其中第二阶段的诊断失误，并未考虑 PSF 的作用。

3. 人因失误概率预测技术

20 世纪 80 年代初，Swain 等著名人因分析专家在名为"Handbook of Human Reliability Analysis with Emphasis on Nuclear Power Plant Applications"的研究报告[5]中，正式提出了一套完备的人因可靠性分析方法——人因失误概率预测技术（technique for human error rate prediction，THERP）。该方法自问世以来，已在国际上广泛用于核电厂、石油化工、大型武器系统等领域的概率风险评价。

如果人的工作能够划分为一系列的如读数、操作等动作单元，则可以用 THERP 来分析人员正确完成该工作的可能性。THERP 主要基于人因可靠性事件树模型，按事件发展过程，对人因事件涉及的所有人员行为进行分析，并在事件树中确定失效途径后进行定量计算。

HRA 事件树描述人员执行任务过程中的行为序列,它基于任务分析,以时间为序,沿两态分枝扩展,每次分叉表示执行任务过程的必要操作,有成功与失败两种可能途径。因此,根据某作业过程的 HRA 事件树,就可以描述该作业过程中一切可能出现的人因失误模式及其后果。对树的每个分枝赋予发生的概率,则可最终计算出作业成功或失败的概率。简单的 HRA 事件树如图 3-2 所示。

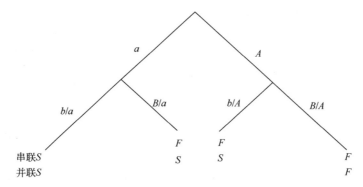

图 3-2 串联和并联系统的 HRA 事件树

注:图中 A、B 表示先后进行的两项动作单元;A、a、B、b 表示事件又表示该事件发生的概率,小写字母表示成功,大写字母表示失败;S、F 分别表示作业成功或失败。

如果任务是串联型,要求人员先后完成两项动作单元,那么人员完成任务的成功概率或失败概率分别为

$$P(S) = a(b/a) \tag{3-1}$$

$$P(F) = 1 - a(b/a) = a(B/a) + A(b/A) + A(B/A) \tag{3-2}$$

如果任务是并联型,要求完成两项动作单元中的任何一项任务则系统成功,那么人员完成任务的成功概率或失败概率分别为

$$P(S) = 1 - A(B/A) = a(b/a) + a(B/a) + A(b/A) \tag{3-3}$$

$$P(F) = A(B/A) \tag{3-4}$$

在 HRA 事件树中,某一项子任务的失败概率用基本人因失误概率(BHEP)表示,基本人因失误概率一般依据该项子任务的动作类型,在 THERP 数据库查找而获得。但由于在 HRA 事件树中,人的失误概率因人员素质、事件背景及环境条件存在很大差异,因此为了得到 HRA 事件树中子任务实际的人因失误概率(HEP),必须用行为形成因子进行修正:

$$HEP = BHEP \cdot (PSF_1) \cdot (PSF_2) \cdot (PSF_3) \cdots \tag{3-5}$$

由于人员动作之间往往有关联,如连续的动作或相关的动作模式,所以需考虑动作间以及工作小组内人员之间的相关性,否则将严重低估人员失误概率。在 THERP 中,动作(或事件)A、B 之间相关程度为 $P(B/A)$,即在 A

动作失败条件下 B 动作失败的可能性，其共分为五级：完全相关（CD）、高相关（HD）、中相关（MD）、低相关（LD）与零相关（ZD）。

THERP 的主要贡献在于构建了 HRA 事件树和基本 HEP 数据库，以及创建了人因可靠性的一个重要概念——行为形成因子。THERP 的理论基础是布尔代数模型，以简单的方程处理了设备变量、人员冗余、培训、紧张程度等因素带来的行为的多样性。当然，THERP 也是一种结构化的工程分析方法，容易并入 PSA，是迄今为止 PSA 中使用最普遍的人因可靠性分析方法。

THERP 为人因分析者提供了大量用于确定人员操作失效的数据，用于评价人员的操作失效比较方便。但是，THERP 由查表量化所得的值仅为单一操作员的失误率。人员可靠性分析往往需要模拟整个运行班组的行为，因此，在使用 THERP 时需考虑运行班组整体行为和成员之间的相关性，否则所得的结果将过于保守。同时，THERP 使用 PSF，其 PSF 的影响也由查表决定。这些数据常由分析人员主观选择，因此，其结果存在不确定性。

4. 事故序列评估程序-HRA

由于使用 THERP 方法对复杂系统进行人因可靠性分析所需资源过多，耗费巨大，Swain 在 1987 年对 THERP 进行了简化，给出了一种简化版的人因可靠性分析方法，即事故序列评估程序-HRA（accident sequence evaluation program-HRA，ASEP-HRA)[6]。

在该方法中，HRA 分为 3 个阶段。首先，使用 HRA 筛选程序；其次，将通过筛选程序的粗估的人因失误概率值应用 ASEP-HRA 基本程序进行分析计算；最后，对于仍不符合要求（精度不够或过于保守，不满足 PSA 需要）的程序，再应用完全的 THERP 方法进行 HRA 分析。

ASEP-HRA 最主要的贡献在于简化了 HRA，适当减少了开展 HRA 所需的资源，使 HRA 能被更广泛地应用于工程实践。同时，该方法还对 THERP 中某些不合理之处进行了修正。

5. 人的认知可靠性模型

随着计算机的普遍使用，不少作业岗位对作业人员的要求从一系列的操作行为转变为综合认知判断与操作。在此场合，要将作业划分为一系列的单元动作来分析评价是困难的。人的认知可靠性（human cognitive reliability，HCR）模型即是针对该问题为评价核电厂主控室运行班组未能在规定的时间内完成诊断决策的概率而开发的[7]。HCR 方法有两个很重要的基本假设：

（1）它基于 Rasmussen 的 SRK 三级行为模型，认为在系统人-机界面上的所有人员行为可以依据是否为例行工作、程序熟悉情况及培训程度等，划分为技能型、规则型及知识型三种类别；

（2）每种行为类别的失误概率仅与允许时间（t）和执行时间（$T_{1/2}$）的比值有关。

根据此假设，HCR 模型通过归纳模拟机实验所收集的数据得到下式（三参数威布尔分布）：

$$p = e^{-\left(\frac{t/T_{1/2}-\gamma}{\alpha}\right)^{\beta}} \tag{3-6}$$

式中：α、β、γ 是通过归纳模拟机实验数据而得到的与行为类别有关的威布尔分布参数。

由于每个运行班组的执行时间可能因各类情况而有所不同，故在使用公式之前要用修正因子修正。HCR 模型中所考虑的关键行为形成因子有 3 个：经验（K_1）、心理压力（K_2）、人-机界面（K_3）。修正公式为

$$T_{1/2} = T_{1/2,n} \times (1+K_1) \times (1+K_2) \times (1+K_3) \tag{3-7}$$

式中：$T_{1/2,n}$ 为一般状况（如模拟机训练）的执行时间。有关 α、β、γ 和 K_1、K_2、K_3 的经验取值分别见表 3-1 与表 3-2。其中参数值的确定和选取可借助模拟机试验。

表 3-1　HCR 中参数 α、β、γ 的经验取值

行为类型	α	β	γ
技能型	0.407	1.2	0.7
规则型	0.601	0.9	0.6
知识型	0.791	0.8	0.5

表 3-2　HCR 中行为形成因子 K_1、K_2、K_3 的经验取值

操作员经验（K_1）	
(1) 专家，受过良好训练	-0.22
(2) 平均训练水平	0
(3) 新手，最小训练水平	0.44
心理压力（K_2）	
(1) 严重应激情境	0.44
(2) 潜在应激情境/高工作负荷	0.28
(3) 最佳应激情境/正常	0
(4) 低度应激/放松情况	0.28
人-机界面（K_3）	
(1) 优秀	-0.22
(2) 良好	0
(3) 中等（一般）	0.44
(4) 较差	0.78
(5) 极差	0.92

HCR 模型提供了在人-机交互过程中，用模拟机试验数据进行人的认知可靠性分析的有力工具。但人的决策过程往往是综合利用各种能力的过程，很多情况下难以将其明确地划分为技能型、规则型或知识型。而且，它使用的 PSF 较少，且灵敏度不够。另外，它不能提供一个完整的 HEP，因为它的研究局限在紧急情况响应中操作者认知行为。

6. 成功似然指数法

成功似然指数法（success likelihood index method，SLIM）[8]源于决策分析领域，即在一系列备择方案中量化专家的选择偏好，是一种专家集体评判方法。该方法认为，人完成某项任务的可靠性极大地依赖当时的行为形成因子的作用。因此，只要能计算出这些 PSF 对人行为的影响度即可计算出人员完成该任务可能失败的概率。典型的 PSF 有作业特性、应激水平、任务有效时间、程序质量、训练水平等。PSF 的辨识、各 PSF 对人员完成任务的影响权重，以及在各 PSF 影响下完成任务的相对可靠度均由系统化的、结构化的专家评估确定。据此，SLIM 构造了一个用于表征 PSF 对完成任务的影响度的数学量——成功似然指数（SLI），其表达式为

$$\mathrm{SLI}_j = \sum_i W_i R_{ij} \qquad (3-8)$$

式中：SLI_j 为任务 j 的成功似然指数；W_i 为第 i 种 PSF 的归一化权重值 $\left(\sum_i W_i = 1\right)$；$R_{ij}$ 为在第 i 种 PSF 影响下完成任务 j 的相对可靠度。

而完成任务的失败概率（HEP）可用下式计算：

$$\log(\mathrm{HEP}) = a\mathrm{SLI} + b \qquad (3-9)$$

式中：a、b 为待定常数，可由已知人因失误概率的两个（边界）点求得。

就一个任务而言，SLIM 能以一个较高或整体的水平来量化人因可靠性。但它只有在对影响人员响应的各种 PSF 均已知的情况下才可能进行定量计算，但是，在某些情况下，这些因素很难获得，对它的分析就只能靠估计了。因此 SLIM 在 PSA 中较少直接使用，但可用来帮助确认重要的 PSF。

7. 成对比较法

成对比较（pair comparison，PC）法是一种基于结构化的专家判断来定量估计人因失误概率的方法[9]。它不要求专家们直接作定量的分析，只需比较一系列含有 HEP 要求的成对任务，决定哪对任务最容易产生失误。运用该方法首先获得一组专家的比较判断，以及有关任务失误可能性的相对等级；然后用两个或者更多的、已知其失误概率的任务来校准这个等级；最后通过对数变换获得 HEP 的评估。

PC 法依赖 3 个假设：①每对比较是独立的；②事件或任务是在相同条件下发生的，因而使事件影响分析变得较简单；③不考虑太复杂的情况。最初开发 PC 法时仅限于一维事件，不适用于影响因素是多维的复杂的事件。

PC法的有效性主要依靠专家的知识经验，主观性较大，且标准数据获取困难，对于单点的HEP估计是一种较好的专家评判方法，但难以处理复杂任务的HEP。

8. 人因失误评估与减少技术

人因失误评估与减少技术（human error assessment and reduction technique, HEART）[10]侧重于研究对人的行为有负面影响的工效学因子和环境因子，即失误产生条件（error-producing condition, EPC）。该方法认为，假如在一项给定任务中每个EPC独立影响行为的范围/程度能被量化，则其人因失误概率可用这些EPC乘积的函数来计算。

基于上述设想，HEART将任务按难度、时间要求等特性划分为八大类（可增减），对每类中的任务赋予标称人因失误概率。对于一项要分析的任务，首先将它归类，选取标称概率值；然后辨识失误产生条件EPC，用HEART提供的表格评估EPC影响的大小；最后按HEART的准则计算人因失误概率。

该技术应用较简便，且提供了30多种EPC用于估算各种行为的可能性，适合作为设计过程中的风险评估工具。但是，HEART只能处理独立的任务，尚无处理连续性序列任务的模型，因而在PSA中仅使用了几次。

3.2.2 第二代HRA方法

1979年，美国三哩岛核事故发生后，人们认识到大型复杂系统运行中人与系统的交互绩效（尤其是在事故进程中）对于事故的缓解或恶化起着至关重要的作用，即不仅在正常运行条件下，而且在复杂的动态过程中，人的可靠性分析更具有重要的现实意义。从此人的可靠性分析研究进入了结合认知心理学、以人的认知可靠性模型为研究热点，强调情境环境对人的认知可靠性影响的重要作用的新阶段，该阶段形成的HRA方法业界称为第二代HRA方法。

1. 认知可靠性与失误分析方法

Erik Hollnagel 在1998年建立了认知可靠性与失误分析方法（CREAM），包括独特的认知模型、前因/后果分类方案和分析技术[11]。

CREAM的一个显著特点是把对人的行为的描述置于一个环境背景中，并在分析的早期阶段就考虑环境背景对人行为的影响。而过去的HRA方法对环境背景及其相关性考虑不够，并且大多在分析的较晚阶段用行为形成因子等来修正人因失误概率值。

1) 认知模型

CREAM的认知模型称为COCOM模型（contextual control model），如图2-5所示，该模型是CREAM方法的基础。

该模型把人的行为按认知功能分为4种基本类别，即观察（observation）、解释（interpretation）、计划（planning）、执行（execution）。人的行为是在现实的环境背景下按照一定的预期目的和计划进行的，但是人又根据环境背景的反馈信息随时调整自己的行为，这是一个多次交互循环的过程。在COCOM模型中，环境背景用控制模式（control model）来描述，包含4种控制模式：混乱的（scrambled）、机会的（opportunistic）、战术的（tactical）、战略的（strategic）。

在COCOM模型中，认知不仅是一系列输入产生的一个反应，也是一个连续的对目标或原有意图的纠正和修正的过程。

2) 分类方案

CREAM方法中建立的分类方案对人因事件的前因和后果之间的关系进行了系统化的归类。但由于受具体研究领域的限制以及出于一般性的考虑，该分类方案在很大程度上只是一个原则性的框架，因此，在具体使用时尚需针对研究领域的特点补充和完善分类方案。

分类方案定义了后果和可能前因之间的联系，形式类似于产生式规则。后果和前因之间可相互转换，如某一后果的前因，可能是另一个前因造成的后果。

前因又分为一般前因和特殊前因，一般前因指导致某一后果的比较概括的一个前因，而特殊前因则是在各种条件非常确定的情况下，一个非常具体的前因，即一般前因是在许多条件还不确定的情况下，许多同类特殊前因的一个总称。

前因分为3类：个人的（individual）、技术的（technological）、组织的（organizational）。第一类包含了与人的心理特性有关的原因，如认知、情感、人格等；第二类包含了与技术系统，特别是系统状态和变化状态相关的原因；第三类包含了组织特性、工作环境和人–人之间的相互作用。

CREAM的分类方案不是层次化的，因为后果和前因之间的联系是复杂的。分类方案是CREAM分析技术实施的基础。

3) 分析技术

CREAM的分析技术有两种：回溯性分析与预测性分析，回溯性分析主要用于事故和事件分析，预测性分析主要用于人因可靠性分析。

（1）回溯性分析。回溯性分析的主要功能是获得人因失误的原因，通过对所观察到的事件后果做追溯性分析，使用分类方案中所定义的关系来建立可能存在的原因–后果关系路径。其实施步骤：根据事故现象的描述确定失误模式，以此为起点在分类表所定义的后果–前因联系表中查找相关的条目，以查得的条目所包含的原因作为结果再到后果–前因联系表中查找相关的条目，依次类推，直至所查得的前因都为特殊前因，分析终止，所得的全部特殊前因就是回溯性分析的结果。

（2）预测性分析。预测性分析包含两个部分：定性预测分析和定量预测分析。

① 定性预测分析。其主要包括：任务分析；环境背景描述；指定初因事件；定性行为预测；选择需进一步分析的工作；从原因找结果，运用环境背景进行剪枝。

② 定量预测分析。定量预测性分析基于上述定性分析开展，用于定量计算人因失误概率。CREAM 定量分析主要步骤如下：

a. 工作分析。使用层次分析法对工作任务进行描述和分解，将一个总的工作任务分解成小的子任务（和子动作）。

b. 评估通用行为条件（common performance condition，CPC）。通过对现场工作环境的了解以及对工作人员的调查确定 CPC。

c. 确定控制模式。根据 b 所得的 CPC，确定其对人的行为的可靠性的影响，并计算出[Σ 降低, Σ 不显著, Σ 提高]（其中，Σ 降低是指可能降低人行为可靠性的 CPC 个数；Σ 提高是指可能提高人的行为可靠性的 CPC 个数；Σ 不显著是指对人的行为可靠性不产生显著影响的 CPC 个数），据此再得出工作环境所属的控制模式。

d. 分析每步工作所涉及的认知行为。根据工作分析的结果和调查、访谈的结果，确定每个子任务（子动作）所涉及的认知行为。

e. 辨识每步工作中最可能发生的认知功能失误。根据工作分析的结果和调查、访谈的结果，确定每个子任务（子动作）中最可能发生的认知功能失误。

f. 确定失误概率。根据 CREAM 中提供的基本认知功能失效概率，确定每个子任务（子动作）的认知失效概率（cognitive failure probability，CFP）。

g. 用控制模式修正 CFP。根据前面所得的控制模式，使用不同的权重修正每个子任务（子动作）的 CFP。

h. 根据工作分析和工作步骤构成的结构（并联或串联）计算整体任务失败的概率。

2. 人因失误分析技术

人因失误分析技术（a technique for human error analysis，ATHEANA）[12]是一种基于运行经验改进的 HRA 方法，针对以往核电厂 HRA 中人在非正常工况下的指令型/执行型失误研究严重不足而开发，随后美国布鲁克海文国家实验室和桑迪亚国家实验室分别将 ATHEANA 方法应用在实际电厂的人因事件分析中并取得了成功。ATHEANA 方法提高了 HRA 的准确性和预测能力，能够识别事故情境下人-机交互过程中重要的特征行为及可能后果，从而判别可能发生的最重要的严重事故序列，并在人因失误原因辨识的基础上提出改进人的行为绩效的建议与措施。

1) ATHEANA 方法基于的行为模型

ATHEANA 采用了一种基于人的信息处理理论且带有反馈的序贯式行为模型，如图 3-3 所示。

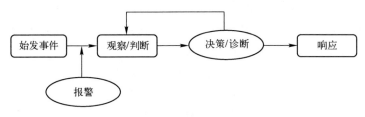

图 3-3 序贯式行为模型

该模型认为人的行为是按照不可改变的 3 个阶段（感知、决策/诊断、响应）顺序进行的。它通过结合系统的实际运行经验和数据，探究和辨识人的不同认知阶段的"诱发失误环境"，以及其如何通过人的失误机理产生人的非安全动作，并且给出了定量分析的方法。ATHEANA 打破了传统 HRA 方法中将人因失误作为系统运行条件下发生的人的随机失误事件的结果，而强调人因失误是在非正常条件下由情境环境、系统条件和人的行为形成因子的共同作用通过人的失误机理而迫使人发生的，而其发生的可能性是基于迫使失误情境（error-forcing context，EFC）发生的频率。

2) ATHEANA 方法的分析框架

ATHEANA 方法认为，大部分人因失误是系统的具体条件与人的 PSF 影响相结合的产物，这种结合效应会激发人的失误机制而导致人的不安全动作的产生；ATHEANA 方法就是建立一种过程，去辨识那些由于不恰当地激发了人的失误机制而引起具有不安全性后果的失误的机会。这种搜寻所依赖的框架的目的是描述人的失误机制、系统条件和 PSF，以及人的不安全动作导致系统安全性下降的后果的相互关系，并结合 PSA 模型以求全面真实地反映人作为一种特殊部件存在于系统中。

（1）情境驱使人因失误。行为科学方面的研究发现，人的失误机理和系统条件共同影响事故的发生，意味着在研究 HRA 方法时必须分析以人为中心（如人-机交互设计、规程内容和格式、培训等 PSF）与系统条件（如显示错误、设备的不可用性）两方面的因素。这与第一代 HRA 方法侧重考虑以人为中心的因素的观点是截然不同的。

以人为中心的因素和系统条件的影响并非彼此独立，更普遍的是，在一些主要的事故中往往是特殊系统条件产生对操作人员行为的需要，而在这些超常的系统条件下，以人为中心的因素的一些缺陷在人作出反应时导致了失误。因此，用传统的 HRA 方法评价行为形成因子时，可能不能识别关键的问题，除非把与控制和显示有关的整个系统条件都考虑进来。如果在分析行为形成因子时无法认识到即使在单个的人因事件中系统条件也可能有很大的偏差，并且其中的部分作业条件对操作人员要求很高，那么分析人员就无法识别最可能导致操作失误的状态，换一种角度来看，即便与人因事件有关的操作失误也往往来自非正常状态下的系统条件，而不是主观想象的在正常条件下人的失误。因此，为了提供一种有效测量和控制风险的工具，必须将非正常的系统条件引起的人因失误和正常系统条件下的人因失误结合起来，辨识出怎样的情境会产生人因失误，并估计其发生的概率和可能后果。

（2）情境引发失误机制。如上所述，对迫使失误情境的识别必须建立在理解相关心理机理的基础上，人因失误的发生是系统条件和人的失误机制共同作用的结果，即系统条件和人因特性引发了系统中工作人员的失误机制；当然，这些失误机制并不总是"生就"的坏行为，而是允许进行技能性和快速的操作活动。例如，人们常常用"模式匹配"原则进行事故诊断，然而由于错误匹配或疲劳或工作负荷过重，就可能导致不恰当的行为而引发不安全后果。换言之，许多失误机制发生在操作人员运用正常的操作程序的过程中，系统异常条件和PSF共同作用，使该程序的应用出现了偏差。失误机制是无法观察到的，只有作为其结果的人因失误可被识别，但是若没有对失误机制的理解，拟寻找迫使失误环境几乎是不可能的。

（3）多学科的ATHEANA分析框架。HRA需要构造一个分析框架，以此来描述失误机制、系统条件及行为形成因子之间的关系以及怎样通过人的干涉减少失误机理的不安全性。ATHEANA基于PSA需求和系统运行、人因工程、行为科学等多学科要素构建了该方法的框架模式，如图3-4所示。

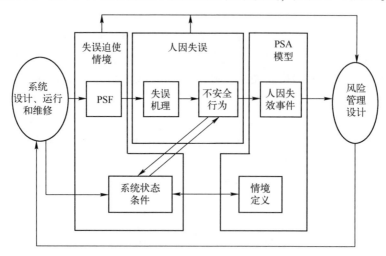

图 3-4 ATHEANA 分析框架

在此框架中，与人的行为有关的因素，即包含人因工程、行为科学、工业工程原理等方面专业知识的行为形成因子、系统条件、失误机制反映在图3-4的左框中，这些因素代表了不安全行为形成的根本原因；右框中的因素，即人因失效事件和情境定义代表了PSA模型本身；不安全行为和人因失效事件则代表了HRA和PSA模型的结合点。

(4) 框架中要素的定义。人因失效事件是指在PSA中代表由人的不安全行为引起的功能、系统或部件的失效，它不同于以往HRA分析方法中仅指的由人引起的失误。人因失效事件表达出PSA系统分析的需求，其可以分为执行型失误 (error of commission, EOC) 和遗漏型失误 (error of omission, EOO) 两种，其中EOO表示操作人员没能启用一个必需的安全功能，EOC则表示不恰当地中断了一个必需的安全功能，或表示启动了一个不当的系统。例如，在核电厂冷却剂流失事故中，不当地中断了安全注入系统，属于EOC；在事故发生时没能启动旁路冷却系统，属于EOO。

不安全行为是指不当地执行或应该执行时而未执行的行为。不安全行为并不意味着人是问题产生的根源。基于对操作事件的分析，人们常常迫于环境而采取不安全行为，在该情况下操作人员并没有犯日常意义的失误，在他们看来他们做的是对的。

失误迫使情境，简单地理解就是迫使失误发生的环境，它代表了系统条件和PSF共同的影响。这种迫使环境是一个连贯的情境，在此情境中系统条件（特殊的系统条件）是引发失误的最初原因。操作人员通过培训，在正常的系统条件下一般不会发生失误，但当特殊情况发生时，系统条件超出了操作规程和操作人员日常培训的范围，加上心理因素的作用，往往引发不当的失误机制（如不当的探查、不当的状态评价、不当的反应计划、不当的执行），进而导致人因失误。

3) ATHEANA的实施

(1) ATHEANA的量化模型。运用ATHEANA量化一个人因失效事件 (HFE) 需基于对以下内容的理解：

① 哪些不安全行为可以导致HFE；
② 怎样的失误迫使情境 (EFC) 可以导致构成HFE的不安全行为；
③ 怎样根据专家经验对这些因子的发生概率进行赋值。

每个HFE可能都是由几个不同的不安全行为产生的，同样，每个不安全行为往往可以由若干个不同的原因产生。因此，可以用以下公式来估计HFE的概率：

$$P(E|S) = \sum_i \sum_j P_{ij}(S) \qquad (3-10)$$

式中：$P(E|S)$为在某种选择决策方案条件下发生人因失效事件的概率；

$P_{ij}(S)$ 为由于第 j 种迫使失误环境 EFC_j 引发不安全动作 i 的概率，它由两部分组成：①系统条件发生概率和与 EFC 相联系的 PSF 值；②在给定的 EFC 下操作失误的概率。

（2）ATHEANA 的应用流程。ATHEANA 的应用流程如图 3-5 所示，主要有两个阶段：识别和定义阶段；量化阶段。该流程图反映了运用 ATHEANA，特别是在寻找 EFC 及其量化时对信息来源的依赖性很强。信息的获得需要 HRA 专家与系统设计人员及操作人员共同探讨，并借鉴行为科学和认知心理学方面的成果。

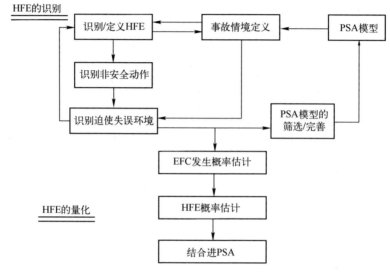

图 3-5　ATHEANA 的应用流程

① 识别和定义阶段，包括人因失效事件（HFE）、不安全行为、失误迫使情境（EFC）等的识别和事件情境的定义，在识别最初 HFE 的过程中，需要审查所有与之相关的系统功能，包括所有明确的事件树和隐藏的事件过程。所识别出的 HFE 可能是一个或多个不安全行为的结果，同样每个不安全行为都可以找出其特殊的 EFC。因此，出于对不同系统条件、EFC 和不同特殊情境定义的考虑，HFE 及相关的 PSA 事件可能需要被重新定义以进一步反映细节。

② 量化阶段，获取相关 HFE 的概率。其包含 2 个环节：计算特定的 EFC 的发生概率和计算给定 EFC 状态下的失误的概率。

3. 事故序列先兆标准化核电厂风险分析 HRA 方法

为了支持事故序列先兆项目（ASP），美国核管理委员会（NRC）与爱达荷（Idaho）国家实验室合作，于 1999 年开发了事故序列先兆标准化核电厂风险分析 HRA 方法（standardized plant analysis risk human reliability analysis，

SPAR-H)[13]，用于核电厂风险分析。2002 年，为了提高 SPAR-H 的通用性和可用性，NRC 又对该方法在停堆和低功率工况下的应用进行了改进。

SPAR-H 方法将操作人员的行为分成"诊断"和"操作"两部分，计划、团队内部交流或者是任务完成过程中的资源分配都是操作活动；"诊断"活动则包括解释和决策制定。诊断任务一般与对目前状况的理解、问题判断、处理方案、确定合适的行动步骤有关。"操作"活动包含操作设备、进行排序、执行等。

SPAR-H 方法定义了一套新的影响操作者行为的 8 个行为形成因子，即可用时间、压力、复杂度、经验或培训、程序、人-机交互、工作胜任能力与工作流程，并对这些 PSF 与人因失误概率的关系做了 4 个重要假设：

（1）PSF 对人的行为/绩效可能产生负面的影响，也可能产生正面的影响。这同以前大多数 HRA 方法只考虑 PSF 对人员行为的不利影响有很大差异。

（2）大部分 PSF 有正面的影响作用，且这些正面的影响作用是负面的影响作用函数的反射。失误概率随着 PSF 的负影响作用的增强而增长；相反，失误概率随着 PSF 的正影响作用的增强而降低直到其下界止。

（3）人因失误概率（HEP）具有不确定性，分析人员对各 PSF 赋值的水平影响了 HEP 不确定性中的一部分，该不确定性服从 β 分布。

（4）PSF 的正面影响作用最大能使人因失误概率减少到 1×10^{-5}，即 SPAR-H 方法对人因失误概率的估计采取较保守的态度。

SPAR-H 方法中，PSF 对人因失误的影响作用是通过乘法来评估的，计算方法为：根据具体事件的分析分别给出 8 个 PSF 取值，然后乘上诊断或操作的标称/基本失误概率值，其中诊断任务的标称失误概率值为 0.01，操作任务的标称失误概率值为 0.001。

人因失误概率 P 计算式如下：

$$P = P_d + P_a \tag{3-11}$$

式中：P_d 为诊断失误概率；P_a 为操作失误概率。

$$P_d = 0.01 \times \prod_{i=1}^{8} \text{PSF}_i \tag{3-12}$$

$$P_a = 0.001 \times \prod_{i=1}^{8} \text{PSF}_i \tag{3-13}$$

如果 P_d 或 P_a 的量化结果大于 1，则需要使用式（3-14）和式（3-15）进行修正：

$$P_d = \frac{0.01 \times \prod_{i=1}^{8} \text{PSF}_i}{0.01 \times \left(\prod_{i=1}^{8} \text{PSF}_i - 1\right) + 1} \tag{3-14}$$

$$P_a = \frac{0.001 \times \prod_{i=1}^{8} \text{PSF}_i}{0.001 \times \left(\prod_{i=1}^{8} \text{PSF}_i - 1\right) + 1} \tag{3-15}$$

3.2.3 第三代 HRA 方法

随着计算机技术的发展，在第一代和第二代 HRA 方法逐渐发展和完善的过程中，出现了不同于第一代和第二代 HRA 方法，试图对人-系统交互过程中人员可靠性进行动态仿真分析，试图获得更准确的技术动态可靠性数据，以实现对人-机系统风险的动态评估、预测与预防，学术界将其称为第三代 HRA 方法——基于仿真的动态的 HRA 方法。传统的第一代和第二代 HRA 方法均以运行事件的静态任务分析作为人员行为建模的基础，依靠实证或专家判断得来的数据进行人因失误概率估计进而计算任务失败的概率。第三代基于仿真的 HRA 方法属于动态建模系统，利用虚拟环境、虚拟场景以及虚拟人来模拟人在与系统/环境的交互过程中人的思维活动如何影响人的行为，如在工作条件下人如何诊断、控制等，以识别影响操作人员的影响因素，准确地描述复杂人-机系统间动态交互的特性，如处理运行过程中的系统/组件失效、系统特征参数的变化（如温度、压力、水位等）以及作业人员的认知和动作响应等随时间的动态变化对人的行为绩效和系统的影响，为 HRA 建模和量化的动态性描绘提供基础，并预测操作人员可能的行为，为 HRA 分析计算 HEP 提供输入。

基于仿真的 HRA 方法中较具代表性的主要有：认知环境仿真（cognitive environment simulation，CES）[14]；认知仿真模型（cognitive simulation model，COSIMO）[15]；操作班组对复杂系统事故响应的认知建模和动态概率仿真系统（cognitive modeling and dynamic probabilistic simulation of operating crew response to complex system accident），即 ADS-IDAC 系统[16]；人-机集成设计与分析系统（man-machine integration design and analysis system，MIDAS）[17]等。

CES 方法基于人工智能技术，主要用于对动态、不确定和复杂环境下的核电厂人员应急操作进行仿真。CES 强调任务和同人有关的变量之间的相互作用，描述人的意向行为是否正确，可仿真能导致人的意向性失误的各种可能情境，模拟这些人的失误可能导致的后果。CES 模型的输入是从操作人员角度观测到的系统状态值的时间序列，输出是操作人员意图去执行的一系列可能会导致事故的动作。

COSIMO 使用智能系统（agent）技术开发，可通过不同控制器控制的多个不同类型的智能系统来模拟一个复杂系统中面向解决问题的操作人员的认知过程并预测操作人员的行为。其建立了包括监控、诊断和执行等在内的多种认知功能结构，特别适合模拟事故处理过程中的人-机交互行为。COSIMO 采用黑板框架，其内包含两个黑板：领域黑板和控制黑板。在仿真过程中，由控制黑板产生任务并交予领域黑板运行，控制黑板同时对任务的运行进行调度。控制黑板中的智能系统负责控制操作人员的认知活动，包括问题收集、停止问题、开始策略、更新策略、初始化焦点、更新焦点，领域黑板中的智能系统负责实现操作人员的认知活动，包括环境读取、解码、筛选、解释、近似匹配、频率随机赋值、执行。遗憾的是 COSIMO 没有公开，其应用和后期发展资料不详。

ADS-IDAC 系统将认知模型、决策引擎、PSF、事故动态仿真器结合在一起，可模拟分析在事故进程中各个可能人员动作和决策点的动态响应，包括班组响应。ADS-IDAC 系统包含 IDA 和 IDAC2 个行为模型，其中 IDA 模型用于仿真操作员个体的行为，IDAC 模型用于仿真操作员班组的行为。图 3-6 是 ADS 动态 PSA 环境下的 IDAC 模型框架。ADS-IDAC 系统中共有 6 个模块：班组模块、系统模块、指示模块、元件/硬件可靠性模块、模拟控制（调度）模块、用户界面模块，其结构如图 3-7 所示。其中，系统仿真功能在调度模块实现，仿真方法采用离散动态事件树（discrete dynamic event tree，DDET）的仿真策略。另外，ADS-IDAC 系统将行为影响因子（performance influence factor，PIF）分为静态和动态两大类。静态影响因子主要是与组织相关的因素，其在事故进程中不会变化，如规程质量、培训水平等。动态影响因子则会在事故进程中依情境的变化而变化，如主控室环境、激发的警报等。总体来说，ADS 具有 5 项功能：核电厂行为模拟、主控室面板模拟、班组行为模拟（如 IDAC）、硬件性能模拟（如模拟潜在硬件失效）、顺序控制器模拟，可生成核电厂初始故障后大量设想事故。ADS-IDAC 方法可用于辅助识别显

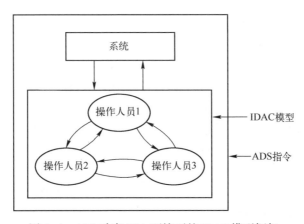

图 3-6　ADS 动态 PSA 环境下的 IDAC 模型框架

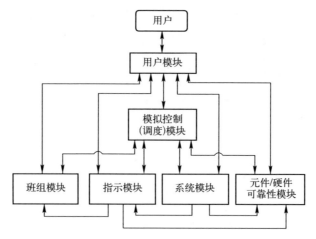

图 3-7 ADS-IDA 系统中模块结构框架

著的人因错误并对人的行为、绩效进行定量分析,能对 IDAC 模型产生的结果进行实验测试,还可用于操作人员培训。目前,ADS-IDAC 方法还在进一步研究和发展中。

MIDAS 是一个基于工作点分析的仿真系统,提供了一个三维的人员绩效建模与仿真环境,可在仿真操作环境中对复杂的人-机系统进行概念设计、可视化和计算评估。MIDAS 结合了图形设备原型、动态仿真和人员绩效建模,旨在缩短设计周期,支持对人-系统的有效性进行定量预测,并改进班组工作站及其相关操作规程的设计。MIDAS 可视作人因可靠性设计分析系统,能用于人员绩效测量和复杂人-机系统设计评价,主要用于在成本较高、持续时间较长的有人参与实验和工程任务的实施之前,对备选人员在作业过程、控制和显示等方面进行评估。

3.3 一种规范化的 HRA 技术

由于技术的不完备和应用的复杂性,HRA 在应用中存在诸多问题,难以满足工程实践需求,为此,本书作者在长期 HRA 研究与应用实践过程中,着眼于工程应用,建立了一种规范化、工程化的 HRA 技术,并成功应用于大亚湾核电厂、岭澳核电厂、岭东核电厂、秦山核电厂、秦山第三核电厂等工程,且通过了国际原子能机构(IAEA)、世界核电运营者协会(WANO)和国家核安全局的评审[18-19]。该技术也获得了国际同行的高度认可[20-27]。本节对该技术给予简介。本节使用术语"HRA 技术"而不用"HRA 方法"旨在强调规范化 HRA 技术的工程性。

规范化 HRA 作为一种工程技术,它由分析模型、技术程序和基本数据三要素构成。分析模型是 HRA 技术的核心，确立 HRA 各要素的基本关系及操作原则；技术程序用于规定模型应用的技术路线和实施保障；基本数据是模型的基础和依据，模型应用与程序实施过程是数据进一步完善和充实的过程，反过来数据又为模型与程序的改善提供理论参考，循序渐进，促进 HRA 技术不断向前发展。三要素之间的关系如图 3-8 所示。

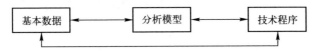

图 3-8　规范化的 HRA 技术组成要素及其关系

规范化是指 HRA 技术各个组成要素须满足以下准则：

（1）分析模型规范化：模型具备良好的有效性、可用性和可靠性。

（2）技术程序规范化：程序标准化、可操作性强、文档规范、可追溯性好。

（3）基本数据规范化：数据来源可靠，表达规范，分类清晰，可选择性好。

3.3.1　分析模型——THERP+HCR

规范化 HRA 技术的分析模型将 THERP 和 HCR 相组合，构建 THERP+HCR 模型：

$$P = P(x) = \begin{cases} \text{HEP}_A \times \sum_{i=1}^{N_1} \text{PSF}_i \times W_i + C_A & (x<0) \\ \text{HEP}_B \times \sum_{j=1}^{N_2} \text{PSF}_j \times W_j + C_B & (x=0) \\ \text{HEP}_C \times \sum_{k=1}^{N_3} \text{PSF}_k \times W_k + e^{-\left(\frac{t/T_{1/2}-\gamma}{\eta}\right)^\beta} + C_C & (x>0) \end{cases} \quad (3-16)$$

式中：P 为特定失误行为的概率；x 为人因失误行为发生时刻与始发事件发生时刻的差，即 $x=0$ 表示始发事件发生时，$x<0$ 表示始发事件之前，$x>0$ 表示始发事件之后；A、B、C 分别为 PSA 中的三类人因事件，即始发事件之前的人因事件、激发始发事件的人因事件、始发事件之后的人因事件；HEP_i 为第 i 类人因失误行为的概率（$i=A,B,C$）；PSF_h 为行为形成因子 PSF_h 的数值（$h=i,j,k$）；W_h 为 PSF_h 的权重（$h=i,j,k$）；C_i 为常数（$i=A,B,C$）；t、T、η、β、γ 为 HCR 模型中参数。

令

$$P_A = \text{HEP}_A \times \sum_{i=1}^{N_1} \text{PSF}_i \times W_i + C_A \quad (3-17)$$

$$P_B = \text{HEP}_B \times \sum_{j=1}^{N_2} \text{PSF}_j \times W_j + C_B \qquad (3\text{-}18)$$

$$P_C = \text{HEP}_C \times \sum_{k=1}^{N_3} \text{PSF}_k \times W_k + e^{-\left\{\frac{t/T_{1/2}-\gamma}{\eta}\right\}^{\beta}} + C_c \qquad (3\text{-}19)$$

式中：P_A 为采用基于 THERP 的模型进行分析计算；P_B 为采用 THERP 与数理统计相结合的模型分析计算；P_C 为采用 THERP 与 HCR 模型相结合的方法分析计算。

之所以将 THERP 和 HCR 组合为一个新模型，是考虑到它们各自的优点和不足。THERP 主要针对与时间无关的序列动作；HCR 恰恰着眼于与时间密切相关的认知行为。将系统始发事件发生时间点作为时间原点，系统中人因失效事件可以划分为始发事件之前的人因事件（A 类）、激发始发事件的人因事件（B 类）、始发事件之后的人因事件（C 类）。A、B 类人因事件的基本特征之一是与时间压力几乎无关，THERP 可较好地对其作出定性定量分析。而 C 类人因事件一般都有较复杂的历程，该历程可简要描述为：一个事件/事故初因发生后，工作人员首先需要依据警报、显示、记录等信息感知到"已有事故发生"，然后综合所观测到的各种信息、事故诊断规程或所掌握的知识，对事故进行诊断，作出处理决策，最后按决策方案实施具体的操作干预，整个响应过程可简述为：察觉、诊断、操作，其如图 3-9 所示。显然，这种事件的基本特征与时间压力密切相关，即必须在规定的时间区间内完成正确的响应，否则就是失败，因此，对该类事件的分析，单纯采用 THERP 或 HCR 都不适当。若只用 THERP 则可能对诊断步骤中的失误度量太粗糙；只用 HCR，一则它不如 THERP 可反映出各类操作的不同失误特征，二则在多数情况下它不能完整地提供整个响应过程的人因失误概率。因此，对 C 类人因事件宜采用 THERP 与 HCR 相结合的分析模型：在事故诊断阶段，用 HCR 技术对该阶段可能的人员响应失效概率进行评价；而对观测和操作执行阶段中可能的失误用 THERP 技术及相关数据进行评价，两者相互补充，其间用时间函数连接（图 3-10），共同构成一个有机整体。另外，还可吸纳其他模型作补充，如使用 SLIM、STAHR 帮助分析 PSF。经过多次工程应用，已证明 THERP+HCR 模型具备有效性、可用性和可靠性。

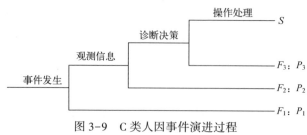

图 3-9　C 类人因事件演进过程

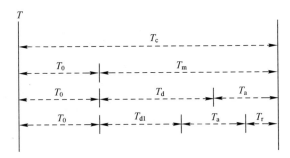

图 3-10 C类人因事件时间分割函数（THERP 与 HCR 连接函数）

图 3-10 中，T_c 为最大允许时间，即从系统异常状态信号出现至工作人员必须完成恢复动作的最迟时刻。在其内必须完成对异常信号的正确响应，将系统恢复至安全状态，否则将演变为事故。该时间由系统性能和特征决定，通常需通过系统分析计算获得。T_0 为异常事件觉察时间，从系统异常信号出现至工作人员觉察到已发生异常事件止，通常通过系统分析计算、模拟机实验和与工作人员访谈获得。T_m 为任务时间，指工作人员完成缓解事故所必需的活动可用的时间，$T_m = T_c - T_0$。T_a 为操作时间，指诊断后完成具体操作动作所需的时间。根据事件成功准则，确认工作人员所需采取的操作动作，辨识所有关键性动作，访谈有经验的运行人员或培训人员，获得完成操作动作所需时间，并根据操作人员的心理紧张状态对其进行必要的修正。T_d 为诊断允许时间，是任务时间 T_m 与操作时间 T_a 的差。T_{d1} 为诊断实际所用时间，由任务分析、模拟机实验、访谈综合获得。T_r 为冗余时间，$T_r = T_m - (T_{d1} + T_a)$，可用来表征紧张因子。

3.3.2 规范化 HRA 技术程序

一种模型需有规范化的技术程序来规定它的实施路线、技术保障和组织管理，才能保证该模型的正确应用。按照人因事件分类，在早期的 HRA 研究中，着眼点主要在事故后的人因可靠性分析，较少涉及事故前人因可靠性分析，而激发始发事件的人因可靠性分析则几乎未涉及。本书作者在 HRA 工程实践中，以 THERP+HCR 为分析模型，建立了一种可覆盖事故全过程的 HRA 技术程序，它包含 3 个子程序，即事故前 HRA 技术程序、激发初因 HRA 技术程序和事故后 HRA 技术程序，以下对这些程序作简要介绍。

1. 事故前 HRA 技术程序

事故前（A类人因事件）HRA 分析系统在正常运行或大修期间，对子系统、设备、部件等进行维修、维护、校验、测试等，导致设备或系统处于潜在失效状态的人因失误事件，它们影响到系统需要投入运行时的可用性。A类 HRA 基本技术程序如图 3-11 所示。

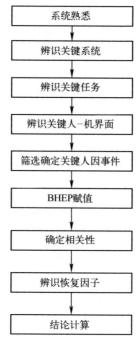

图 3-11 A 类 HRA 基本技术程序

(1) 系统熟悉。通过调查、观察与访谈了解系统基本情况，重点观察了解重要子系统、设备、部件等相关维修、维护、校验、测试等文件资料、活动情况及历史事件，确定系统基本情况假设和边界条件。

(2) 辨识关键系统。A 类人因事件涉及与安全相关的潜在事故系统。依据系统特征和安全重要性，辨识系统中的关键子系统。

(3) 辨识关键任务。通过系统功能分析和任务分析，识别相关作业的关键任务。

(4) 辨识关键人-机界面。通过工作任务分析，确定相关人-机界面在完成该项任务中的重要度。

(5) 筛选确定关键人因事件。全面分析和评价所有 A 类人因事件显然是不现实和不经济的，所以需辨识与筛选在维修、实验、校验等工作中与安全高度相关的人因事件。这个过程不是一次性的任务，而是连续与反复的评价工作。

(6) 基本人因失误概率（BHEP）赋值。查 THERP 数据库获得 BHEP 值。

(7) 确定相关性。采用 THERP 方法识别和处理人因失误的相关性，包括同一人因事件内人员动作间的相关性，同一人因事件内不同人员间的相关性，同一序列中前后不同人因事件间的相关性。

(8) 辨识恢复因子。恢复因子是指通过某种弥补措施，使人因失误及时发现而被纠正，或使人因失误所引起的系统、设备等的失效恢复正常或缓解其不良影响的一个综合性修正因子。一般而言，最重要的恢复因子是有利于快速发现失误并采取正确行动或有利于减少重复失误的因素。

（9）结论计算。对于精确度要求不高的情况可采用 ASEP-HRA 方法，对于度量化结果精度要求比较高或人因失误对系统可靠性影响较大的 A 类人因事件则采用 THERP 方法计算人因事件发生概率。

2. 激发初因 HRA 技术程序

激发始发事件的人因事件（B 类人因事件）是指人因事件或其再与设备失效联合构成或导致的事故始发事件，主要包含在系统运行过程中由于人员错误的操作而导致一个事故序列，以及试验、检修中人因造成设备潜在不可用，当使用这部分设备又未及时采取有效措施时会引发一个事故序列，显然，B 类人因事件兼 A 类和 C 类人因事件的特点。

B 类人因事件 HRA 分析宜采取回溯性分析方法，即从始发事件/初因事件分析出发，分析造成始发事件的各种人因事件，然后分别采取不同方法评价这些人因事件对始发事件的影响。B 类人因事件的 HRA 分析技术流程如图 3-12 所示。

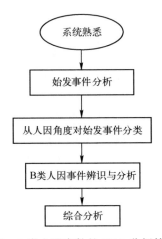

图 3-12　B 类人因事件的 HRA 分析技术流程

（1）系统熟悉。B 类人因事件的多样性，以及它与始发事件的密切关系和对始发事件不同的影响方式，使 HRA 人员必须对系统的运行有全面、深入的了解。HRA 人员应协同系统分析人员，收集整理各种与始发事件、B 类人因事件相关的系统资料。

（2）始发事件分析。因 B 类人因失误构成或促成系统事故的始发事件，所以对始发事件的分析是 B 类人因事件分析的基础。由于始发事件的多样性，而且并非所有的系统事故始发事件中都包含人因失误的贡献，因此人因分析人员需运用工程评估法，结合典型的始发事件清单（如经典的 PSA 报告）和运行经验，建立类似故障树的逻辑图，以得到较完备的涉及人因的始发事件清单。

（3）B 类人因事件辨识与分析。由涉及人因的始发事件清单可导出一个 B 类人因事件的分类：同一子类中的 B 类人因事件对始发事件的影响方式大致相同，并且同一子类中的人因事件也具备一定的相似性。不同的分类采用不同的方法辨识其中存在的 B 类人因事件。对得到的具体的人因事件，应用 THERP 等人因分析方法进行处理。

（4）综合分析。由于 B 类人因事件的多样性，不同的类别采取了不同的分析方法，可能导致最后的分析结果不一致。另外，某些类型始发事件中人因的评价方法不理想，因此有必要结合敏感性分析和不确定性分析对分析结果作进一步的比较和确定。

3. 事故后 HRA 技术程序

事故后（C 类）人因事件是指系统在异常状态下，人与系统发生交互作用过程中的失误，主要是人的诊断、决策等认知行为和诊断后的具体操作行为，它的发生概率与时间密切相关，且这类失误往往难以纠正。

C 类人因事件 HRA 的主要任务是分析、评价系统人员接受报警信号，感知某项异常事件发生后所采取的任务行为的失误概率。C 类人因事件分析的基本程序包括系统基本情况调查、定性分析、定量评价和综合评价 4 个阶段，如图 3-13 所示。

（1）基本情况调查。全面了解和认识系统，掌握影响系统人员行为的行政和技术管理组织，从中了解和筛选对事故后人因分析最重要的信息。

（2）人因失误识别。对事件树中包含的人因失误事件进行详细分析和筛选，减少需要分析的人–系统交互行为（HSI）数量，保证关键的 HSI 在分析任务中。关键的 HSI 筛选采取先定性后定量的程序。

（3）定性分析。定性分析的目的是对大量人因事件数据中的重要人因数据进行处理，合理限制需要详细分析的人因事件数量，筛选出对系统安全有重要贡献的 HSI，确定始发事件及其重要人因事件序列，最终获得需要进行量化分析的人因事件。

（4）定量筛选。定量筛选的主要基本原则：保守地对每个 C 类行为赋值，且必须把作业人员行为序列的相关性考虑进去；将这些概率输入事件树中，并且与硬件可靠性参数结合起来；基于需要进行分析的深度选定一个概率定值，对在所选定值上的事故序列中人的行为做进一步的分析。

（5）定量评价。采用 THERP+HCR 计算模型。因为风险评估的本质要求其分析计算宜采取偏保守的策略，即使人因失误概率极小也不能排除其万一失误的机会，因此，对计算结果应该采用截断值。例如，在 PSA 中，当人因

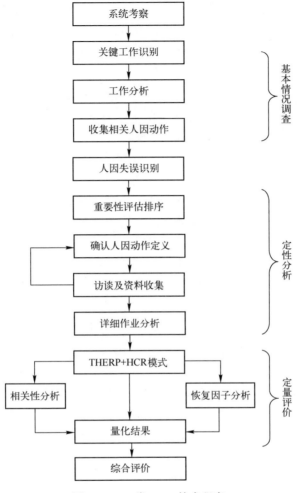

图 3-13 C 类 HRA 技术程序

事件发生概率值小于 1×10^{-4} 时则均以 1×10^{-4} 为截断值。

（6）综合评价。有关的人因事件按以上的方法进行分析后，HRA 人员须将各人因事件分析模型及分析结果与系统分析人员进行综合讨论与分析，确认分析没有出现理解偏差，以及分析的模型及结果合理可接受。

3.3.3 规范化 HRA 技术基本数据

HRA 数据包含定性数据和定量数据两个方面。定性数据用于支持 HRA 建模、确定人因失误机理和 PSF，定量数据则支持人因事件的定量评价。本规范化 HRA 技术的基本数据采用 THERP 方法和 HCR 模型所提供的基本数据。

THERP 方法建立了一个以核能工业为主体的操作人员人因失误数据

库[5]，包含了工业系统中可能存在的主要人因失误种类和其发生概率。该数据库基于作业类型、HRA 相关需求等考虑，分为 7 个部分、27 个表格。其中，表 1 及表 2 为粗值筛选表，用于对无须深入量化的人因失误赋值。表 3 和表 4 为在短时间内产生报警数目与操作人员判定系统状态失误的关系。表 5~表 8 是针对有无程序书的各种情况，评估操作人员忽略某些步骤的可能性，在量化维修、测试的人因失误时常常使用。表 9~表 14 则为操作失误率的相关表格，对于各种类型的按键、旋钮、阀门等的操作失误概率有极细的分类。表 15~表 19 为 PSF 的选择依据及相关性度量。表 20 和表 21 为不确定性边界判断依据及度量。最后，表 22~表 27 为动作相关性表格。需要注意的是，THERP 数据库中数据均为基本数据或标称数据，使用时应该基于对所分析的人因事件的详细调查选用恰当的数据，并给予合理的修正。

HCR 模型的基本数据如表 3-1 和表 3-2 所列，它们是 HCR 模型建立者在核电厂全尺寸模拟机实验中获得的。

考虑到不同国家、不同民族的文化背景差异，以及不同系统的条件、环境等方面差异，本书作者于 2002 年在秦山核电厂 HRA 项目中，为使 HRA 结果更符合秦山核电厂实际，在秦山核电厂全尺寸模拟机上进行了操作员可靠性实验，获得 HCR/HRA 模型基本参数。该实验选择了包含技能型、规则型和知识型三种认知类型、对核电厂运行安全有重大影响的 23 个异常事件（55 个 HSI），对 38 名操作员事件响应状况和时间进行录像和记录，取得 764 个数据点，经数据处理和分析后获得适合秦山核电厂系统与人员特性的 HCR/HRA 模型基本参数，其列于表 3-3 和表 3-4，并用于秦山核电厂 HRA 项目。

表 3-3 秦山核电厂 HRA 模型中威布尔分布参数

项目	参数			
应用范围	γ	η	β	σ
技能型	0.29	0.87	1.79	0.45
规则型	0.30	0.88	1.63	0.50
知识型	0.20	1.18	0.94	1.28

表 3-4 秦山核电厂 HRA 中行为形成因子 K_1、K_2、K_3 的取值

PSF	PSF 修正系数 K	
	原 HCR 模型值	秦山核电厂值
操作员经验（K_1）		
（1）专家，良好训练	-0.22	-0.15
（2）平均水平，一般培训	0	0
（3）新手，培训不够	0.44	0.40

续表

PSF	PSF 修正系数 K	
	原 HCR 模型值	秦山核电厂值
心理压力（K_2）		
（1）严重应急情况	0.44	0.60
（2）潜在紧急情况	0.28	0.28
（3）不紧急，但积极地工作	0	0
（4）低应力，放松警惕	0.28	0.20
控制室人-机界面（K_3）		
（1）优秀	−0.22	−0.22
（2）好	0	0
（3）中	0.44	0.51
（4）差	0.78	0.78

3.3.4 规范化 HRA 技术文档模式

为保证分析的可追溯性，建立规范化的 HRA 文档模式是非常重要的。规范化 HRA 技术的文档主要包括以下项目。

1. 事件背景

在事件背景中，对事件发生前后系统的状态、为保证系统功能而要求操作员执行的一些响应动作以及事件后果进行描述。

2. 事件描述

描述事故工况下，操作人员根据规程对与事故相关的关键系统或设备的状态进行判断，根据这些判断进行的一些相应的操作行为和事故演进及处理过程。

3. 事件成功准则

事件成功准则为确保事件成功所进行的关键性操作。

4. 提问清单

根据对事故进程的理解，列出需要了解或确认的问题，主要包括操作人员、现场领导对事件进程的理解；操作人员所采用规程及规程的易用性；事件进程中所需的操作步骤、条件及关系；操作现场的人-机-系统环境状况；人员间相关性及操作步骤间的相关性；事故可能造成的后果及运行人员对其严重程度的理解（心理压力）；允许时间、实际诊断时间、操作时间、一般执行时间等。

5. 调查、访谈结论

通过调查、访谈，对事件的进程、任务分析、人员动作的意义、动作目的、成功准则、系统人-机界面的状况、系统状态、操作人员的心理状况以及

THERP 和 HCR 方法所需的各类信息和数据有一个明确的结论。

6. 事件分析

事件分析包括：事件过程分析，即根据事件进程将事件划分为相应的几个阶段；建模分析，即对每一阶段的人员行为进行初步分析，同时决定采用何种模式计算其失误概率。

7. 建模与计算

根据建模分析建立事件定量分析模型并进行有关数学计算。在进行诊断失误计算时，首先要确定该事件的类型，再选择相应的 HCR 计算参数。在进行操作失误计算时，对复杂的操作用 HRA 事件树进行分析；对较简单的操作，可直接查 THERP 表中有关的数据确定其失误概率。若依据事件分析，可确认失误发生可能性非常小的行为，统一取值为 1×10^{-4}。

8. 系统假设与边界

由于人的个体差异，环境因素对人行为影响极大，不同的人在同样环境下，以及同一人在不同环境下面对发生的相同事故可能有不同的反应，因此，如果不确定系统假设与边界，HRA 将面临结论的不确定性，即针对不同的人或对环境的不同解释可能得到不同的结论，因此，确定系统假设与边界，以及记录在案是十分必要的。

9. 调查访谈记录档案

访谈记录档案作为 HRA 报告的附件，列出事件分析调查过程中所接触的和产生的主要文件资料，包括访谈记录表、提问清单、查阅的电厂内部文件和资料目录、参考文献等。

3.3.5 应用实例

核电厂是一个复杂社会-技术系统。在核电厂安全性和可靠性分析中，人的可靠性是事故序列和在总风险中人与系统的交互作用对风险贡献重要性的关键，它影响着事故序列的进程顺序，因此人因可靠性分析（HRA）是核电厂安全评价的极其重要部分。以下应用实例来自作者在某核电厂完成的 HRA 项目。

1. 事故前（A 类）人因事件分析实例

人因事件：A11 保护机柜 A11-BM10 定值器定值标定偏差。

1）事件背景

在大修期间，由于定值器存在故障或偏离定值的可能，因此需要对定值器 A11-BM10 进行重新标定，以保证定值器的整定值在其技术要求范围内，若定值偏差超出要求的误差范围，则可能导致定值器提前误动作或在应该动作时未动作。

2）事件描述

根据大修计划安排，维修人员参照维修规程及相关技术文件制作相关表格，并利用专用设备进行校定。

3）事件成功准则

动作值和返回值的回差≤250mV，高电平≥9.5V，低电平≤0.5V，且按测试仪上BM"复位"按钮，黄灯灭。按下定值器面板"触发"按钮，其显示正常（红灯亮）。

4）调查、访谈结论

（1）定值器的标定工作依据QWG-19-01反应堆保护系统组件维修规程进行。

（2）所使用的主要仪器包括专用测试仪BH-2208、4-1/2数字万用表、数字示波器TDS210。

（3）定值器的标定均安排在大修期间进行，依照维修规程的步骤进行校定工作，并填写定值器性能测试记录表。

（4）记录表中包含使用的设备仪器名称、精度、型号、编号和鉴定有效期；被标定的定值器的类型、编号、输入值、输出值、动作值、高电平、返回值、低电平、确认、回差、备注等项目。

（5）表中对成功准则（含高电平、低电平、回差）作了具体表述。

（6）检修表格需填写人、项目负责人和QC人员签字。

（7）工作场地的人-机界面良好，周围有大量外观一致的定值器，每个定值器均有设备标牌。

（8）标定工作一般由2人或3人完成，一人负责输入信号，另一人读取输出信号并记录数据，如有第三人则承担监护任务。

（9）标定工作的安排总体上为满足大修进度要求，时间比较紧张。

（10）对标定中发现不符合技术要求的定值器采取更换的办法，被替换下来的定值器待大修结束后再进行逐一的检修。

（11）大修期间标定工作人员将在一个时间段内进行多个定值器的标定工作。

5）事件分析

根据标定工作过程，考虑以下几种可能的人因失误模式：

（1）在工作中考虑标定对象选择错误。

（2）输入信号及读取定值器输出信号错误。

（3）定值调整结束后调整旋钮未锁定，造成可能的整定值漂移。

（4）在整定偏差概率计算中应考虑相关定值器标定工作的恢复、通道功能测试可能的恢复等。

6）建模分析

根据以上分析，采用 THERP 的方法分析其失误概率：

（1）定值器标定的表格为通用格式，由校定负责人填写，若长期使用，其失误概率可以忽略。

（2）由于在控制柜布置了大量同类定值器，因此需考虑选错定值器的概率。

（3）由于在校正工作中需要对定值器给出 3 个输入信号，并在调校前和调校后均需进行测试和记录输出值，且输入和输出信号间有较直接的线性关系，同时输入信号和读取数字信号错误产生校定偏差的可能性极小。

（4）在校定调整结束后，因疏忽而未锁定调整旋钮的概率需要考虑。

7）建模计算

根据事故前人因可靠性分析程序的简单计算方法：

（1）依据 NUREG/CR-4772（文献6），所述事故前人因事件的基本人因失误概率 $P_1 = 3 \times 10^{-2}$。

（2）标定工作后有监测性测试，其监测失误概率 $P_2 = 1 \times 10^{-2}$。

（3）根据电厂基本情况假设，连续进行两个同类部件的标定工作，其工作间的相关性为高相关，第二个部件标定中发现并恢复其失误的概率为 $P_3 = (1+0.03)/2 = 0.515$。

（4）对于连续进行的 3 个及 3 个以上同类部件的标定工作，工作间的相关性为全相关，未能发现其失误的概率 $P_4 = 1$。

所以有 $P = P_1 \times P_2 \times P_3 \times P_4 = 1.5 \times 10^{-4}$，定值器标定偏差的失误概率为 1.5×10^{-4}。

2. 事故后（C类）人因事件分析实例

人因事件：C 工况下，反应堆余热排出系统（RRA）中出现破口，操作员没有及时进入 A10 规程投入低压安全注入系统，并打开所有可用蒸汽发生器通大气的汽轮机旁路系统（GCTa）阀。

1）事件背景

C 工况下，RRA 系统出现中破口，引起一回路压力下降，安全壳压力因破口漏流而上升，稳压器低水位 LOW3 或安全壳高压 HI-2 报警引导操作员进入 A10 规程。在 A10 规程里，要求操作员完成启动安全注入系统以恢复一回路水量，并打开所有可用蒸汽发生器的 GCTa 阀。若操作员在 19min 内未成功启动安全注入系统并打开所有可用蒸汽发生器的 GCTa 阀且值长及安全工程师（STA）又未及时纠正，将导致堆熔。

2）事件描述

C 工况下，RRA 系统中破口→放射性活度高报警→引导操作员进入 DEC 规程→安全壳高压 HI-2 信号报警或稳压器低水位 LOW3 报警→操作员进入

A10 规程→一回路操作员手动启动 RPA058TO、RPB058TO 两列低压安全注入系统并通知二回路操作员开启 GCT131 阀、132 阀、133VV 阀。

3）事件成功准则

在事故发生 19min 内成功启动 RPA058TO、RPB058TO 两列安全注入系统并将蒸汽发生器通大气阀 GCT131、132、133VV 全开。

4）调查与访谈结论

（1）根据热工水力学计算，操作员需在 $T_1 = 19\text{min}$ 内完成手动启动两列安全注入系统并开启 3 个 GCT 阀。

（2）根据电站基本情况及假设，操作员经过平均水平训练（有执照且有 6 个月操作经验）。

（3）根据电站基本情况及假设，操作员在 C 工况下有一定的心理压力，其修正因子取 0.28。

（4）根据热工水力学计算，由事故发生到引发放射性活度高 HI-2 级报警的时间 T_2 为 1min。

（5）根据电站基本情况及假设，操作员执行 DEC 规程的时间 T_3 为 4min。

（6）由于操作员进入 A10 规程后所采取的第一个行为就是根据安全壳压力高信号作出投入安全注入系统并开启 GCTa 阀的诊断，因此操作员在 A10 规程中的执行时间很短，可忽略。

（7）一回路操作员完成手动启动两列安全注入系统动作的操作时间 T_4 为 1min，二回路操作员完成 GCTa 阀门的开启时间 T_5 为 1min。

（8）一回路操作员与二回路操作员同时进行各自的操作行为，故事故处理中总操作时间以 1min 计算。

5）事件分析

（1）该事件可分为 3 个阶段：

① 操作员由放射性活度高 HI-2 级报警进入 DEC 规程诊断。

② 操作员由 DEC 规程引导进入 A10 规程，并作出手动启动两列安全注入系统与开启所有 GCT 阀的判断。

③ 操作员手动启动两列安全注入系统并将 GCT 阀全开。

（2）建模分析：

① 根据报警信号特征及操作员均经过良好的培训，在此认为操作员未发现 DEC 报警并进入 DEC 规程的概率 P_1 非常小。

② 操作员在执行 DEC、A10 规程的判断与操作均为基于操作规程的行为，可用 HCR 模式计算其失误概率 P_2。

③ 一回路操作员按操作规程开启手动安全注入系统按钮的同时，二回路操作员开启 3 个 GCT 阀门，其操作行为属于典型的序列操作，其操作失败概率 P_3 可用 THERP 方法求出。

6）建模与计算

事件失误率 $P=P_1+P_2+P_3$，根据建模分析和核电厂基本情况及假定得

$$P_1=1.00\times10^{-4}$$

$$P_2=e^{-\left(\frac{t\div T_{1/2}-\gamma}{\eta}\right)^\beta} \quad (3-20)$$

其中：允许操作员进行诊断的时间 $t=T_1-T_2-T_5\times(1+0.28)=16.72\text{min}$；因为平均诊断时间 $T_{1/2,n}=T_3=4\text{min}$，$K_1=0$（平均训练水平），$K_2=0.28$（调查访谈结论3），$K_3=0$（人-机界面良好），所以 $T_{1/2}=T_{1/2,n}\times(1+K_1)\times(1+K_2)\times(1+K_3)=5.12\text{min}$；$\eta=0.601$；$\beta=0.9$；$\gamma=0.6$（规则型），将这些数据代入式（3-20），得 $P_2=2.19\times10^{-2}$。

操作员启动低压安全注入系统和开启 GCTa 阀时人因可靠性分析事件树如图3-14所示。

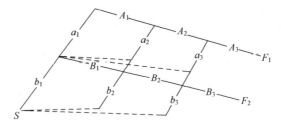

a_1—操作员成功启动安全注入系统；A_1—操作员未成功启动安全注入系统；b_1—操作员成功打开 GCTa 阀；B_1—操作员未打开 GCTa 阀；a_2—值长成功纠正操作员的错误启动安全注入系统；A_2—值长未成功纠正操作员的错误并启动安全注入系统；b_2—值长成功纠正操作员的错误并打开 GCTa 阀；B_2—值长未成功纠正操作员的错误并打开 GCTa 阀；a_3—安全工程师成功纠正值长失误启动安全注入系统；A_3—安全工程师未成功纠正值长失误打开安全注入系统；b_3—安全工程师成功纠正值长的失误打开 GCTa 阀；B_3—安全工程师未成功纠正值长的失误打开 GCTa 阀。

图3-14 操作员启动低压安全注入系统和开启 GCTa 阀时人因可靠性分析事件树

依据 THERP 计算公式和基本数据、修正因子及相关性分析等，计算得到：

$$A_1=1.2\times10^{-3}, \quad A_2=5.57\times10^{-2}, \quad A_3=5.03\times10^{-1}$$

$$B_1=6.0\times10^{-3}, \quad B_2=5.57\times10^{-2}, \quad B_3=5.03\times10^{-1}$$

该事件树的主要失败路径有两条 F_1、F_2，它们的失效概率分别为

$$P_{F_1}=P_{A_1}\times P_{A_2}\times P_{A_3}\approx3.37\times10^{-5}$$

$$P_{F_2}=P_{a_1}\times P_{B_1}\times P_{B_2}\times P_{B_3}=(1-P_{a_1})\times P_{B_1}\times P_{B_2}\times P_{B_3}\approx1.69\times10^{-4}$$

那么，总的操作失误率 $P_3=P_{F_1}+P_{F_2}=2.02\times10^{-4}$，事件总的失误率 $P=P_1+P_2+P_3=2.22\times10^{-2}$。

3.4 HRA 方法发展动态

HRA 方法研究在过去的 60 余年显示出长足的发展，数十种 HRA 方法先后面世，试图满足不同对象系统或某些特定目的的 HRA 需求。但由于对人的认知机理、人的失误机理的认识几乎处于黑箱状态，迄今为止的所有 HRA 方法在科学性和全面性均存在缺陷，方法的效度和信度不高。因此，美国核管理委员会（USNRC）于 2009 年发起了一项 HRA 国际合作研究项目，拟订了 2 项主要任务：①现有主要 HRA 方法的比较研究，验证它们的有效性和一致性；②建立一种适应性更强的新型 HRA 模型和方法。该研究提出一个较完善的 HRA 方法应至少具备下列 10 个属性：①足够的适用范围；②坚实的理论基础；③能够考虑人因事件之间相关性和可恢复性；④可根据各种应用需求建立不同分析深度和分析基础单元；⑤所给出的人因失误概率可通过实证方式验证其合理性；⑥方法的可靠性；⑦可追溯性和透明度；⑧可测试性；⑨分级分析能力；⑩较好的可操作性和可实践性[28]。对已有方法的研究评价表明，目前的 HRA 方法不能够满足上述全部准则[29]。该项目人员于 2014 年和 2016 年先后发布了成果报告《The International HRA Empirical Study（NUREG-2127）》[30]和《The U.S. HRA Empirical Study—Assessment of HRA Method Predictions against Operating Crew Performance on a U.S. Nuclear Power Plant Simulator（NUREG-2156）》[31]。国际原子能机构（IAEA）也于 2017 年 11 月召开专门技术会议，对 1995 年发布的技术导则《核电厂概率安全评价中人因可靠性分析》进行修订。

由于人的大脑神经机制仍未被清晰、彻底地揭示，人的认知行为理论依然缺乏坚实的基础，因此当前 HRA 方法研究所采用的方法论仍然延续了"针对特定系统，解决有限目标"的特征，而方法论本质上尚无显著改变。

目前，国际上 HRA 方法研究呈现出 4 个主流方向：

（1）继续探讨能合理表征大规模复杂人-机系统中人的行为特征和规律、系统特征及人-机关系的人的行为模型和人-机交互行为模型。例如，2013 年 Ekanem 提出的 PHOENIX 方法[32]，借鉴了行为影响因子（PIF）、班组响应树（CRT）、班组失效模式（CFM）和人员响应模型（I-D-A 模型）的概念和处理框架，进一步构建了一个分层的 PSF 集合，并利用贝叶斯网络建立了因果模型，用于人因失效事件（human failure event，HFE）之间和影响因素间的相关性分析。2017 年，美国核管理委员会联合美国电力研究院（EPRI）等单位发布了新开发的 IDHEAS（integrated human event analysis system）方法[33]，整合了先进的人员行为和认知心理学的知识，通过构建班组响应树和决策树来提供一个具有可追溯性的 HRA 计算模型。2021 年，USNRC 进一步将 IDHEAS

发展为 IDHEAS-G[34]，试图成为一种可通用的 HRA 方法。

（2）对原主流方法的改造与完善，包括模型、技术、数据等。例如，韩国原子能研究院（Korea Atomic Energy Research Institute，KAERI）在 THERP 和 ASEP-HRA 方法上拓展了一种新的 HRA 方法——K-HRA（the Korean standard HRA）[35]，采用 PSF 来考虑基于计算机的设计特征对人因可靠性的影响，如计算机化规程、软控制操作等。上海核工程研究设计院仇永萍团队对 SPAR-H 方法进行修正和改进，以适应核电厂数字化主控室人员可靠性分析的需求[36]。

（3）面向新型系统或特定需求，研发其适用的 HRA 方法。例如，张力等针对数字化技术在大型复杂人-机-环境系统的广泛应用，以数字化核电厂为代表，研发了适合数字化系统的 HRA 方法，并成功应用于中国岭澳二期核电厂等系统[37]。另外，并行系统 HRA 方法[38]、动态 HRA 方法[39]、严重事故背景下 HRA 方法[40-41]、小型系统 HRA 方法[42]等新型 HRA 方法不断涌现。

（4）HRA 应用研究由核能、航空航天逐步扩大到石油化工、矿山冶金、海洋工程、交通、制造、医疗、通信等领域。

参 考 文 献

［1］SWAIN A D. Human reliability analysis：need，status，trends and limitations［J］. Reliability Engineering & System Safety，1990，29（3）：301-313.

［2］李鹏程，陈国华，张力，等. 人因可靠性分析技术的研究进展与发展趋势［J］. 原子能科学技术，2011，45（3）：329-340.

［3］FLEMING K N，RAABE P H，HANNAMAN G W，et al. Accident Initiation and Progression Analysis Status Report，Volume II，AIPA Risk Assessment Methodology：GA/A13617 Vol. ll UC-77［R］. San Diego：General Atomic Co.，1975.

［4］HALL R E，FRAGOLA J，WREATHALL J. Post Event Human Decision Errors：Operator Action Tree/Time Reliability Correlation：NUREG/CR-3010［R］. Washington D. C.：U. S. NRC，1982.

［5］SWAIN A D，GUTTMANN H E. A handbook of human reliability analysis with emphasis on nuclear power plant applications：NUREG/CR-1278［R］. Washington D. C.：U. S. NRC，1983.

［6］SWAIN A D. Accident Sequence Evaluation Program Human Reliability Analysis Procedure：NUREG/CR-4772［R］. Washington D. C.：U. S. NRC，1987.

［7］HANNAMAN G W，SPURGIN A J，LUKIC Y. Human cognitive reliability model for HRA：NUS-4531［R］. San Diego：Electric Power Research Institute，1984.

［8］EMBREY D E，HUMPHREYS P，ROSA E A，et al. SLIM-MAUD：An Approach to Assessing Human Error Probabilities Using Structured Expert Judgement，Vol. Ⅰ：Overview of SLIM-MAUD，Vol. Ⅱ：Detailed Analyses of the Technical Issues：NUREG/CR-3518［R］. Washington D. C.：U. S. NRC，1984.

［9］SEAVER D A，STILLWELL W G. Procedures for Using Expert Judgment to Estimate Human Error Probabilities in Nuclear Power Plant Operations：NUREG/CR-2743［R］. Washington D. C.：U. S.

NRC, 1983.

[10] WILLIAMS J C. A Data-Based Method For Assessing And Reducing Human Error To Improve Operational Performance [C] //Human Factors and Power Plants, 1988. Conference Record for 1988 IEEE Fourth Conference on. IEEE, 1988.

[11] HOLLNAGEL E. Cognitive Reliability and Error Analysis Method (CREAM) [M]. Oxford (UK): Elsevier Science Ltd., 1998.

[12] COOPER S E, RAMEY-SMITH A M, WREATHALL J, et al. A Technique for Human Error Analysis (ATHEANA): NUREG/CR-6350 [R]. Washington D. C.: U. S. NRC, 1996.

[13] GERTMAN D, BLACKMAN H, MARBLE J, et al. The SPAR-H Human Reliability Analysis Method: NUREG/CR-6883 [R]. Washington D. C.: U. S. NRC, 2005.

[14] WOODS D D, ROTH E M, POPLE J H E, et al. Cognitive Environment Simulation: an artificial intelligence system for human performance assessment: NUREG/CR-4862 [R]. Washington D. C.: U. S. NRC, 1987.

[15] CACCIABUE P C, DECORTIS F, DROZDOWICZ B, et al. COSIMO: a cognitive simulation model of human decision making and behavior in accident management of complex plants [J]. IEEE Transactions on Systems, Man, and Cybernetics, 1992, 22 (5): 1058-1074.

[16] CHANG Y H J, MOSLEH A. Cognitive modeling and dynamic probabilistic simulation of operating crew response to complex system accident. Part 3: IDAC operator response model [J]. Reliability Engineering & System Safety, 2007, 92 (8): 1041-1060.

[17] GORE B F. Man-machine integration design and analysis system (MIDAS) v5: Augmentations, motivations, and directions for aeronautics applications [J]. Human modeling in assisted transportation. 2011: 43-54.

[18] 张力, 黄曙东, 杨洪. 岭澳核电厂人因可靠性分析: CNIC-01496, HYIT-0015 [R]. 北京: 原子能出版社, 2001.

[19] 张力, 戴立操, 赵明, 等. 秦山第三核电厂人因可靠性分析 [J]. 原子能科学技术, 2012, 46 (4): 416-421.

[20] LÉCIO N. DE OLIVEIRA, ISAAC JOSÉ A, et al. A review of the evolution of human reliability analysis methods at nuclear industry: 2017 International Nuclear Atlantic Conference [C]. Brazil: Belo Horizonte, 2017.

[21] SHAH A S. Stochastic analysis of human-machine systems [D]. Dttawa: University of Ottawa, 2006.

[22] UMAIRIQBALA M, SRINIVASAN R. Simulator based performance metrics to estimate reliability of control room operators [J]. Journal of Loss Prevention in the Process Industries, 2018, 56: 524-530.

[23] LIN C J, SHIANG W J, CHUANG C Y, et al. Applying the skill-rule-knowledge framework to understanding operators' behaviors and workload in advanced main control rooms [J]. Nuclear Engineering and Design, 2014, 270: 176-184.

[24] MONFERINI A, KONSTANDINIDOU M, NIVOLIANITOU Z, et al. A compound methodology to assess the impact of human and organizational factors impact on the risk level of hazardous industrial plants [J]. Reliability Engineering & System Safety, 2013, 119: 280-289.

[25] PARK J, JUNG W, YANG J E. Investigating the effect of communication characteristics on crew performance under the simulated emergency condition of nuclear power plants. Reliability Engineering & System Safety, 2012, 101: 1-13.

[26] MARHAVILAS P K, KOULOURIOTIS D, GEMENI V. Risk analysis and assessment methodologies in the work sites: On a review, classification and comparative study of the scientific literature of the period

2000-2009［J］. Journal of Loss Prevention in the Process Industries, 2011, 24（5）：477-523.

［27］MAZEN M. ABU-KHADER. Recent advances in nuclear power: A review［J］. Progress in Nuclear Energy, 2009, 51（2）：225-235.

［28］BORING R L, HENDRICKSON S M L, FORESTER J A, et al. Issues in benchmarking human reliability analysis methods: A literature review［J］. Reliability Engineering and System Safety, 2010, 95：591-605.

［29］MOSLEH A, FORESTER J A, BORING R L, et al. A Model-Based Human Reliability Analysis Framework［C］//Proceedings of 10th International Probabilistic Safety Assessment and Management Conference（PSAM10）. Seattle, 2010.

［30］FORESTER J, DANG V N, BYE A, et al. The International HRA Empirical Study: Lessons Learned from Comparing HRA Methods Predictions to HAMMLAB Simulator Data: NUREG-2127［R］. Washington D. C.：U. S. NRC, 2014.

［31］JOHN FORESTER J, LIAO H, DANG V N, et al. The U. S. HRA Empirical Study-Assessment of HRA Method Predictions against Operating Crew Performance on a U. S. Nuclear Power Plant Simulator: NUREG-2156［R］. Washington D. C.：U. S. NRC, 2016.

［32］EKANEM N J. A Model-Based Human Reliability Analysis Methodology（Phoenix Method）［D］. Maryland：University of Maryland, 2013.

［33］XING J, PARRY G, PRESLEY M, et al. An Integrated Human Event Analysis System（IDHEAS）for Nuclear Power Plant Internal Events At-Power Application: NUREG-2199［R］, Washington D. C.：U. S. NRC, 2017.

［34］XING J, CHANG Y J, SEGARRA J D. The General Methoclology of An Integrated Human Event Analysis System（IDHEAS-G）: NUREG-2198［R］. Washington D. C.：U. S. NRC, 2021.

［35］JUNG W. A standard HRA method for PSA in nuclear power plant: K-HRA method: KAERI/TR-2961/2005［R］. Seoul：KAERI, 2005.

［36］仇永萍, 刘鹏, 胡军涛, 等. 核电厂数字化主控室人员可靠性分析方法研究［J］. 科技成果管理与研究, 2020（9）：77-79.

［37］张力, 等. 数字化核电厂人因可靠性［M］. 北京：国防工业出版社, 2019.

［38］GERMAIN S S, BORING R, BANASEANU G, et al. Multi-Unit Considerations for Human Reliability Analysis［M］. Idaho：Idaho National laboratory, 2017.

［39］KARANKI D R, DANG V N, MACMILLAN M T, et al. A comparison of dynamic event tree methods: Case study on a chemical batch reactor［J］. Reliability Engineering & System Safety, 2018, 169：542-553.

［40］SUH Y A, KIM J. Estimation of the likelihood of severe accident management decision-making using a fuzzy logic model［J］. Annals of Nuclear Energy, 2020, 144：107581.

［41］陈帅, 张力, 青涛, 等. 核电厂严重事故缓解进程中应急人员行为分析［J］. 核动力工程, 2019, 40（1）：91-96.

［42］O'HARA J, HIGGINS J, D'AGOSTINO A. NRC Reviewer Aid for Evaluating the Human-Performance Aspects Related to the Design and Operation of Small Modular Reactors: NUREG/CR-7202［R］. Washington D. C.：U. S. NRC, 2015.

4

人因事件分析与预防方法

　　本章建立一种以系统工程为基础、综合运用多学科理论方法的人因事件分析技术——人因失误因素辨识与原因分析技术。该技术主要由两部分构成：一为人因失误因素辨识，它是沿着事前从因素到结果的正向思维过程，侧重于失误（事故）发生前的因素辨识，目的在于预测与预防系统中潜在的人因失误；二为人因事件原因分析，它采用事后从结果到因素的逆向思维过程，侧重于失误（事故）发生后的原因分析，目的在于防止人因失误重复发生。这两部分紧密联系，相互支持，共同构成一个有机整体。最后在此基础上建立人因失误预防方法与工具。

　　人的因素对复杂人-机-环境系统的可靠性、安全性的重要作用已被人们所共识，人因失误研究成为国际系统管理科学界、工业工程学界和安全科学界特别关注的热点领域之一。然而，由于人因失误的多样性、不确定性、影响因素复杂性使该研究难度极大。在人因失误研究的早期阶段，其应用领域的主要目标是对系统中人的失误概率及其对系统风险的影响作出评价。随着研究的深入和需求的扩大，人们越来越感到人因失误研究与应用需进一步发展，其应为系统风险管理做出更重要的贡献。首先，人因失误研究的工程应用目标应从定位于对系统中的人因失误作出分析和评价提升为对系统人因事件预防和减少做出贡献。其次，随着系统变得更复杂，耦合更紧密，由此而产生的更为复杂的失误形式和失误相互关系采用早期人因失误/人因事件研究方法已难以处理，直接影响了人因事件量化结果的可信度，因而迫切需要新的量化技术。再者，系统的人-机交互设计以及系统的可靠性设计与再设计也需要对系统中的人因作出全面且准确的定性定量描述。而这一切均须建立在对系统可能发生的人因失误和其相关因素及关系充分辨识与理解的基础之上，否则，所做的工作可能是不合适的，最终将是无效的。所以，以人因失误因素辨识和原因分析为中心内容的人因事件分析技术研究是人因失误研究实践提出的一个重要问题，也是系统管理科学亟须开展的一项重要工作，具有广阔的应用前景和实际意义。

　　从学科发展来看，人因事件分析技术研究也是当务之急。管理科学的最终目的是要指导管理实践，而理论与实践之间需要技术作为桥梁与工具。目前，人因失误研究在基础理论层次上的成果相对较多，而在技术层次上的研究却极为不足，这极大地阻碍了人因失误理论的应用及发展。

4.1 人因失误因素辨识

人因失误因素辨识的主要目的是识别系统中潜在的人因失误和其产生因素，其重要性是明显的，但要实现却存在较大困难。

4.1.1 人因失误因素辨识概述

人因失误因素辨识（human error factor identification，HEFI）是指识别在人与系统相互作用过程中可能促使产生人因失误的有关因素，分析其可能导致的人因失误，辨识失误类型、失误形态、失误源、失误原因、失误途径、失误后果、失误背景、失误结构等。

HEFI 与作为人因可靠性分析（HRA）的定性分析部分的人因失误辨识（human error identification，HEI）关系密切，HEI 的主要任务是识别系统中可能出现的人因失误。HEFI 能为 HEI 提供分析基础和素材，完整全面的 HEFI 对完成 HEI 至关重要。

1. HEFI 是进行人因可靠性分析和系统风险分析的基础

HRA 的目的就是预测系统中潜在的人因失误，特别是那些可能对系统安全、绩效有重要影响的人因事件。HRA 包含定性分析和定量分析两部分。HRA 定性分析部分主要为 HEFI，是人因失误风险量化的基础和前提，而 HRA 定量分析主要是为系统风险分析，如 PSA，提供人因失误概率输入，因此，如果某些人因失误在 HEFI 过程中没有得到辨识，则该类型失误风险的量化就不可能实现，而且人-机-环境系统风险的定量评价就难以做到准确与充分，可能会导致该系统风险被低估。

在早期的系统评价中，对人因失误的考虑较为简单，如操作人员没有达到工作目标所需的精度，或没有按时完成，或没有全部实施工作，或用一种不适当的工作代替了所要求的工作。随着系统变得更复杂、耦合更紧密，对人因失误的简单考虑已经难以满足对复杂的失误形式（如误诊断）和更复杂的失误相互关系的分析需求，而需要建立能充分、有效地辨识系统中潜在人因失误，结构化的、有效率的人因失误因素辨识技术。

2. 有助于人-机-环境系统中人因失误预防策略的制订

预防系统中的人因失误已有部分通用的方法，如提高人员培训质量、改善人-机界面、改进组织管理模式与功能，以及采用工程手段等。显然，这些方法的具体应用都是基于对系统可能的人因失误的有效辨识，以及与其相关因素特别是其产生原因的理解程度，否则，减少失误的方法难以有效，HEFI

是制订人因失误预防策略的基础。

3. 为系统可靠性设计与再设计提供支持

如果在设计阶段能及早发现系统可能潜在的人因失误,通过整合与优化系统功能或增设安全防护装置/设备,就可以有效预防与降低这种潜在人因失误风险,在系统运行中有效避免出现相应人因失误事故/事件,提升作业人员操作与系统运行整体的可靠性。

目前,人因失误因素辨识至少面临以下几方面尚未得到很好的解决的问题:

(1) 主要依据专家的知识和经验进行预测;

(2) 难以对整个行为环境做出全面的评价,如组织因素对人的行为影响等;

(3) 人的认知失误与各种影响因素之间的关系难以确定;

(4) 还没有一种可以令人完全接受的人因失误预测技术,并且缺乏充足的证据表明它们的有效性、一致性、可靠性和可验证性。

作者正是在该方面做出了努力,建立了一个支持复杂人-机-环境系统人因失误因素辨识的技术——人因失误因素辨识多视图法。

4.1.2 人因失误因素辨识多视图法

由于影响复杂人-机-环境系统(CMMES)中人员行为的因素的多元性,以及各因素间的复杂关联性,要辨识出 CMMES 中所有可能的人因失误是难以实现的,但是可以尽可能辨识出 CMMES 中的关键人因失误因素。本书作者基于复合信息空间理论[1],曾提出一种结构化的人因失误因素辨识方法——人因失误因素辨识多视图法,其主要由人因失误因素辨识矩阵和人因失误因素树两部分组成[2-3]。

1. 人因失误因素辨识矩阵

在复杂人-机-环境系统中,引发人因失误的因素一般来自人、技术、环境、组织等方面。这些因素及其之间的关系非常复杂,表现出可能重叠、交叉、时变、交互多维影响等特征,既难以认清每个因素的本来面目,更难以从整体上把握它们。但如果我们从多个不同的视角分别观察这些因素及其变化以及它们之间的传递关系,则可获得这些因素整体在不同视角的剖面,将所有的剖面集成起来,便可建立一个因素辨识矩阵,它可完整地呈现人-机-环境系统中人因失误因素的整体面貌。表4-1是人因失误因素辨识矩阵的基本框架,其纵向是视图/视角,横向是载体。视图主要包括组织视图、功能视图、信息视图、技术视图、经济视图、资源视图、时间视图等,代表辨识问题时的不同维度;载体来自人、技术、环境、组织等方面,主要有人-机界面、规程、组织、管理、作业特性、工作负荷、个体因素、培训、维修、时间、通信、工作风气、安全意识、作业环境、外部环境等，它们是视图的承接者，是分析人-机-环境系统因素时的各个层次或有关的子系统，而矩阵的中间部分即是从各视图去观察、分析各载体所得知的系统状态因素，尤其是可能引起系统失效的人因失误的诸因素。

表 4-1 人因失误因素辨识矩阵的基本框架

视图		载体														
		人-机界面	规程	组织	管理	作业特性	工作负荷	个体因素	培训	维修	时间	通信	工作风气	安全意识	作业环境	外部环境
组织视图		A-1	A-2	A-3	A-4	A-5	A-6	A-7	A-8	A-9	A-10	A-11	A-12	A-13	A-14	A-15
功能视图		B-1														
信息视图		C-1														
技术视图		D-1														
经济视图		E-1														
资源视图		F-1														
时间	历史	G1-1														
	现状	G2-1														
	未来	G3-1														
	动态	G4-1														

视图和载体的选取是开放的，可以根据实际情况进行修改或增减，但应当注意视图间的正交性和载体间的正交性（无重叠），以避免增加因素关系间的复杂度。各视图和载体还可细分为多个侧面或层次，如载体"组织"可分为组织结构、组织目标、组织文化等。该人因失误因素辨识矩阵可较完整地呈现出系统的有关状态，便于观察、分析、判断人的失误诱发因素，避免了以往只依靠分析人员的智力和经验而造成的疏忽遗漏，可有效辨识出对系统风险有显著影响的关键人因失误，提高对人因失误的预见性。

表 4-2 是作者在对某核电厂系统进行人因失误因素辨识过程中所获得的实例。

表 4-2 人因失误因素辨识矩阵举例

视图	组织视图	功能视图	信息视图	技术视图	时间视图
个体因素	要求高，但查查不全，用人不当	状态不稳定影响功能发挥	推断能力低，捕获信息有限	技术不熟练	工作时间长，注意力分散、疲劳
人-机界面	重视不够	存在不合理、不人性化之处	操作界面不够简单明了	技术更新快，不稳定	界面不断更新，操作不够熟练
规程	以事件为导向制定，因事变动	实施不够，作用发挥不全	规程矛盾、指令含混不清	规程不完备甚至错误	规程没能随设备更新而变化
作业环境	制约多，作业环境不良	环境特殊，功能发挥要求高	信息不足，作业环境差	采用先进技术，改善工作环境	工作环境要求快速完成任务

续表

视图	组织视图	功能视图	信息视图	技术视图	时间视图
维护	定期维护程序化,发现问题难	维护不及时,影响正常工作	需维护的设备没有标识	技术水平低,维护不到位	维护速度跟不上要求
组织	多是行政管理缺乏宏观调控	任务角色分配不合理	任务下达不明确,反馈少	工作分配安排缺乏技术性	工作时间安排不合理
管理	分级管理,责任人员多	管理方式单一成效不大	交流不够、监管不及时	管理技术方法少	时间长,灵活性大,管理不容易
培训	人员多,费用高,难以组织	培训表面化,未能发挥作用	教育培训不足,提供信息少	培训内容、时间安排不合适	内容多,时间短
信息交流	忽视信息,渠道设计不合理	信息难以获得,功能难以发挥	渠道不畅,信息传播错误	技术落后,信息不准确	信息滞后
外部环境	外部对组织要求多	有利有弊,影响功能发挥	交流少,造成支持不够	目前国内技术水平普遍较低	都要求投入时间,精力分散

人因失误因素辨识矩阵可进一步扩展和完善,建立相应的因素辨识卡。表 4-1 中已将各空格做了编码,以这种编码为索引,建立一套卡片,每张卡片上详细注明该处因素辨识内容,以及与之相关的因素及其关联度,若因素发生变化,则可以在卡片上及时修改,而在表 4-1 上只需注明要点,当卡片与表格相结合,就可得到一套完整的人因失误因素辨识资料,为系统人因失误预防设计提供支持。

2. 人因失误因素树

人因失误因素树是一种描述人因失误因素间因果关系的模型。根据因素辨识的结果,各视图可以分别画出对应的视图因素树,沿着视图因素树的树枝逐级向下查看,对系统的因素及其相互关联便有直观的了解,视图因素树展现出沿着该视图可能出现的人因失误模式,说明因素与失误之间的因果传递关系。

由各视图因素树结合因素辨识卡可建立相应的人因失误模型,如组织-失误模型(描绘沿着组织机构如何导致失误)、信息-失误模型(描绘沿着信息流如何导致失误);把每个视图因素树作为整个人因失误因素树的分枝,即可构建人因失误因素树。图 4-1 为本书作者在对某核电厂系统进行人因失误因素辨识时所建的组织视图因素树。从组织视图看,组织对人的行为影响很大。这是因为人的行为固然受到个体心理、生理因素的影响及机器、环境子系统的约束,但其作为人-机-环境中的一个子系统,任何个体失误都在组织中出现,所以必然受到组织中各因素的影响。例如,若组织安全意识不强,个体即使发现某种错误,也认为这种错误不重要,而未采取措施,从而导致组织管理错误,最终引发事故。一般认为组织机构越庞大,组织规范就越容易模糊,组织信息沟通就越容易失误,组织功能就越难发挥,个人也就越容易出现失误。

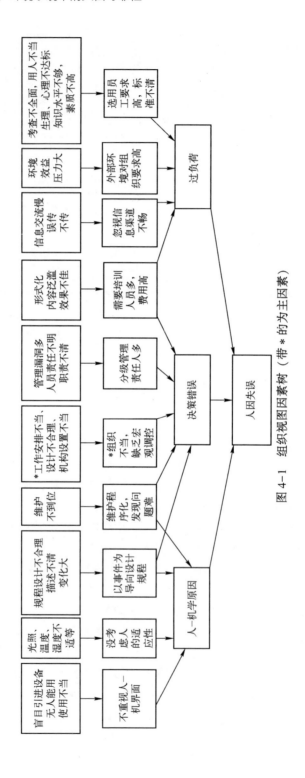

图 4-1 组织视图因素树（带 * 的为主因素）

第4章 人因事件分析与预防方法

类似地，可做出其他视图因素树并进行失误模式分析。把所有视图总结起来，绘制人因失误因素树，如图4-2所示。

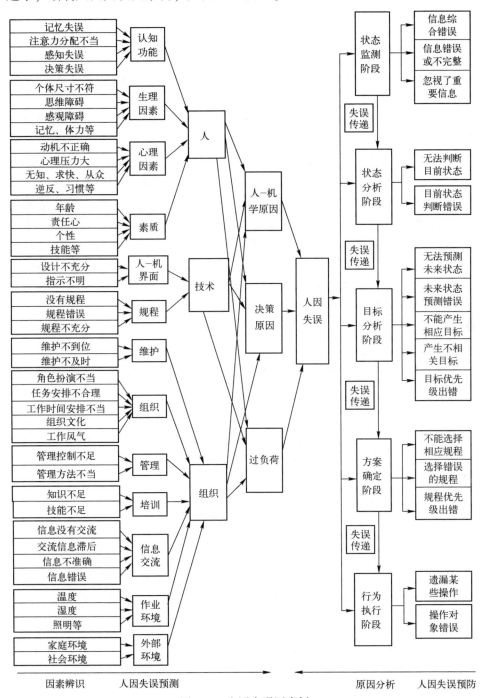

图4-2 人因失误因素树

4.2 人因事件根本原因分析

根本原因分析是一种结构化、系统化的回溯性分析方法，用于寻找事件发生的最基本原因。它通过系统描述发生了什么、如何发生的与为什么会发生，逐步找出问题的根本原因并提出解决方案，而不是仅仅关注问题的表征，从而可帮助识别、消除或减少相似事件的重复发生。有多种根本原因分析方法，较常用的包括变化分析法、屏障分析法、故障树分析法、任务分析法、事件原因因素分析法、因果分析法等[4]。

根本原因分析常用到以下 5 个术语：原因因素、直接原因、促成因素、根本原因、事件。原因因素是直接原因、根本原因和促成因素的统称。直接原因是指直接导致事件发生的原因因素。促成因素是指它对事件的发生起促进作用，但其本身单独作用并不会导致事件。根本原因是指引起事件产生的最基本的原因，如果该原因被消除或纠正，就可防止同类事件的重复发生。事件是指事物在一定时期内发生的变化，或是一件实时发生的事情，通常指不期望或非计划发生的事情，可能有突发的情形和严重的后果。

人因事件是指由人的行为/因素导致的事件。人因事件根本原因分析是将根本原因分析方法用于人因事件分析的特定范畴，用于寻找导致人因事件的主要基本原因，辨识是什么因素创造条件，使工作人员处于该条件情境下工作而发生失误。只有正确地分析寻找出人因事件的根本原因，才有可能采取有效的措施预防人因事件的重复发生。如作业要求操作者关闭阀门 A，操作者却关闭了阀门 B，这显然是操作失误，但它未必是根本原因，必须通过深入的调查分析才能获得发生这个操作失误的基本原因，从而提出有效的预防对策防止该失误再次发生。按照最新的人因失误理论，人因事件的根本原因一般都可追溯到组织管理失效[5]。

4.2.1 诱发系统人因事件的主要因素

基于大量人因事件分析结论的统计归纳，诱发系统人因事件的主要原因可归结为以下 8 个方面：

（1）操作人员个体的原因：疲劳、不适应、注意力分散、工作意欲低、记忆混乱、期望、固执、心理压力、生物节律影响、技术不熟练、推理判断能力低下、知识不足。

（2）设计上的原因：人-机界面设计不合理（如操作器/显示器的位置关系、组合匹配、编码与分辨度、操作与应答形式不当，信息的有效性、易读性、反馈信息的有效性不当），人机功能分配不合理，系统的复杂度超出人的能力。

（3）作业上的原因：时间的制约、对人-机界面行动的制约、信息不足、超负荷的工作量、任务过于复杂，环境方面不适应（噪声、照明、温度等）。

（4）运行程序上的原因：错误规程、指令，不完备或矛盾的规程、含混不清的指令。

（5）教育培训上的原因：安全教育不足，现场训练不足（操作训练、创造能力培养训练、危险预测训练等），基础知识教育不足，专业知识、技能教育不足，应急规程不完备，缺乏应对事故的训练。

（6）信息沟通方面的原因：信息传递渠道不畅，信息传递不及时等。

（7）组织管理因素：管理混乱，不良的组织文化等。

（8）不安全行为。

4.2.2 人因事件根本原因分析方法

人因事件的根本原因可能衍生于多个促成因素，也可能包含多个促成因素，要正确地识别真实的根本原因不是一件容易的事情，这取决于分析方法所基于的模型、对分析事件相关系统的理解程度和对原因因素的分类及本质的理解。判定根本原因时应该把握以下几条原则[4]：

（1）根本原因是明确的基础原因；

（2）根本原因是可合理找到的原因；

（3）根本原因是管理者能够控制并改进的因素；

（4）针对根本原因可以采取有效措施防止事件复发。

1. 人因事件根本原因和促成因素分类

分析人因事件的主要目的是从已观察到的结果，通过进一步深入调查分析，辨识出导致事件发生的真正原因，特别是根本原因。为了在一个系统、一个行业内明确、一致地报告事件的原因，以增强事件分析信息有效传递、使用的效率，有必要对事件原因因素，特别是根本原因和促成因素进行标准化分类。

一般而言，大型复杂人-机-环境系统中人因事件的根本原因和促成因素可以从个人、技术和组织因素几方面来定义主要的种类：①与个人因素有关的原因，包含与人的心理、生理特征有关的因素，如认知、心理、身体差异、情感状态和个人训练等；②与技术系统相关，特别是与系统的状态或变化相关的因素，包含那些与各子系统或部件的状态、组件和子系统的失效、状态变化等有关的所有事件，也包括那些与人-机相互作用、人-机界面有关的因素（信息和控制）等；③与组织或环境有关的原因，包含与组织、工作环境和人与人之间的相互作用有关的因素。为了更准确地分析人因事件的根本原因和促成因素，不同的行业、系统应当基于本身系统的特点，建立特有的、更细致的人因事件根本原因和促成因素分类。例如，世界核电运营者协会（WANO）建立了包括与人行为相关、与管理相关、与设备相关的三大类多层级的人因事件根本原因和促成因素分类系统，其中与人行为相关的根本原因和促成因素含有口头交流、工作过程/工作实践、工作安排、环境条件、人-机接口、培训/资格、工作程序和文件、监督方法、工作组织、个人因素 10 类二级因素以及近 100 种三级子因素;与管理相关的根本原因和促成因素含有管理方针、交流协作、管理监督与评价、决策过程、资源配置、变更管理、企业文化/安全文化、应急管理 8 类二级因素以及 50 余种三级子因素;与设备相关的根本原因和促成因素包括设计配置和分析、设备规范和制造及安装、维修/试验和监督、设备性能 4 类二级因素以及 40 余种三级子因素[6]。

2. 人因事件根本原因分析技术

在根本原因调查中常用的分析技术包括事件原因因素图分析法、变化分析法、任务分析法、屏障分析法、故障树分析法与人员表现增强系统等,各种分析技术的优缺点如表 4-3 所示,事件分析人员可根据事件的特征或分析目的来选择相应的分析技术,如在核电领域较常选用的是事件原因因素图分析法,而航空航天领域常采用任务分析法,化工、机械制造领域则多选屏障分析法与故障树分析法。

表 4-3 根本原因分析技术比较

方法	用途	优点	缺点
事件原因因素图分析法	按照事件发生的先后次序组织信息,包括原因因子、影响事件的条件以及所做的假设	按发生的事情和原因/结果的时间整理数据。形成调查报告并提供以原因为目的的解释。对发生的事情及方式做出简明的描述	开始前需要较多的已知信息并且耗时
变化分析法	当不清楚问题的原因以及对变化产生怀疑时使用变化分析法。当某一行动不成功时,通过与以前成功实施的相同行动进行比较来寻找原因	因为本方法着重突出这次事件的不同之处,所以是调查很好的开端。可用来列出要调查的问题	可能会忽视缓慢的变化和多重的变化。变化可能会被不正确地定义
任务分析法	用来将一个任务分成细小的子任务。确定发生了什么事,识别规程中的缺陷,确定工作人员有没有遵守规程	评估员能够熟悉任务,而且有助于识别任务执行过程中哪儿发生了问题	详细的任务分析可能比较耗时,同负责该任务的人一起分析是最有效的,但要这样安排却比较困难
屏障分析法	用于确定防止不恰当行动的实体和行政屏障是否失效	对屏障的有效性进行审查以确定是什么原因使它们失效,而且有助于找出原因因子并提出纠正措施	如果调查员不熟悉工艺流程,可能会无法找出所有的屏障
故障树分析法	该方法容易掌握,对设备问题和人因问题都可以使用本技术。特别适合以逻辑树的方式显示事件可能的原因,并且容易理解	不需要对调查员进行太多的事先培训。所有可能的原因都可以逻辑树形式显示,并且容易理解。有助于找出真实原因。可以单独使用,也可以与其他方法组合使用	设备问题:需要专家输入并列出所有可能的原因。人员表现问题:一般只能得到原因的总体类别,在大多数情况下,如果需要确定事件的真正原因就需要进一步分析
人员表现增强系统	一旦确定事件有人因就可以使用	被业界所接受的分析方法	需要对调查员进行一定的 HPES 技术培训

事件原因因素图分析法本质上是一种事件原因分析表达方法，它将整个事件分解为多个按逻辑次序发生的事实，然后使用不同的图形符号并配以适当的文字说明将这些事实/事件的发生过程、事实/事件后果、原因因素等要素以图形的方式表达出来，可使分析人员对事件发生过程及事件原因的推理一目了然。图4-3是事件原因因素图的一个简单示例。

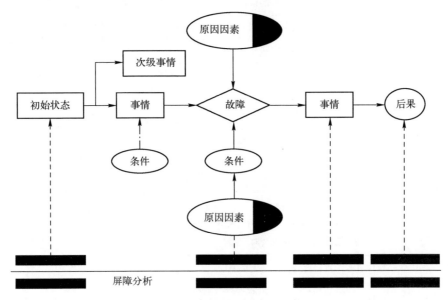

图4-3 事件原因因素图示例

4.2.3 人因事件分析方案与程序

基于不同的分析目的、分析对象、分析背景、分析规模等，分析方案是不尽一致的。以下以核电厂为例，介绍人因事件分析的两个主要阶段——事件调查和事件分析应该考虑的主要环节和因素。

4.2.3.1 核电厂人因事件调查方案

1. 事件调查目的

事件调查的主要目的是"通过调查确定事件是怎么发生的"。

2. 事件调查方法

（1）文件审查：查看与所调查事件相关方面（包括设备、运行规程、管理制度、人员配备等）的文件资料；

（2）访谈：现场查勘/模拟实验、人员访谈/专题座谈/问卷调查、专家咨询等。

3. 事件发生时间

描述分析事件发生的时间节点与关联。

4. 人因审查因素

表 4-4 列出了一般应该考虑的人因因素与问题。

表 4-4 人因审查因素与问题

问题分类	序号	具体问题	备注
有关个体方面的问题	1	个体对整个任务的认识	如果现场调研发现不是工作环境或人-机接口等直接原因引发人因失误，则通过上述问题了解是否是人员自身的原因引起，如精心、疏忽、缺乏风险意识等
	2	操作员的安全意识和态度	
	3	操作员的知识实践经验水平	
	4	操作员的身体状态水平	
有关情境环境方面的问题	5	工作环境布置、设计得如何	通过上述问题识别是否是由工作环境、人-机接口、工作任务、使用的维修规程、人员交流及外部的干扰事件引起的人因失误的直接原因
	6	信息操作界面设计得如何	
	7	操作任务的重要性和复杂性如何	
	8	维修规程是否正确、清楚，是否有重要的提示	
	9	是否存在人员的交流与配合（交流工具的可用性；交流的清晰度；交流的精确性；交流的及时性等）	
	10	是否存在其他外部干扰事件	
有关组织方面的问题	11	工作计划与安排是否合理、准备是否充分	通过上述问题分析，追溯到引发人因失误的组织根本原因 注意：具体问题可能需进一步细分来更有针对性地处理
	12	培训是否充分	
	13	规程的修订是否经过可行性、可操作性、可靠性论证	
	14	班组结构设置是否合理，是否有利于交流与信息传递；人员的安排和配置是否合理	
	15	是否存在监管	
	16	人员的角色和责任是否明确	
	17	资源的分配（物质资源，包括工具、设备等；人力资源、时间资源等）是否充分	
	18	安全文化（安全实践、安全措施、经验反馈、违规等）水平如何	
	19	其他人员管理制度方面的不足，是否外包，外包是否经过充分培训和安全教育等	

5. 文件要求

（1）事件过程描述文件与影像资料；

（2）事件相关作业活动技术文件（如作业单、操纵规程、作业程序等）与管理文件；

（3）事件相关作业人员、主体设备、作业组织与作业环境资料；

（4）事件相关的法规、制度与管理规定；

（5）与事件直接相关的其他资料。

6. 调查要素

（1）明确与熟悉审查事件：包括调查事件名称、状态、性质、简要过程、后果，以及与事件相关的专业知识、法律法规、技术背景与相关案例等。

（2）事件发生过程详细描述：必须包括事件发生的地点、时间、人员、始末、详细过程描述，以及相关过程重要佐证记录文件与音像资料。

（3）调查准备与事件调查大纲编制：①包括调查目的、对象人员、时间、地点、调查人员安排等；②包括访谈/座谈的组织、拟提出的主要问题、录音录像准备，以及编制相应事件调查表、调查问卷等。

（4）列写审查事件现场调查及其关注要素，如表4-5所列。

表4-5 某事件作业现场调查及其关注要素表

序号	名称	需重点了解的信息	对人因失误分析的帮助
1			
2			

（5）列写事件调查需要核电厂提供的文件报告等，如表4-6所示。

表4-6 某事件需电厂提供的文件报告表

序号	名称	需重点了解的信息	对人因失误分析的帮助
1	事件的状态类报告/文件	（1）事件过程的详细描述； （2）设备性能状态的说明及设备之间的关系等	有利于了解事件具体的进展及人、机、环境之间的关系
2	经验反馈类报告	初步了解事件的原因及正确性等	进一步熟悉事件及识别原因
3	技术规程与作业程序	（1）规程的复杂性、可用性、正确性等方面的评估； （2）评估规程的质量，包括描述的清晰度、是否存在解释空白的地方、是否缺少注意事项的说明等方面	识别是否是规程方面的原因
4	相应作业的培训文件与记录	（1）培训的对象； （2）培训的周期和力度； （3）培训的质量保证水平； （4）培训后获取资质的考核要求	识别是否是规程培训具体哪个环节的不足

续表

序号	名称	需重点了解的信息	对人因失误分析的帮助
5	作业工作计划和工作组织安排文件	(1) 了解工作计划的合理性，包括时间的安排、人员的安排、资源分配的合理性、工作前准备的充分性； (2) 熟悉工作组织的充分性，包括人员的结构、分工、权力、责任、监管要求等	识别是否存在工作计划和工作组织方面的不足
6	作业过程文件	(1) 试验前的会议记录； (2) 试验过程记录文件	试验前是否意识到重要的安全风险？
……	……	……	……

(6) 事件现场调查与访谈：包括现场查阅文件、现场勘查与测试、模拟实验、人员访谈/座谈等。

(7) 事件调查资料整理与分析，主要包括访谈资料整理、统计分析、原因分析与归档，以及专家咨询等。

(8) 形成事件调查报告与结论。

4.2.3.2 核电厂人因事件分析程序

1. 分析目的

分析目的如下：

(1) 辨识人因事件发生的根本原因。

(2) 提出纠正方案以防止再次发生，形成事件的经验反馈。

(3) 提出相应监管建议。

2. 适用范围

人因事件是指核电厂中由人的因素直接或者间接导致的非预期的状态。

3. 分析程序

核电厂人因事件调查分析程序一般如图 4-4 所示。

1) 定义问题

目的：通过确定人、事、时间、地点、多少来定义问题并且确定调查范围。

(1) 与事件相关人员交流访谈，获取初步信息，对问题有一个初步的认识，对问题引起的影响有所了解。或许这种认识并不能反映真实的问题，但它可能会引导你进入真实问题。

(2) 绘制事件原因因素图（ECF 图）。根据事件报告和收集的数据绘制初步的 ECF 图，了解主事件发生的基本过程和子事件的发生次序。数据收集需获得以下信息：

① 人：相关人员和具有相关知识和经验的人员。

② 事：发生了什么事，什么设备受到影响，发生了什么不恰当行为，违

第4章 人因事件分析与预防方法

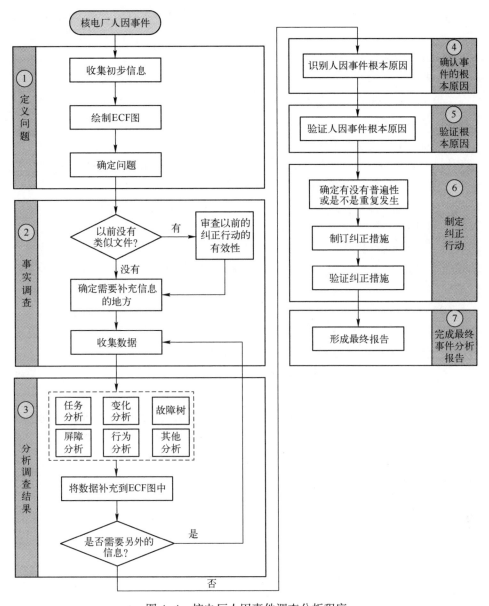

图 4-4 核电厂人因事件调查分析程序

反了哪些要求。确定究竟发生了什么事,并与规程或政策要求进行比较,从中可以找出可能的线索。

③ 时间:问题发生的时间,以及发现问题的时间(年、月、日、时)。

④ 地点:发生问题的地点,以及发现问题的地点。

⑤ 多少:确定问题的严重程度以及普遍程度(影响)。

(3) 事件初步陈述。基于上述信息,写出包含下列内容的事件简述:

① 明确问题,如发生了什么事,其中的人因问题是什么,设备相关问题是什么。

② 明确问题的后果以及这些后果的严重程度。

③ 明确人、发生的事情(问题/后果)、地点、时间和程度。

(4) 制作数据基本状态表。

2) 事实调查

目的:通过调查确定事件是怎么发生的。

(1) 查找厂内以及业界的经验,确定是否有相同或相似问题的案例。如果有,就可以减少调查范围。以前发生事件的信息可以通过以下途径获得:设备维修档案、趋势分析数据库、电厂运行经验反馈科以及其他电厂文件。即使以前并没有重复发生的正式记录,问题也可能重复发生,同相关人员访谈时可能需要确定事件是否会重复发生。审查采取的纠正行动,确定纠正行动是否恰当以及能否及时实施。也需要审查以前的根本原因分析是否可用,以及确定是否存在以前可能没有被发现的其他原因。

(2) 从初步的 ECF 图中,确定在哪些方面还需要收集进一步的信息。

① 确定可能的原因种类。例如,如果发现阀门位置不对,那么就需要审查口头交流和书面交流以及工作实践类别下的原因因子。

② 确定需要收集的关键证据(如故障的部件、日志)和需要访谈的关键人物。

(3) 进行进一步的调查。对于被调查人的说法要通过多种渠道证实。

(4) 使用屏障分析法,对于每个不恰当的人员行为,都要确定它是"如何"发生的。对与组织相关的因素,都要根据组织因素分类,确定它是"如何"发生的。

3) 分析调查结果

目的:分析调查结果,在 ECF 图中把信息补充完整。

(1) 利用任务分析、故障树、屏障分析、行为分析和其他分析方法,在 ECF 图中添加新发现的信息。

(2) 确定是否需要更多的信息,然后继续进行调查直到调查完为止。调查是一个反复的过程,新的信息和证据必须综合到分析中。调查员应按以下路线进行调查:

所有事件的次序→作为证据的所有事实的来源→所有结论的原因→所有假设的基础→所有文件的资源。

(3) 用收集到的补充信息重新审查 ECF 图。

4) 确定事件的根本原因

目的:分析调查结果,确定事件为什么会发生。

(1) 使用 ECF 图来确定潜在的原因因子。

（2）继续进行分析直到：

① 原因已超出电厂的控制范围。

② 没有其他原因可以解释要分析的结果。需要对每个发生的问题不断地问"为什么"，直到所有的"为什么"都已经得到解释。

例如，如果问题是"试验阀泄漏"，需要问：

- "为什么试验阀会泄漏？"

⇒因为阀门密封不当。

- "为什么阀门密封不当？"

⇒因为密封面老化。

- "为什么密封面会老化？"

⇒因为……

③ 继续提问直到问题的基本原因确定。

（3）完成 ECF 图。

（4）在最后的 ECF 图中，对调查中确定的每个问题（主要结果/不恰当动作）确定其根本原因和促成原因。原因因子图及其定义可用来确定根本原因和促成原因。

（5）解决所有资料中矛盾的信息。

（6）确定不改变结论的新信息。

（7）在事件中，经过严格的调查仍不能确定根本原因时，应提出可能原因。可能原因应该得到调查中收集到的证据的支持。可能原因的调查报告与根本原因调查报告格式一样。可能原因调查报告中应说明还需要什么样的进一步信息来确定根本原因以及该信息为什么现在仍然无法得到。审核普遍性问题的原因。纠正普遍性问题对电厂的安全和可靠性可能有广泛影响，因此纠正行动应描述问题的整个分类而不是事故的特殊原因。

（8）确定问题或相似问题在以前是否发生过。

5）确认事件的根本原因

目的：确认已找到问题的真正根本原因。

使用下列准则确认已找到的根本原因：

（1）如果根本原因不存在那么问题不会发生。例如：如果阀门的预防性维修恰当就不会泄漏。

（2）纠正或消除原因后将保证不会发生相同原因引起的问题。例如：如果预防性维修要求修改后，将不会发生因为不恰当预防性维修引起的阀门泄漏。

（3）纠正或消除原因后将防止该问题或类似问题的重复发生。例如：纠正了阀门的不恰当预防性维修（问题）引起的泄漏（后果）后，也可以使用相同的预防性维修规程防止其他阀门的泄漏（普遍应用）。

6）制定纠正行动

目的：针对发生问题的原因来制订纠正行动，防止问题重复发生。

（1）纠正行动包含以下措施：

① 补救措施；

② 防止事件重复发生（如纠正每个根本原因）；

③ 衡量纠正行动有效性。

（2）制订可接受的纠正行动。

（3）执行并验证纠正行动。

7）完成最终事件分析报告

目的：最终事件分析报告是永久保存的，在以后的趋势分析、问题的解决、纠正行动的审核中可以随时备查。

4.2.4 事件原因分析的新观点

随着科学技术的进步和社会的发展，复杂大系统不断涌现，为人类创造了巨大的利益，同时其安全性问题也受到了人们的广泛关注。美国麻省理工学院（MIT）N.G.莱文森（N.G. Leveson）教授在其近期的著作《基于系统思维构筑安全系统》[7]中深入分析了传统的事故致因模型（包括事故链式理论等）的局限性和不足，对传统的事故致因假设提出了7个方面的质疑和7个新观点，认为为了改进系统的安全性，需要更新人们关于系统事故致因的假设，并提出了一个新的事故致因模型——系统理论事故模型和过程（systems-theoretic accident model and process，STAMP）。N.G.莱文森称STAMP与传统方法的主要区别在于它是一个致力于解决问题的自顶向下的系统工程方法，而不是一个自底向上的可靠性方法。N.G.莱文森强调不应只专注影响系统安全的技术问题，还应重视影响系统安全的社会、管理，甚至政治等其他因素，既要将系统思维及系统工程思想应用于复杂社会技术系统，将系统组件交互列为事故致因因素之一，又要把安全问题转换为控制问题，将系统安全重点由防止失效转到实施行为的安全约束。据此N.G.莱文森还构建了事故调查分析、危险分析、安全设计、运行和管理系统安全的新技术——系统理论过程分析（system theoretic process analysis，STPA）和基于STAMP的因果分析（causal analysis based on STAMP，CAST）。国际著名的人因可靠性研究专家E.赫纳根（E. Hollnagel）在其新著《安全-Ⅰ与安全-Ⅱ：安全管理的过去和未来》[8]中也指出：在现代生产系统逐渐成为以人为中心的高度复杂化、信息化、自动化的社会技术系统的背景下，传统的以避免出事故为特征的被动式安全管理模式，即安全-Ⅰ，需要从静态、可逆、孤立、还原等为主要特征的线性思维中走出来，建立一种新的、基于组织安全概念的非线性事故致因模型，即安全-Ⅱ。E.赫纳根认为安全-Ⅱ的核心思想是确保事情正确实施。安全是动态没有发生的事件,既要防止"坏"的事件发生,更要促进"好"的事件,通过促进好事件来防止"坏"事件。该模型可以深化对导致事故的原理和机制的认知,有助于有效查明事故的关键原因,有预测和控制同类事故重复发生的可能性和现实性。

徐伟东博士提倡事故多重起因理论[9],强调事故的发生原因通常不止一个,很少是由一次行为或某一个状态因素所致,而是由许多行为、许多状况及许多类型的原因所致:复杂的、简单的、常见的、不明显的以及系统的原因。因此,事故分析人员必须使用规范化的分析程序和分析技术进行事故调查和分析,才可能找出所有的事故原因。这样,事故调查与分析不再是管理人员的个人判断,而是系统、全面和科学的根源剖析;调查分析的根本目的并非查明事故责任人、作业环境因素、工具和设备缺陷等直接原因,而是要寻找管理系统的缺陷,以明确在管理方面可以持续改进的空间。事故多重起因理论扩展了多米诺骨牌理论和不安全行为及状态的概念,给出了寻找、辨识事故根本原因的方法论。例如,对一名员工使用梯子作业时摔伤的事故,应用传统的事故模型进行调查分析的过程可能为:不安全行为——员工使用了有缺陷的梯子,不安全状态——梯子有缺陷,整改方案——停止使用有缺陷的梯子。尽管这的确是必要的纠正行动措施,但它并不能防止同类事故再次发生,因此需找出更深层次的根本原因。而应用事故多重起因理论进行的调查分析则可能为:员工为什么使用有故障的梯子?梯子为什么存在故障?是否进行了维护或检查?为什么检查时没有发现梯子存在故障?是否对员工进行过识别设备缺陷的培训?为什么这名员工没有受过培训?工作中是否履行了工作安全分析?监督者是否了解该项工作和设备是否安全?是否有停止使用设备的程序?员工是否了解如果设备出现故障、他有权停止工作吗?等等。显然,通过这些问题可以引导找出事故的多重原因,包括直接原因、间接原因和管理方面的根本原因。

荷兰著名安全工程专家 S. 德科(S. Dekker)博士在其著作《理解"人因差错"实战指南》[10]中对人因事件/人因失误进行了深刻的剖析。他认为人因失误不是问题之因,而是问题之果,仅是系统深层问题的症状、外在表现,是人们在不确定的有限资源下追求成就的另类方式。系统本身不是安全的,安全是人们在各种目标和要求下创造出来的。"人因失误"是一个复杂的问题,说到底是组织性问题,且其复杂性不亚于组织的复杂性。人因失误是与人的工具、任务、运行环境等有机联系在一起的,因此,人因事件分析的根本目的不仅是识别、找出人们错在哪里,更要搞明白为什么他们认为自己的所作所为是正确的并在当时是合理的。在每个简单、显著的人因事故背后,有一个更深层、更复杂的关于组织的事故。深层缘故讲述的是员工工作环境的复杂性,而不是简单的表层原因。如果差错频繁发生,那么除了员工的疏忽、错误之外，肯定还有其他的原因。因此，要分析系统的钝端，即系统的组织管理层面的因素。S. 德科举了两个生动的实例。一个例子是，有一家飞机维修公司，在近 6 年，几百名维修工的记录本都出现了违规——没有按照要求记录，而违规意味着停工或罚款。公司经过广泛调查，发现记录本设计太繁杂，工人们工作任务重、时间压力大，没有时间按照记录格式逐一填写，于是公司决定重新设计印制记录本。他们从问题最多的机场开始，让工人重新设计记录本，然后让其他机场的工人在此基础上进行调整。当新记录本使用后，违规率降为了零。在这个事件中，造成差错的不是工人的失误，而是记录本设计不太合理。另一个例子是，一段时间，某航空公司存在一个普遍问题——JT8D 发动机上的滑油盖总是更换不当，很多优秀的机务维修人员都因此被临时停止工作。专家通过现场调查发现原来是因为滑油盖温度太高，太烫手，维修人员根本没法上手检查滑油盖是否拧紧了，只能用眼睛看，但是目视检查是很不充分的；调查还发现，监管人员根本不相信维修工人反映的问题。管理者没有认识到问题，却要求工人严格遵守纪律，这样做毫无效率可言。德科博士还强调，无论采用哪种事故模型或事件分析方法，认识人因事件的关键/最重要的是要站在当事人的角度去感知、认知，理解失误发生的方式和原因，而不是想象其他的各种可能性，不能事后诸葛亮。应该首先努力去了解在特定的工作环境下人们所采取行动的依据，以及你或组织对形成特定的环境起到了什么作用。

4.3 人因失误预防方法与工具

由于人的特性，人因失误是不能完全避免的，但可以最大限度地减少它，特别是要防止由人因失误演化为人因事件、人因事故。减少人因失误导致的事故发生频率或严重程度，可有效降低系统、人员、财产和生产风险。世界上众多的研究机构和专家提出了多种预防人因失误的方法和工具。

4.3.1 美国核电运行研究所人因失误预防战略方法

美国核电运行研究所（Institute of Nuclear Power Operations，INPO）是世界核电领域研究人因失误最负盛名的机构，于 1997 年出版了第一份《人因行为参考手册》。随着对人因行为/绩效理解的深入和提高，INPO 对人因失误预防的认识由最初的注重个体、注重技术逐步发展为个体、班组、组织、技术一体化、系统化，《人因行为参考手册》也经过 7 次修订，于 2006 年发布了正式版，并出版了一系列配套资料文献，用于指导企业的高层、中层、一般员工如何改进行为，提升绩效[11-13]。

INPO 认为，虽然人因失误是人类自然本性的一部分，但它也可能因管和领导实践的冲突以及企业组织、程序和文化的弱点被激发。无论工厂设备功能多么完备,培训多么到位,监督和管理多么天衣无缝,工人、工程师技术多么娴熟,经理多么认真履行职责,都比不上一个卓越组织的支持与协调。INPO还发现,在所有的人因失误中,有81%是潜在的,显性的只有19%。因此,要提高企业防御人因失误相关事件的能力,重点需要从2个方面努力:①通过预测、预防和捕捉工作现场的显性失误来减少事故发生的频率;②通过辨识并消除阻碍防御系统有效性的潜在失误,最小化事故发生的严重性。INPO据此提出了在世界核电工业有广泛影响的人因失误预防战略方法[11]:

$$R_e + M_d \rightarrow \phi_E \tag{4-1}$$

该方法通过减少显性失误(R_e)和防御管理(M_d)的共同作用来确保零事故(ϕ_E)发生。将错误率降到最低是降低它发生的频率,而不是事故发生的严重性,只有防御系统才能防止事故的发生。传统上,管理人员通过强化使用人员绩效增强工具来减少人因失误发生,但这还是不够,此外,还需要引入其他的主动保护措施,即采用深度防御(防御、延阻、控制和保障)、多重防御来保障人员绩效。

1. 减少失误

有效减少失误战略的关注重点应放在工作的执行上,工作执行力包括工人在直接接触系统设备期间的工作或任务,如控制室操作、预防性和纠正性维护、给水系统的化学品的计算和添加等。在工作执行的过程中,人员绩效的目标是预测、防止或找出显性失误,特别是在关键的步骤。工作执行分为3个阶段:

1) 工作准备

规划——确定什么是要完成的,什么是要避免的,包括关键步骤;信息识别——识别潜在的作业现场风险,任务分配——把合适的人安排在最合适的工作岗位上;工前简报——预测可能的主动性失误及其后果,并作出适当的防御,特别是在关键的步骤。

2) 工作绩效

执行工作时,保持忧患意识,保持大局意识,对于重要的人的行为,人员绩效工具要严格使用,避免不安全的或有风险的工作实践,需要质量监督和团队合作来提供保障。

3) 工作反馈

工作反馈主要有报告与行为观察两种方式,报告是指在质量准备工作中的信息传递,相关的资源和工作条件的监督和管理;行为观察是指管理者和监督者通过观察工人接受辅导和加强他们作业现场的表现。

2. 管理防御

事故往往是突破防御、控制、阻碍或保障系统的情况,正如前面提到的,即使失误的可能性被系统识别和消除，但其仍有可能出现，这就要求我们用一种积极主动的方式来发现和纠正防御漏洞。双重战略最为关键的是要积极和持续的对安全防御系统进行验证和确认，以确保防御系统通过不断自我评估与修正来提升风险抵御能力，一般可通过执行"计划—执行—检查—调整"的管理方针来提升管理防御能力。

1) 工程控制

工程控制赋予系统物理能力，以保护自身免受因人的错误造成的伤害。要优化控制和防御，确保设备的可靠性，其配置应能应对简单的人因失误导致的应急事件，其系统和组件在需要的时候应能发挥其应有的功能。设备可靠性高、有效的配置控制，最小人-机漏洞的系统往往比为这些问题挣扎斗争的系统安全性更高。这道防御屏障的完整性取决于系统厂房设备设计、操作和维护足够仔细。

2) 管理控制

程序、培训、工作流程，以及各种政策和期望引导着人的活动，这让他们的行为是可以预见的、安全的，尤其是在企业进行的工作。所有的控件加在一起，帮助人们对可能出现的问题作出预测和做好准备。书面指示指定工作将何时、何地，以及以何种形式开展。这道防御屏障的完整性取决于各级部门人员遵守程序、期望和标准执行工作的严格程度。

3) 文化控制

假设、价值观、信念、态度和相关领导实践，这些都涉及高标准或低能级的要求、开放或封闭的沟通等。无论任务风险有多大，简单抑或复杂，无论它的任务多么简单或平常，无论工作人员多么出色，系统对人员失误预防的措施都是同等严格要求。这道防御屏障的完整性取决于人类进步对人类安全的危害性、人类对彼此的尊重，以及人类对于组织和系统的骄傲和自豪感。

4) 监督控制

问责制有助于验证防御和流程的完整性，及其执行绩效。绩效改进活动通过结构化的人员的绩效评估、实地观察，以及使用纠正措施等帮助负责问责监督的一线管理人员。这道防御屏障的完整性取决于管理层的承诺、高水平的人员表现和问题或漏洞的纠正。

INPO建立的这套人因失误预防战略方法在国际核能行业得到了广泛的应用，取得了显著的成效。我国的主要核电工业集团，如中国核工业集团、中广核集团、国家电力投资集团等都在其属下企业大力推行人因失误预防战略方法，并结合国情、厂情进行了本土化和与时俱进的发展，建立各层级人因管理体系，广泛开展防人因失误教育和培训，建立工作人员行为规范，研发防人因失误工具，防范人因失误在电厂决策层、管理层和执行层达成普遍共识,使核电厂人因事件大幅、持续减少,包括人因失误导致的非计划停机停堆次数、运行事件和内部事件,对提高核电厂的安全运行水平和经济效益做出了突出贡献。

4.3.2 技术+人+组织一体化人因事件综合防御体系

2011 年,日本福岛核电厂事故再次证明人性的本质之一就是人会犯错。这些反复发生的失误的根本原因不是源于失去理性或(适应)不良倾向,而是根植于其心理过程。另外,我们也必须认识到,虽然人因失误不可避免,但可以通过某些措施而让人因失误不产生不期望的后果,即不发展为人因事件;而人因事件是可以预测、预防的。因此,在一个大型复杂社会-技术系统中,正确的立足点应该是尽可能减少人因失误、不让人因失误演变为人因事件/人因事故,而这需要系统性地综合考虑技术、个体、组织等方面因素之间的相互作用,构建技术+人+组织一体化人因事件综合防御体系。

该体系中的技术因素(T)是指复杂社会-技术系统中所有与人员相关,或存在交互活动的系统的实体和与系统运行相关的各种技术、工具、设备;个体因素(H)是指员工个人的知识、技能、思想、决定、情感和行动等;组织因素(O)是指管理系统、组织结构、系统治理、资源等。

1. 技术因素

技术因素存在于系统设计、建造、运行全过程,需在系统约束条件下(如保证系统功能实现,技术水平与条件,经济性),以人员任务为中心,以人因可靠性为重点,提供能够支持人员顺利完成任务的人-机交互技术和界面,以及防止人因失误发展为人因事件的保护手段。

在系统全寿命周期各个阶段技术因素考虑的目的和重点不尽一致。如在设计阶段,主要是使设计的产品/项目适合人的特性,重点在人-机交互界面、作业空间/环境、设备设施、维修等领域设计中应用人因工程,以尽可能减少人因陷阱,提升人-系统界面可用性,从技术上最大限度保障减少人因失误,并提供人因失误演变防范技术手段。要在设计中有效地应用人因工程,则不仅需要充分认识人因工程的本质,熟练掌握人因工程理论、方法、规则和数据,还需要深入理解系统运行概念以及系统如何支撑目标的实现,正确把握系统、子系统间协作、平衡与影响。在运行阶段,技术因素更多地用于识别系统中存在的人因陷阱并通过多种改进措施消除它们,包括采用改进优化人-机界面、运行规程、工作设计、行为规范、培训等手段,以及人员行为安全智能化系统。

2. 个体因素

个体是指系统内所有的员工,包括一线工作人员、中层管理人员、系统高层管理人员。个体因素主要是指员工的知识、技能、思想、决定、情感和行动等，集中表现在其知识和经验、技能水平、遵守规程程序和制度的意识及习惯、安全文化水准、对人因失误的态度、团队合作等方面。

员工个体因素直接影响着系统的运行、管理水平。以核电厂操作员为例，操作员的知识经验、能力和心理素质将影响到主控室人-机交互的绩效，在核电厂紧急状态下尤其突出。操作员知识水平越高、经验越丰富就越可能在人-机交互过程中降低其复杂性，具有高的绩效水平；而若操作员的经验和知识积累不丰富，对于人-机交互复杂性的评估很容易出现偏差或进入盲区，影响操作员在有效时间内做出正确的判断。在面对压力的时候，心理素质好的操作员能有条不紊地处理异常状况，降低人-机交互复杂性，从而减少其发生人因失误的概率。操作员是否能够自觉地严格遵守规程、程序、制度，已经被实践多次证明了其与人因事件发生率成反比，也是核电厂安全文化水平的一个重要表征。

系统的设备、工作过程、组织及其文化、监督过程都存在隐藏或潜在的缺陷，无论在哪个层面上，每位个体都需要认真地运用他们的知识、技能、洞察力和相关技术、工具才能实现他们的工作目标。只有当一线员工、管理人员和系统高管共同努力减少失误，不断增强防范措施的有效性才能最大限度地减小人因事件发生概率。

3. 组织因素

组织因素包括管理系统、组织结构、系统治理、人力和财政资源等。

除了技术因素、个体因素外，人因失误还可能因管理和领导实践的冲突以及系统组织、程序和文化中的弱点而被激发。但或许更重要的是其另一方面：卓越的组织管理是任何一个保持高水准安全和绩效运行的社会-技术系统的共同显著特征。在预防和减少人因失误的活动中，组织因素可以通过多种宏观和微观途径表现出来，如安全文化、管理制度、人员选拔、人员培训、行为规范、人因绩效监测、人因事件分析、人因绩效改进、人因经验反馈等，而其中最关键的是基于安全文化和管理制度的管理态度。因为任何一个社会-技术系统的技术、设备、工作过程、组织及其文化甚至其监督过程都不可避免地存在隐藏的缺陷或潜在失效，这些缺陷或失效可能长期累积而未被人意识到。人因失误在工作中经常发生并可能以不可预见的方式与潜在失效条件相结合，而产生危害系统安全运行的状况。积极的管理态度可以推动人们去主动识别并消除潜在缺陷来避免人因事件或最小化事件的严重性。

社会-技术系统的组织和管理者还必须清醒地认识到，尽管人类拥有较大范围的能力，但存在一个固有缺点：趋向于不精确或犯错。人类的易犯错性是人类永久不变的特点，再多数量的培训都不能改变人类的易犯错性。因此不能将预防人因失误的基点置于提升人的努力程度和技能水平上，而应该将问题最大限度转化为技术，采用技术手段解决，尽可能减少人因失误发生的条件,尽可能防止人因失误演变为人因事件,这或许是安全文化、管理制度在防人因事件方面应该具备的最显著的表征。

4. 技术因素(T)、个体因素(H)、组织因素(O)三者的关系

T+H+O 人因事件综合防御体系是一个多层次、多侧面的综合、协调体系,需要系统性地综合考虑技术、人、组织三因素之间的复杂的相互作用。T、H、O 既是共同构成这个体系的 3 个因素,也是这个体系的不同层面和侧面。每个层面或侧面并不冲突,不存在一个比另一个更重要,它们相互支持、相互依存,同时,也相互作用、相互影响、互为反馈,每个层面、侧面都有自己的目的、任务、功能,共同耦合成一个系统,如图 4-5 所示。T、H、O 这 3 者的关系也使得该体系实质上存在两种机制:体系功能机制(人因事件防御机制)和体系动力学机制。

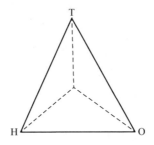

图 4-5 技术因素 T、个体因素 H、组织因素 O 构成的系统结构

5. 体系的两种机制

T+H+O 体系存在两种机制,如图 4-6 所示。

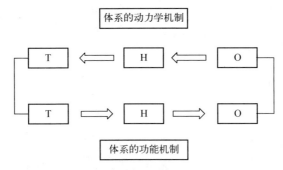

图 4-6 T+H+O 人因事件综合防御体系的功能机制和动力学机制

1)体系的动力学机制

系统组织具有目标导向行为的特征,决定该社会-技术系统的管理控制、监督控制和文化控制的水准;个人行为受这些组织控制程序和价值观的影响,在组织的支持下,针对系统中已经暴露、识别出来的缺陷,同时努力去辨识可能相关存在的潜在失效,制定、改进相关技术文件、管理文件和技术装置,

采取一切可能的技术手段和管理屏障去减少一线工作人员操作中的不确定性和不明确性,最大限度减少人因陷阱,避免事情出错,减少不期望事件的发生并使其保持在可接受范围内。这就是该体系的动力学机制,即组织因素驱动个体因素,进而驱动技术因素不断为减少系统中人因事件而持续改进。该机制强调,对于人因事件的预防不能止于管理措施和管理屏障,而要由组织管理因素落实为技术因素,转变为技术手段,如核电厂屡屡发生的走错间隔、遗漏操作步骤、操作监护缺失等问题,如果采用闭锁技术手段或许就不难解决。该动力学机制除了具有"避免事情出错""减少不期望事件的发生并使其保持在可接受范围内"的功能外,还具有"确保事情正确实施"的功能,它立足于关注如何正确做事,强调积极主动的安全管理,这也是 Hollnagel 近年来所提倡的安全-Ⅱ管理方法[8]。图 4-6 中的体系的动力学机制是"避免事情出错"与"确保事情正确实施"的有机结合,如果事情看起来正朝着错误的方向前进,就对其给予管理和抑制;如果事情看起来是朝着正确方向发展的,则给予进一步强化,这两种机制互为补充,共同提升系统的安全运行水平。而将组织管理因素落实为技术因素、转变为技术手段是该动力学机制的基本思想。

2) 体系的功能机制

该体系的功能机制主要表现为对人因事件的防御。通过广义的技术因素(包括系统运行规程、技术文件、技术手段、硬屏障等)抑制、控制、防御了个体因素层面的人因事件,技术因素与个体因素叠加又防御了组织层面的失误。其中,广义的技术因素包含了由组织管理因素转换来的技术手段、管理措施和管理屏障,个体因素在某种程度上表征着组织因素,即技术因素、个体因素、管理因素三者间的确存在着复杂的相互作用,不是某种因素决定系统的功能,而是这 3 种因素共同确定了体系的功能,图 4-5 表达了该含义。

6. 纵深防御

"纵深防御"是国际原子能机构(IAEA)国际核安全咨询组在《核电厂安全基本原则》[14]中提出的核安全技术最主要和核心的原则,其关键是设置多层重叠安全防护系统并构成多道防线,假若某道防御屏障失效,其他防御屏障能弥补或纠正。技术+人+组织一体化人因事件综合防御体系本质上是纵深防御战略思想的一种实现形式,也是其在新形势下的发展。

以往对人因事故的防范实践中存在两种做法:一种是立足于强调个体和组织因素,试图通过不断强化责任心、培训、问责制等管理手段去消除人因失误,然而个体的能力水平是有极限的,组织也可能失误;另一种是突出强调技术方面,如使系统尽可能自动应急,提供良好的信息显示、操作规程和训练方法,为运行人员提供更有效的支持,这对大部分可预测的系统事故预防效果不错,但对日常运行中的偶发的人因失误问题预防效果不佳。如人员自身与潜在组织失误仅用技术手段是不可能完全解决的。这两种做法都是片面的。技术方法必须得到安全文化、组织的前瞻性、组织政策等的支持和引导，个体的内在弱点需要技术手段去弥补，因此，必须将技术、人、组织相互支持、相互促进、相互纠偏，一体化构成人因事件综合防御体系才有可能从根本上减少与预防人因事件。

4.3.3 人因失误预防工具

国内较系统地研发预防人因失误的成套工具或许源于核电行业。21世纪初，随着国内核电厂预防与减少人因事件活动的开展，参考美国核电运行研究所（INPO）的倡议，各核电集团均组织其所属核电企业从防人因失误工程实践中总结提炼适用于本厂防人因失误成套工具。大亚湾核电基地、秦山核电基地、海阳核电基地分别是国内三大核电集团——中国广核集团、中国核工业集团、国家电力投资集团核电厂的发源地和典型核电厂，代表国内核电行业防人因失误的水平和发展方向，以下分别概要总结、介绍这几个核电基地在防人因失误方面的主要做法和特色。

1. 大亚湾核电基地防人因失误工具

为了规范现场人员操作，减少人因失误，制定具有普遍指导意义的操作流程关键行为标准，大亚湾核电基地成立了由各专业资深骨干人员组成的专门小组，经过充分讨论，把现场最常见的失误类型和典型失误模式最大限度地体现在人因工具卡上，最终形成了6张防人因失误工具卡，包括工前会、使用程序、明星自检、监护操作、三段式沟通、质疑的态度等，如图4-7所示。这些卡正面阐明主题要义和执行步骤，反面则重点阐释在执行过程中常见的和需要注意的事项，以供持卡人对照检查。

防人因失误工具卡体现了现场最常见的失误类型及防范方法，实现了防人因失误理念与具体实践的统一，不仅内容容易理解，而且携带方便，易于在工作中经常对照使用，是大亚湾核电基地安全文化建设的特色。这些防人因失误工具卡已在大亚湾核电基地获得了普遍应用，并推广到了中广核集团所有相关单位，为减少人因事件，提升核电厂安全运行水平做出了巨大贡献。

近年来，大亚湾核电基地防人因失误工具不断发展，研发了管理人员防人因失误工具、各级人员行为规范、多种防人因失误训练装置和培训课程，以及多类防人因失误屏障，进一步强化了电站工作人员预防人因失误的自觉性和能力。

2. 秦山核电基地防人因失误工具

为规范秦山核电基地的人因管理，预防人因失误，减少人因事件，提高电厂安全运行业绩，秦山核电基地建立了完善的人因管理工作体系。通过该体系促进管理改进，查找并减少人因失误陷阱，营造坦诚、开放的人因管理

工前会

两人以上，改变设备或现场状态的作业，开工前作业负责人必须召开工前会。

第一步　审视人员知识和经验
第二步　介绍并讨论关键步骤
第三步　识别可能出错的情形
第四步　预想最坏情境和后果
第五步　评估预防措施和预案

工前会应尽可能在临近现场开工时召开

工前会

常见失效症状：
- 作业相关人员没有到齐
- 会前未完成必要的准备
- 会议环境容易让人分心
- 缺少提问、讨论和互动
- 不讨论安全风险和措施
- 不讨论人因陷阱和措施
- 不讨论相关的经验反馈
- 讨论内容笼统而不具体
- 工前会后更换作业成员

使用程序

第一步　准备程序
确保要执行的程序与任务相符
第二步　理解程序
完整、准确理解程序要求与内容
第三步　执行程序
严格按照程序要求与内容执行
第四步　反馈结果
及时反馈程序执行结果及异常

使用程序

常见失效症状：
- 不使用程序进行工作
- 临时修改不经过审核
- 忽视警示与注释信息
- 不按照要求逐项打勾
- 不按照要求现场记录
- 出现异常不立即停止
- 重新执行不检查条件
- 不报告或不记录异常

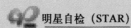明星自检（STAR）

第一步　停—Stop
停下来，聚焦待执行操作
第二步　想—Think
就位后，预想要领和预案
第三步　做—Act
确认后，执行预想的操作
第四步　查—Review
操作后，确认与预期相符
不符合预期时，执行预案

明星自检（STAR）

常见失效症状：
- 没有停止急于操作
- 一心二用精力分散
- 没有逐字核对设备
- 没有预想操作要领
- 没有预应急预案
- 转移视线操作设备
- 操作完成不再检查

监护操作

确定操作者和监护者，明确监护点
第一步
操作者口述操作指令，指向设备
第二步
监护者确认所指设备，核对指令
第三步
操作者获得监护者同意后操作
一旦失误会带来严重后果的操作必须监护

监护操作

常见失效症状：
- 该监护的操作没有监护人
- 监护者不清楚监护的要点
- 操作者没有指向对应设备
- 监护者未发现或制止偏差
- 监护者未核对指向的设备
- 未经过监护者核对就操作

三段式沟通

完整、清晰、简要地传达室递信息，
避免口头交流失误。
　　第一阶段　发送
发送人发出信息，要求复述
　　第二阶段　复述
接受人复述信息，要求确认
　　第三阶段　确认
发送人确认接受人复述正确，
必要时提问并澄清疑点

三段式沟通

至少下列情况必须使用三段式沟通：
- 下达设备操作指令
- 执行唱票监护操作
- 通报系统设备参数
- 接受电网调度指令
- 火险急救电话报警

一次会话可多次使用三段式沟通

质疑的态度

使用质疑三步曲，做出正确的决定
　　第一步　审核来源
确保采用的信息来自合格、可靠的渠道
　　第二步　自我验证
确保信息与内在经验、知识和期望相符
　　第三步　独立核实
用独立、合格的信息渠道支持和确认信息
任何行动前必须执行前两步，信息不一致，
高风险、非预期变更时，必须继续第三步。

质疑的态度

从不同角度挑战前提和假设
采取行动前考虑可能的意外
本着建设和关心的态度质疑
无论对象均保持质疑的勇气
被质疑者保持开放接受质疑
疑问未澄清时停下来并求助

图4-7　大亚湾核电基地防人因失误工具卡

工作氛围，培养良好的人员行为，以减少人因失误，避免重大人因事件的发生。具体地，秦山核电基地采取了以下预防人因失误的管理措施：

（1）开发防人因失误工具，通过有效的宣传和培训，培养员工自觉使用防人因失误工具的良好习惯。目前，秦山核电基地针对自身实际，建立了专门的人因实验室，开发和使用了11种防人因失误工具，包括自检、他检、监护、独立验证、三向交流、遵守/使用规程、工前会、工后会、质疑的态度、不确定时暂停、2分钟检查。

（2）建立并提升人员行为规范，倡导规范的、良好的人员行为。

（3）通过观察指导，持续强化人员行为规范，开发了与11种防人因失误工具对应的观察指导文件和工具。

（4）鼓励员工主动报告人因失误事件和未遂事件，通过对所报告问题的有效分析与管理，不断减少人因事件。

（5）鼓励员工查找现场的人因失误陷阱，不断改善工作环境。

（6）优化人-机界面，提高规程质量，完善防人因失误屏障。

（7）积极对外交流并吸收转化良好实践，创新防人因失误管理，持续提升人因管理绩效。

3. 海阳核电基地防人因失误工具

海阳核电基地属于国家电力投资集团，是国家引进的第三代核电技术AP1000依托项目。海阳核电基地建设较大亚湾核电基地和秦山核电基地晚，其发挥后发优势，以较高起点开发和应用先进的防人因失误理论及方法，建设了专门的AP1000型核电厂防人因失误培训实验室，开发了大量的培训资源，建立起一整套系统化的核电厂防人因失误培训体系，覆盖了电厂一线执行层人员、技术人员/工程师、管理层人员，坚持实施全员培训，定期复训，使海阳核电基地自建设开始就步入核电行业防人因失误方面的先进行列。海阳核电基地还开发了一套较完备的防人因失误应用工具体系，包括三大类51项：执行层防人因失误工具16个，技术层防人因失误工具15个，管理层防人因失误工具20个，这些工具在电厂建设和运行中获得了很好的运用，有效地预防和减少了人因事件的发生。

参 考 文 献

[1] 郭仲伟. 基于复合信息空间的人-机-环境系统研究 [M] //龙升照. 人机环境系统工程研究进展：第2卷. 北京：北京科技出版社，1995.

[2] ZHANG L, WANG Y Q, DENG Z L. Human Error Factor Identification in Complex Man-Machine Systems [C] //Proceedings of 1996 IEEE International Conference on Systems, Man and Cybernetics. Beijing: Wan Guo of Technology Press, 1996：1214-1219.

[3] 张力，刘燕子，王以群. 人因失误因素树构建技术 [J]. 人类工效学，2006，12（4）：27-30.

第 4 章 人因事件分析与预防方法

［4］ 焦峰,张庆华,周红,等.核电厂事件调查和原因分析［M］.北京:中国原子能出版社,2016.
［5］ 国家核安全局.核电厂事件原因分析指南:NNSA-HAJ-0001-2019［R］.北京:国家核安全局,2019.
［6］ WANO. Operating experience programme reference manual［R］. World Association of Nuclear Operators,2001.
［7］ LEVESON N G. 基于系统思维构筑安全系统［M］.唐涛,牛儒,译.北京:国防工业出版社,2015.
［8］ Hollnagel E. 安全-Ⅰ与安全-Ⅱ:安全管理的过去和未来［M］.孙佳,译.北京:中国工人出版社,2015.
［9］ 徐伟东.事故调查与根源分析技术［M］.广州:广东科技出版社,2010.
［10］ DEKKER S. 理解"人因差错"实战指南［M］.孙佳,等译.北京:中国工人出版社,2017.
［11］ INSTITUTE OF NUCLEAR POWER OPERATIONS. Human performance reference manual:INPO 06-003［R］. Atlanta:INPO 2006.
［12］ INSTITUTE OF NUCLEAR POWER OPERATIONS. Human performance tools for workers:INPO 06-002［R］. Atlanta:INPO 2006.
［13］ INSTITUTE OF NUCLEAR POWER OPERATIONS. Human performance tools for managers and supervisors:INPO 07-006［R］. Atlanta:INPO,2007.
［14］ INTERNATIONAL NUCLEAR SAFETY ADVISORY GROUP. Basic safety principles for nuclear power plants:75-INSAG-3［R］. Vienna:IAEA,1988.

5

人因绩效及其提升方法

本章阐述了人因绩效的概念、人因绩效提升原理与框架、人因绩效提升方法、人因绩效评估方法,并给出了其在核电厂的应用案例。

5.1 人因绩效及其影响因素

5.1.1 人因可靠性、人因绩效与人因绩效管理

人总是会出错,这是人固有的一种不精确的趋向,人的本性包含了所有智力的、情感的、社会的、身体的和生理的特征,这就决定了人的趋向、能力和局限性。比如,人处在高压力和时间压迫下会倾向于表现得差,正是由于这种人的不确定性和易变性,人的可靠度才不可能达到100%,所以,人因失误是任何一项人类活动都要考虑的因素。人的弱点与局限性增加了在人开展作业活动犯错误的概率,当人在潜在风险或不利复杂工作环境(如核电厂)中工作就会更加明显,并且潜在的条件可能会激发失误或者削弱人控制失误产生后果的能力。

不是所有的决策、问题的解决和体力活动都是有意识或故意的想法导致的结果,很多的心理活动都是无意识的,这些人给人员行为带来了更多的不确定性。人因失误不但直接影响人们的健康,而且会给系统的运行绩效带来不利影响。因此,无论从安全管理角度还是从企业运行管理角度来看,人的因素都是一个重要的要素,人因绩效管理的目标是通过加强人因失误的管理和防御,以增强辨识可能发生的人因失误的能力,预防人因事件的发生,以提升大型复杂系统安全与生产绩效。

人因可靠性是指在规定的时间限度内,在系统运行中,由人成功地完成工作或任务的概率;人因可靠性概念也可以从产品可靠性角度引出,即在系统运行中,工作者在规定的时间内和规定的条件下成功完成规定作业的概率,即人员在规定的时间内,在规定的条件下,无差错地完成规定任务的能力,人因可靠性是用来描述人员绩效的术语,提高人的可靠性是减少人因失

误的重要措施。

绩效是组织为实现某目标而体现在不同层面上的输出，有效的输出是组织期望的结果。人因绩效是指为完成特定任务（目标）而进行的一系列行为，行为是人员所做的和所说的外在表现，是达到目的的手段之一，也是可以看到、听到或观察到的。"人因绩效"又称"人员绩效"或"人的绩效"，即"为达到特定结果而执行的一系列行为"，其包含两部分内容：行为与结果，即人因绩效=行为+结果[1]。在涉及的人员工作任务中，行为是可以测量的，也可以被改变；结果就是在执行一个任务的过程中所能观察到的努力。以往常常注重于结果而不是个体所表现出来的行为，现在为了提高人因绩效我们需要更多地注重期望行为。

INPO出版的人员绩效手册中把绩效划分为"结果导向型绩效"、"行为导向型绩效"和"行为-结果型绩效"[2]，其中"行为-结果型绩效"强调绩效过程和绩效结果，且兼具行为导向型绩效和结果导向型绩效。优秀的人员绩效能够有效防止各种内在和外在因素对工作人员的干扰，出色地完成系统赋予的任务，使系统获得很好的效益。

对于大型设备制造业来说，人因绩效的表现形式一般分为工作绩效和安全绩效。传统的关于工作绩效的实证研究主要集中于员工个体内在特质（人格、认知能力、身体素质）对于工作绩效的显著影响，近年也有研究表明工作特征、组织承诺、组织支持感等都影响着人员在组织内的工作绩效。安全绩效影响因素的实证研究主要集中于安全氛围、安全文化、安全态度、人员行为四个方面。

卓越的人因绩效实现是基于一线作业人员、支持人员（技术人员、维护人员、服务人员等）和管理层（经理/主管等）坚信人因绩效基本原则，并把这些原则整合到管理领导活动中、人员作业活动中，以及组织管理流程和价值观中，直接为人因绩效改善与组织/系统发展规划提供指导，并最终有助于组织理念的贯彻和发展战略的实现。

绩效管理的根本目标是持续提升个人与组织的绩效水平，而不是一种权利、体现与简单的人员集合，绩效管理涉及绩效计划、绩效辅导、绩效考核与绩效反馈四个环节，人因绩效管理也不例外。人因绩效管理是一项系统工程，全面涉及人-机-环境-组织管理的所有因素，且各影响因素之间是相互关联与相互影响的，因此在实施人因绩效管理活动时要紧扣绩效管理目标，遵循绩效管理的目标导向原则、客观公正原则、规范统一原则、科学有效原则，充分尊重人的本性（如人容易犯错的固有弱点、人的技能水平与安全行为是可以通过培训来提升的，人是有个性的与优缺点的，人需要归属感与认同感等），以及人因绩效管理活动要有可预见性、整体性与灵活性。

5.1.2　人因绩效的发展演变

随着科技的发展，在系统安全中，机器设备可靠性越来越高，因人的复杂性、固有弱点与不确定性，人因失误一直是个严峻的问题，且人因失误比例在系统事故中所占的比例日益升高。人因失误是指人的行为的结果偏离了规定的目标，或超出了可接受的界限，并产生了不良的后果。人因失误造成的危害和损失越来越严重，因此，复杂人-机系统中的人因失误逐步发展为21世纪安全科学研究的一个重要领域，而人因失误控制与预防的关键是找到人因失误的机理，以及建立人因失误分析方法与量化技术。

人因失误是人类自然本性的一部分，诱发人因失误的因素无处不在，如设备的设计、程序与流程缺陷。它可能被管理和领导不当或组织和文化弱点所诱发，并且大量的案例已经表明，无论多么先进的设备、多么优良的培训与监督，以及多么优秀的工人、工程师与管理人员，对人因失误的预防或减少都难以超过组织支持。人因失误可能由正常人的不可靠性造成，也可能因工作流程和价值观不兼容的管理，以及领导实践和组织的弱点所致，因此，对人因失误采取纵深防御策略是必要的与有效的。

要实现良好的人因绩效，需要一套以风险为基础的管理方法，管理目的是辨识和减小人因失误风险，以及对系统设备、人员和财产的不良影响。因此，尽量减少由人因失误引发的系统事故发生的频率或严重程度，以降低系统、人员、财产和生产的风险。当作业现场的人因失误减少或消除时，事故发生的频率就会下降，加强对人员行为、工程运行、行政管理与安全文化建设的监督，都可减少失误的发生，并且良好的操作规程或使用程序也可将降低事故发生频率与严重度，因此，对人因失误的预防与控制措施必须是系统的。

一个人对任务的熟悉程度将决定他执行任务时的注意力集中程度，人们总是不断地从一种行为模式转向另一种行为模式，不同的人对于同一项任务来说，可能处于不同的行为模式；且同一项任务处在不同阶段，对于作业人员来说也可能属于不同的绩效模式。

航空工业、医药工业、核电工业、军事部门、能源工业，以及其他高风险或技术复杂的工业系统都普遍采用人因绩效管理原则、模式与措施，有针对性地降低人因失误频率，并尽可能控制事故发生后果。目前，绩效管理应用已不局限于安全管理领域，工业生产中已采用人因绩效改善方法来提升产品质量与生产效率。

贯彻人员和组织行为的基本概念与原则，可有效让管理层与作业人员更有效地辨识和消除在生产活动中的人因失误诱发条件。一般来说，在复杂系统运行管理中，人们对人因失误预防与减少措施主要包括以下几个方面[1-2]：

(1) 消除沟通问题的意愿；
(2) 对人因失误的不安态度；
(3) 对可能使人和设备设施处于危险状态陷阱的零容忍；
(4) 对系统运行态势恶化或偏离的感知与警惕能力；
(5) 人因失误预防与控制技术的合理与严格使用；
(6) 对安全价值观的理解与安全文化的认同。

5.1.3 人因绩效的影响因素

从管理学的角度来看，一般工业系统人因绩效的主要影响因素有员工技能（包括作业人员的态度、工作技能、掌握的知识、性格等）、内部条件（工作性质与内容、工作方法与流程、管理机制等）、外部环境（包括文化氛围、自然环境以及工作环境等），以及激励效应4个方面，但只有激励效应是最具有主动性、能动性的因素，人的主动性积极性提高了，组织和员工会尽力争取内部资源的支持，同时组织和员工技能水平将会逐渐得到提高；因此绩效管理就是通过适当的激励机制激发人的主动性、积极性，激发组织和员工争取内部条件的改善，提升技能水平进而提升个人和组织绩效。当然上述4个方面的每个具体因素和细节都可能对绩效产生很大的影响。控制了这些因素就等于同时控制了绩效；绩效管理的对象本质上就是对上述因素的管理。

基于上述对绩效影响因素阐述，结合核电厂运行管理实际与经典的人员行为影响因子理论，从人员个体、系统与环境、组织与管理三方面归纳出核电厂人因绩效影响因素。

(1) 人员个体因素，主要包括：①资质与培训水平；②行为习惯；③压力水平；④生理状态：疾病、疲劳等；⑤心理状态：性格、品质；⑥安全意识与态度。

(2) 系统与环境因素，主要包括：①任务性质：复杂度与认知负荷等；②工具/技术的可用性；③人-机/系统界面；④作业环境（如光照、温度、粉尘、有毒、放射性、失重、噪声与湿度等）。

(3) 组织与管理因素，主要包括：①激励机制；②安全文化；③作业安排/计划；④规则与程序；⑤团队合作；⑥监督管理机制；⑦交流与沟通。

针对核电厂主控室操作员，根据上述绩效影响因素分类，可进一步细化操作员主要绩效影响因子（表5-1）与班组主要绩效影响因子（表5-2）。

表 5-1　核电厂主控室操作员主要绩效影响因子

一级影响因子	二级影响因子	一级影响因子	二级影响因子
人-机界面	人-机界面的交互性	操作员状态	操作员经验
	人-机界面的可用性		培训情况
	人-机界面的一致性		决策水平
	人-机界面布局的合理性		应急水平
	关键信息的醒目性		知识因素
任务	任务的复杂性	个体特征	自信
	任务信息完整性		解决问题方式
	任务描述准确性		态度与责任心
	任务可操作性		情绪
	界面管理任务	生理影响因子	生理疲劳
规程	规程结构合理性		身体状况
	规程分支合理性		认知负荷
	规程复杂性		轮班与夜班（生物节律）
	操作程序可用性	硬件因子	显示系统
压力	时间压力		报警系统
	任务压力		系统自动化水平
	心理压力	工作环境	照度
	担忧		噪声

表 5-2　核电厂主控室班组主要绩效影响因子

一级影响因子	二级影响因子	
班组因素	凝聚力	沟通交流
	合作协调性	领导性
	组织结构	
组织因素	奖励、表彰和福利	科学有效的人员培训和再培训
	合理有效的工作监督	互相交流的工作习惯
	有效规范的事件分析和经验反馈	细致的自我检查
	工作安排科学合理	
安全保障	详细具体的安全目标体系	应急响应方案
	醒目安全口号或安全标语	安全措施、工具和方法
	详细具体的安全管理制度和体系	交流和指令传达的有效性和快速性
	规范的操作流程/准则	开放有效的工前会制度和流程

5.2 人因绩效提升原理与框架

5.2.1 人因绩效的提升原理

人因可靠性即作业人员在规定的时间内与条件下，无差错地完成规定任务的能力，提升人的可靠性是为了提高人员完成任务的能力，减少人因失误，提升企业绩效，减少人员和财产损失，降低对环境的污染等不良后果。人因可靠性除了受到外部动态的情境环境影响之外，还受到人员自身内在因素影响，且其内在因素与情境环境、组织因素有着复杂的作用关系，个体因素是直接导致人因失误发生的因素，因此，一般来说人因失误是直接由个体因素触发的，这是因为受情境环境因素的影响而诱发个体的生理、心理等失衡，从而导致人的认知和行为失误[3]。

人因绩效提升理论与方法采用的方法论是源于系统工程/系统学的思想，即要遵循 HMETO 模式（H+M+E+T+O），尽可能从人（个体及其班组，H）、机（M）员、环境（E）、技术（T）、组织（O）多层面与多角度地系统考虑、设计和实施提升人因绩效，其重点是人员和组织，下面从人、机、环、组织、技术五个方面着手来阐述人因可靠性提升方法与路径。

美国核管理委员会与爱达荷国家实验室分析发生的部分执照事件结果表明[4]，这些事故主要原因都直接指向人因绩效，且归纳出的 270 项人的失误因素中，有 81% 是潜在的，19% 是较为频繁的，因此，美国核动力运行研究所（INPO）建议将减少人因事故发生的频率和减少事故后果严重程度作为人因绩效提升与事故预防的重要策略，并重点关注工作现场薄弱环节和潜在的组织弱点。因此，如类似核电厂的复杂工业系统有效的人因绩效管理计划应重点聚焦以下两方面问题的解决：

（1）通过对工作现场一切主动性（或显性）失误的预测、预防和控制，减少事故发生的频率；

（2）持续地与主动地发现或消除防御系统的一切潜在漏洞或薄弱环节，以降低事故发生的严重性。

因此，复杂工业系统的人因绩效提升的原理与路径，主要是从"减少主动性人因失误（R_e）"与"加强防御管理（M_d）"两方面入手[2]，如式（4-1）所示。

INPO 提出在核电厂引入防人因失误工具，员工在工作中失误的概率会明显降低，但当所有人都能很好地使用防人因失误工具后，员工在工作中失误的概率在到达一个较低的水平后很难再进一步降低。因此，核电厂还应建立和完善防御体系，防范仍然可能发生的人因失误所导致的后果，避免重大事件的发生，人因绩效提升原理如图 5-1 所示[2]。

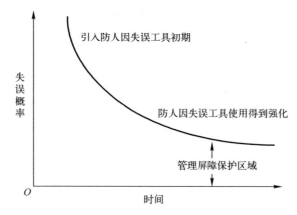

图 5-1 复杂工业系统（如核电厂）人因绩效提升原理

1. 减少主动性人因失误（R_e）

失误减少策略应重点放在工作执行方面，人因绩效管理的目标就是预测、防止或找出主动性失误，特别是在以下 3 个关键的作业阶段：

（1）工作准备：规划——确定什么是要完成的，什么是要避免的。

① 信息识别：识别潜在的作业现场失误可能的挑战；

② 任务分配：把合适的人安排在最合适的工作岗位上；

③ 工前会简报：预测可能的主动性失误及其后果，并作出适当的防御，特别是在关键的步骤。

（2）工作绩效：执行工作时，保持忧患意识、大局意识，对于重要人员的行为，人因绩效工具要严格使用，避免不安全的或有风险的工作实践，这些都需要工作监督和团队合作来提供保障。

（3）工作反馈：报告即任务准备工作中的信息传递，相关的资源和工作条件的监督和管理。行为观察即管理者和监督者通过观察工人作业行为，并予以指导纠正，以增强他们在作业活动上的表现。

2. 加强防御管理（M_d）

事故一般是突破系统防御、控制与阻碍，或保障系统而发生的，实际上即使失误风险事先被识别或控制，但人因失误还是有可能发生的，因为任何防御系统或措施都不可能做到毫无漏洞，双重战略就是保持积极的和持续的对安全防御系统的验证和确认，以确保人员的行为保持一致性与具有可预测性，进而降低人因失误，防御管理具体可从工程、管理、文化与监督控制以下 4 个方面来实现：

（1）工程控制：赋予系统物理防御能力，以保护自身免受人因失误造成的伤害，包括设备可靠性高、有效的配置控制、最小的人机漏洞等，当然该防线完整性取决于厂房设备设计、操作和维护是否达到相关要求。

（2）管理控制：程序、培训、工作流程，以及各种政策和期望引导着人的活动，这让他们的行为是可以预见的、安全的，尤其是在电厂进行的工作，该防线的完整性取决于各级部门人员遵照程序、期望和标准执行工作的严格程度。

（3）文化控制：假设、价值观、信念、态度和相关领导实践，该防线的完整性取决于技术进步对人类安全的危害、他们对彼此的尊重和他们对组织和电厂的骄傲和自豪感。

（4）监督控制：问责制有助于验证操作活动、防御和流程的完整性，以及性能的质量，该道防线的完整性取决于管理层的承诺、高水平的人类表现，以及后续持续的问题和漏洞纠正行动。

5.2.2 人因绩效的提升框架

现代人-机系统已经由传统的人-机系统演变为复杂的社会-技术系统，其构成由人、机两要素发展为技术、人、机、环、组织五个要素。组织一旦发生错误，不但会对系统的安全造成直接的威胁，而且可能会对系统安全性和可靠性产生长久的不良影响，削弱系统防御功能，最终诱发事故。

5.2.2.1 人的因素

人的因素从管理的角度来看包括了人员个体因素与班组因素，个体因素又涉及内部因素（主要包括生理、心理与认知因素）与外部因素（主要是指与人员直接发生人-机交互的软的与硬的人-机界面）；组织因素主要涉及班组认知与组织管理两方面。

1. 人员个体因素

1) 内部因素

生理状态因素是指与人体工程学以及操作员身体能力有关的因素，包括疲劳、身体的局限性、健康状况、身体能力、身体负荷等。其中，疲劳是影响人因绩效的主要因素，疲劳使人反应迟钝、易忘记、警觉性降低、沟通交流能力变差、判断分析与决策能力降低、情绪变差和容易瞌睡；健康状况会影响人的绩效，当人出现头晕、头疼、恶心等症状时，会使人的反应和行为速度变慢；身体能力指的是人体工学方面的人员和系统间的兼容度，身体缺陷如近视、色盲等都会影响个人的绩效；身体负荷如果过大，超过了个人承受能力，人员作业绩将效显著下降；反之，工作负荷过小，会导致人员疲倦与注意力降低，不利于工作绩效提高。

心理状态是指操作员在不同维度事件的差异性、状态感知和评价，对状态的情感以及对事件的某种认知模式等的思维状态[5]，包括压力、情绪、认知模式以及情感和内在的属性；心理因素主要是指情绪，情绪对生理、心理和行为有着直接与显著影响，满意度、动机、士气、态度会影响人员工作绩效，紧张和压力会影响人员应急绩效。

认知因素包含偏见、注意力、知识/经验/技能、记忆、想象力和思维、时间压力等。偏见是影响个人认知的主要因素，可影响人的诊断和决策，导致失误的产生；注意力也常被确定为人因失误的原因；知识/经验/技能对关键作业人员（如操作员、班组长等）来说至关重要。

2）外部因素

"软件"因素包括培训教育、规程程序、组织管理、任务特征、制度文化等。培训教育有利于提高专业技能和操作熟练程度；规程程序如果存在缺陷（如存在歧义、更新不及时等），会影响工作开展甚至诱发事故；组织管理的影响主要体现在组织目标实现、适应环境变化、协调和提高成员积极性，以及增强组织凝聚力；任务特征主要涉及任务量与难度，以及其分配的合理性；制度文化主要涉及企业的规章制度与企业安全文化，若其公平合理透明且以人为本，有利于调动人的积极性，可有效降低人因失误与提升作业绩效。

"硬件"因素包括人–机界面、设备工具和作业环境等。人–机界面优劣、是否与人员特性匹配，关系到人员作业绩效与人因失误发生概率；设备工具主要是指工具的可使用性、充分性和质量，若存在缺陷会影响作业效率、质量与安全性；作业环境包括照明、噪声、振动、工位设计、空间是否受限等，不良的环境因素会给作业人员带来负面影响，可能诱发人因失误或其他安全事故。

2. 班组因素

1）班组认知因素

班组认知包含过度信任、权威效应、从众心理和班组凝聚力等。过度信任会导致班组成员不假思索地接受班组中某位资深人员的决策或指令，这种现象会使班组人员察觉不到失误；权威效应会导致班组其他成员很难表达自己的意见，陷入"盲从"陷阱；从众心理有利有弊，在安全意识强的班组中，从众心理使得大多数成员能遵章守纪，反之从众心理使得多数人倾向于不安全操作；凝聚力大的班组比凝聚力小的班组更为稳定与有活力，有利于班组团结与安全稳定运行，降低事故风险与提高作业绩效。

2）班组组织管理因素

组织管理因素包含工作负荷的分配、监督检查、沟通、协作等。太重或太轻的工作负荷都会使人员的可靠性降低；良好的监督检查执行可及时发现人员失误和设备隐患；沟通交流有利于班组信息共享，从而提高工作绩效和降低失误；如果班组协作紧密与有效则可及早发现事故隐患并能及时妥善处理。

5.2.2.2 机器设备因素

机器装置因素主要包括以下4个方面：

(1) 信息传达显示装置及其技术，包括仪表显示、音响信息传达、触觉信息传达、符号系统、编码方法（文字编码、图形编码、色彩编码）等。

(2) 操纵控制器及其技术，如机器的操纵装置、仪表控制装置、符号及键盘技术等。

(3) 安全防护装置及其技术，包括冗余性系统、机器保险装置、防止人失误及失职的设施、事故控制方法、救援方法、安全保护措施等。

(4) 机具宜人性设计及其技术，如振动及噪声的控制、隔离和防护、座椅及用具的宜人化技术等。

机器装置在以上4个方面如果存在缺陷或不足，会给人-机交互带来潜在问题（如人机不匹配、机器可用性差、机器安全差等），可能会给机器使用或操作带来不便与风险，影响人员作业效率、产品质量，严重的会引起人因失误事故。

5.2.2.3 环境因素

环境概念十分广泛，包括生活环境、生产环境、自然环境等，不良的工作环境会引起人员的心理和生理状态的波动，从而降低作业效率与产品质量，甚至诱发人因失误，环境因素主要包括工作环境与情境环境。

1) 工作环境

作业空间（如场地、机器布局、作业线布置、道路及交通等），主要影响人员作业活动效率与安全性。物理环境包括噪声、照明、空气、温度、湿度、粉尘等各种物理环境，主要影响人员生理，如良好的光环境不但可提高生产率，且对降低事故发生率和保护工作人员的视力和安全有较显著的效果，太强与太弱的光线都易使人视觉疲劳，减弱工作能力；化学与生物环境（如有毒物质、化学性有害气体及水质污染等），有害物质被人员吸收后会在一定程度上降低人员作业能力，甚至导致人员中毒或发生职业病；美学环境包括造型、色彩、背景音乐等，如色彩会引起人们心理上、情绪上及认知上的变化，可以作为调节现有环境条件、提高工作效率的手段之一。

2) 情境环境

人的操作行为都是在特定的场景中执行的，不同的场景中可能涉及不同的情境环境，即情境和环境有关的工作条件，如执行动作的可用时间，这些直接对人员生理、心理造成影响的因素称为情境环境因素。在复杂工业系统事故的处理过程中，因情境意识丧失而不能正确完成后续复杂的认知行为会带来灾难性后果，如三哩岛核电厂事故中操作员未能保持对一回路状态的理解，各种航空飞行事故中飞行员丧失对飞行状态的正确理解等，因此，情境意识已成为影响操作员的决策和绩效、事故发生的关键要素。随着信息技术和自动化水平的提高，核电厂人-机界面由传统的模拟系统界面转变为数字化系统界面，操作员由过去的操控者变成监控者，数字化人-机界面改变了信息呈现方式（巨量信息与有限显示）、规程（计算机的规程）、控制（软控制）、任务（界面管理任务）等情境环境，由此带来新的人因问题，特别是操作员的情境意识问题[6]。操作员主要的情境意识失误表现为看或听失误、认读失误、诊断或状态解释失误、信息定位失误，以及状态预计失误等；影响情境意识失误的主要原因为个体因素方面的心理状态、素质或能力；情境状态方面的人-机界面、技术系统和规程等的问题；组织因素方面的组织设计、安全文化与培训等问题。

5.2.2.4 技术因素

技术因素主要包括系统人-机功能设计与分配、人-机界面、规程与程序、工作环境、培训等，技术系统设计不合理或存在缺陷或过于复杂等都会影响人-机交互可靠性与人员作业绩效，如技术响应速度过慢会给人员完成任务带来时间压力；不良的人-机界面设计会影响班组交流和合作的有效性，也会引发人员的误识别、误诊断和误操作等。

相关技术发展水平、工作环境舒适度、人-机界面是否符合工效学原则、组织管理水平的高低、工作团队合作质量的优劣等，这些相关技术因素与组织等因素联合作用形成组织内部的微观环境，对人员个体生理、心理与行为等造成影响，因此，微观环境与人因失误存在强关联关系；宏观情境在不同程度上也会对人因失误有影响，如社会人员的生活习惯和工作理念会在不同程度影响组织的安全观念，间接作用于人员的安全思想与安全行为。

技术系统的设计要充分遵循人因工程学原理，本着以人为本的设计理念，对容易出现人因失误的场所要主动采取安全防护技术或对易导致人因失误的设备及环境进行改进，如采用冗余系统、容失误的设计及警告的措施等，以尽可能在系统设计阶段消除或控制好潜在人因失误，提升系统人员作业绩效。

5.2.2.5 组织因素

1. 组织因素及其影响

组织是一个人或一些人通过行使管理职责，有效分配因素，为了实现组织的期望和计划而组建的团队。个体作为组织结构中的一环，时刻受到组织因素的影响，组织与个人的关系相辅相成，若组织出现失误，则个体难免出现失误；组织因素对人因可靠性的影响主要分为潜在错误和显性错误两种。

组织因素包括组织目标、组织结构、规程、培训、交流、组织管理和组织文化七类。①组织目标是生产系统需达到的目标，主要包含生产目标、安全目标、经济目标、社会效益目标与质量目标等；②组织结构是组织中正式确定的使工作得以分解、组合和协调的框架，是组织内部分工与协调的基本形式，如组织分工、组织协调、组织信息传递、组织层级、交流路径等；

③规程是指系统运行过程中操作员必须遵守的规章制度和专业人员使用的各种说明书、规程及指导性文字，规程的可用性、完整性、准确性、唯一性与可读性等方面，如果存在缺陷/漏洞会直接影响任务执行效率与人因可靠性；④人员培训质量直接影响作业绩效，如培训内容的完整性、培训方式、培训工具、培训监督与考核、培训组织等；⑤交流是指以正式或非正式、书面或口头的方式在组织内部或外部进行信息交换的活动，工作信息获取/传递及时性、信息共享充分性、交流信息的准确性等对组织可靠性具有重要作用，如核电厂主控室操作员进行交接班时任务交接、系统状态告知与安全注意事项提醒等；⑥组织管理涉及计划、组织、管理、控制、管理资源配置，以及授权和监控等活动或因素，是任务高效、安全与准确执行的重要保障；⑦组织文化是指被所有成员共同认可与遵循的精神文明准则，其不仅是企业竞争的优势资源，同时影响着组织文化绩效，主要包括组织规范、行为模式、组织价值体系、组织凝聚力、安全的标准和规则、安全的态度与经验反馈等。

此外，组织因素在发挥作用的过程中具有以下特点：①工作应重视非正式组织，它建立在组织成员之间感情相投的基础上，因爱好、习惯、兴趣、志向和现实等观点一致而自发结成；②工作的动态性，当组织目标发生变化时，需对组织结构做出适应性的调整；③工作的过程性，一个科学合理的组织结构的设计和建立是为了成功实现组织目标而采取行动的连续过程，这个过程由一系列逻辑步骤组成，包括组织目标的确定。

2. 组织失误及其类型

当组织错误发生时，侵蚀将组织运行环境，且将长期影响系统安全，降低了系统的防御能力，造成事故。造成人员犯错误的原因不仅在于操作者自身，更关键的在于整个组织结构，其中的一些缺陷如果不能满足人工作的特征，就会导致事故发生，组织失误主要包括决策失效（若领导层所作出的决策没有起到应有作用，或者决策存在缺陷，那么决策在执行中就会被误导）、组织规范失效（一般可通过规范作业人员的行为来降低人因失误概率）、组织交流失效（若沟通交流失效或不完整，会导致信息理解错误或不准确，会增加人员信息理解失误）与安全文化失效（若安全文化失效或出现问题，组织的任何决策都可能会出现偏离或难以得到有效执行）4种。

众所周知，复杂系统中的人是作为组织元素存在的，不是以某个独立的个体或者班组形式存在的，组织使个体处于某种情境环境下，并贯穿或影响着个体所处的整个系统，个体造成的任何失误都可能为系统安全运行带来风险；当然，组织出现失误或缺陷，不但会对系统安全带来直接威胁，也会对系统安全性和可靠性（包括人员的可靠性）产生长期削弱的负面影响。

5.2.2.6 各因素之间的相互关系

复杂的工业系统不是孤立地研究人、机、环境、组织和技术这5个因素，而是从系统的总体高度,将它们看成一个相互作用、相互依存的复杂系统。

1) 人-机关系

人是系统的主体,是机器的操作者、控制者与维护者,即机器是为人服务的。人与系统的交互过程,可以依据心理学经典的"S-O-R"模型进行描述,主要包括信息输入、信息处理及行为输出。在人与机器交互活动中,最核心的是信息交换与处理,即信息传递和处理过程,因此人-机交互界面的设计必须满足人性化与人因工程要求,如人-机界面应满足有限注意力资源有效分配、满足用户的期望、支持情境意识和班组任务绩效、平衡工作负荷、提供容错设计、提供标准化的人-机接口,以及能减轻操作员的短期记忆负荷等。

2) 人-环境关系

环境是人与机器所处的场所,是人的生存和工作条件,不同作用量的环境因素不仅对人体的作用方式不同,而且对人体产生的影响程度不同,一般我们把环境对人体的影响所能达到的程度用一定限值来表示,包括舒适限值(环境作用最小程度的限值,人体处于舒适状态,可保持正常生理和心理状态)、工效限值(仅高于舒适限值,人体处于基本正常的生理和心理状态,并保持正常的工作效率)、耐受限值(高于舒适限值和工效限值,人体虽然有明显的不舒适感和工作效率下降,但主观感觉上仍可以耐受,机体通过代偿反应也可维持基本正常运行)与安全限值(最高限值,人体已处于有潜在危险的境地中,一旦超出人的安全范围就处于危险状态)。

3) 机-环境关系

机对环境的影响是指机器设备在进行物质与物质、能量与能量以及物质与能量的转换期间对环境造成的影响,该影响主要为物质和能量,同时伴随一定的信息形式来表现,机的使用及运行离不开环境,而环境对机器造成的影响也是多层次、多方面的,为机器运行提供良好环境对系统稳定与安全运行十分重要。

4) 人-组织关系

班组由个体人员组成,又处于组织中,在组织中发挥着重要的作用,班组绩效对整个组织的绩效影响很大。人与人之间、人与班组之间、人与组织之间、班组与班组之间、班组与组织之间的联系需要有一种沟通,承担这种沟通任务的中介就是组织,组织就是通过设计和维持组织内部结构和相互之间的关系,使人们为实现组织的目标而有效地协调工作的过程。

综上所述,复杂工业系统的状态受人的行为影响,人的行为受生理、心理因素的影响,人的心理和生理状态受外部环境即工作环境和情境环境的影响。人员的绩效(如可靠性)除了受外部环境影响外,也受自身因素的影响,且这些因素与环境因素和组织因素有着复杂的作用关系,个体因素是最直接导致人失误的因素,因此,我们可以认为人因失误是直接由个体因素触发的。

因为受情境环境因素的影响会产生个体的生理、心理等因素的失衡，从而导致人的认知和行为失误，因此可以改善情境环境和组织因素来提高人因绩效。

5.3 人因绩效提升方法

追求卓越的人因绩效，是复杂工业系统一直努力追求的目标，如核电与航空航天等行业领域，良好的人因绩效不但可以显著减少系统作业人员因人因失误而引发的事故或事件，还可以有效提升系统作业人员作业效率与工业系统整体运行绩效。人因绩效工具可有效帮助个人和班组对人因失误风险的辨识与防控，主要包括了作业人员个体人因绩效工具及其使用、班组或团队人因绩效工具及其使用，以及管理层（如经理或主管）用来辨识与控制组织中潜在的人因绩效工具及其使用。不同类型的人因绩效工具描述了各种人因失误减少与预防的方法与技术，具体人因绩效提升方法如图5-2所示[1-2,7]。核电厂人因绩效管理的通常做法就是采用WANO推荐的"人因绩效提升（或防人因失误）工具的应用+工具使用效果的观察指导"模式。

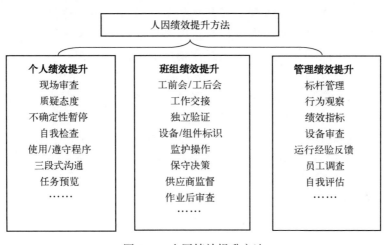

图5-2 人因绩效提升方法

5.3.1 个体人因绩效提升方法

5.3.1.1 现场审查

作业现场审查有助于提升到达工作现场的作业人员（特别是第一个到达的作业人员）的情境意识。作业人员来到现场应该主动熟悉系统关键指标、系统/设备运行状态，确认团队成员对作业任务理解的正确度，以及熟悉工作区域、作业环境与潜在灾害，这有助于作业人员树立安全意识、激发他们的质疑态度、增强对工作任务情境意识的理解，该工具使用注意事项如下：

(1) 通过现场巡视来熟悉工作区和邻近区域的作业环境，主要是查看与确定以下事项（以电力系统作业现场为例）：

① 工业安全、辐射和环境危害；

② 跳闸敏感的设备，以避免震动或干扰；

③ 关键的系统、设备与组件的状态；

④ 事关作业任务或操作成功的关键参数或指标关注；

⑤ 人因失误或安全事故前兆辨识与预警；

⑥ 对作业规程或任务内容描述的一致性进行确认。

(2) 与同事或主管讨论潜在的危险或失误，并采取相应的预防措施。

(3) 消除潜在的安全隐患，采取有效的预防措施，或者制定突发事件的应急预案。

5.3.1.2 质疑的态度

质疑的态度是在采取行动或操作之前，让操作员在允许时间内与保持稳定的工作条件之下，基于自身理解对即将操作活动进行独立的安全思考或对系统当前状态或操作指令进行质疑求证，有助于操作员对潜在操作风险、系统报警、关键操作、潜在失误，以及其他工作环境中或工作计划的不确定性产生足够的警惕；以帮助操作员在执行即将作业任务之前采取措施消除上述危害、警告、可能的失误，以消除操作前所有的疑虑与担心，为后续操作提供保障，客观与合理的质疑态度将克服习惯、心理或经验诱惑。

质疑的态度有利于对客观事实的确认，而不是单纯的假设和意见，质疑中经常使用的问题，比如"万一？"或者"为什么是可接受的？"有助于提高识别不当假设和可能出现的失误；事实依赖信息源的可靠性和信息精度，如果没有获得足够的与正确的信息，执行者应停止操作，解决了不可预知的或可能会导致严重失误事件的客观事实。

质疑的态度在继续执行活动之前，可以帮助人员确认变化中的操作、程序、判断和决策是适当的；一般通过自身设立的如"如果……然后呢？""如果……怎么办？"和"为什么这样可行？"等问题来帮助辨识实际存在的或可能出现的失误或异常。

有效的工前会有助于提升人员的质疑态度，基于工前会的信息讨论，操作员会知道潜在的危害、关键活动（步骤）、风险警示、可能发生的失误，以及失误潜在的后果，工前会有助于操作员确定应该对哪些事实进行质疑。

5.3.1.3 不确定性暂停

开展作业活动时，当操作人员面临不确定性或混乱或危险时，每个人都有责任和权利暂停甚至叫停工作，停下弄清楚"当前是什么状态？为什么是这样？怎么解决？"，针对这种情况停止作业活动是最好的选择，以消除作业活动遇到的不确定性或混乱，如美国能源部实施这种"不确定性暂停工作"

的模式,以确保人员与系统安全。

使用不确定性暂停工具的主要目的是从安全角度出发,给予作业人员现场的慎重预估风险和谨慎作业的权限,若遇到意外情况或不确定性,暂停作业则是安全与有效的方法。"不确定性暂停"可让作业人员在继续实施作业活动前,从其他渠道(专家技术支持,或有经验人员指导,或上级指导,或强化安全措施等)获得更准确的作业信息与相应的有效支持(如技术支持、安全防护、人员补充、补充的操作指令等);在作业活动暂停期间,可让作业人员、管理层与专业人员有足够的时间来分析与解决问题。

5.3.1.4 自我检查

自我检查(又称明星自检)[1]有助于作业人员对相应的设备或作业活动进行重点关注、自查与确认,确保实现预期的操作与结果。在操作执行前使用自检工具可增强作业人员对操作或相关设备组件的注意力,在操作之前解决所有问题或疑虑,并在完成准备好的操作后对操作效果进行确认或评价。

自我检查对于基于技能的与重复性的任务执行活动中的人因失误预防效果是显著的,可有效提升作业人员的注意力,该工具的常用方法就是"star",它将作业行为分为4个步骤:stop(停止)、think(思考)、act(行动)与review(审查)。

(1)停止:暂停作业活动。

① 执行关键活动之前暂停;
② 消除干扰和集中注意力。

(2)思考:执行操作前想清楚要完成什么操作或任务。

① 预测在正确的组件/装置上采取正确的操作会发生什么;
② 在工前会上验证讨论的匹配条件;
③ 考虑设备状态,验证行动是否适当;
④ 评估行动的预期结果;
⑤ 对比条件和控制文件;
⑥ 考虑可能的意外结果;
⑦ 若存在不确定情况,使用"质疑态度"工具。

(3)行动:在正确的组件/装置上执行正确行动。

① 按照相关程序、指令和其他指导性文件执行;
② 关注设备组件,阅读和确认组件标签说明;
③ 使用指导性文件比较组件标签说明;
④ 执行计划的操作。

(4)审查/验证:核实确认操作的预期效果。

① 验证预期结果;
② 如果没有出现预期的结果,执行应急预案或操作;

③ 向管理层及时报告异常状况。

5.3.1.5 使用/遵守程序

使用程序是指要求操作人员按照程序描述来理解作业活动的意图和目的，操作人员执行书面文件中规定序列化的操作行为，在作业活动中，严格遵守程序可提高生产力和安全性，减少不必要的事件或事故发生。当然，若程序存在缺陷或问题，那么程序执行活动要停止，并对其缺陷或问题进行修改。

程序质量十分重要，程序的完整性、准确性、一致性和其可用性（易于理解和遵守）都会影响操作者，然而实际的作业活动中完全执行程序也不能100%保证安全，因为程序难以完全排除隐藏缺陷，且实践经验表明程序并不总包含足够的信息，操作者也不能完全盲目跟随程序，因此，建议操作人员遵循程序，该工具使用注意事项如下：

（1）主动查看与比较程序的工作副本和受控副本，以验证它是最新版本。

（2）开始执行任务之前审查所有先决条件、限制和注意事项、初始条件和指令，确认对程序总体目标的理解，并验证它是否适用于系统或设备的运行状态。

（3）根据程序执行规则或管理层指示使用。

（4）对照书面程序执行，主动意识到潜在的风险与不利影响。

（5）暂停作业活动，将设备或系统处于安全状态，遇到下列情形之一主动请示上级主管：

① 未能按书面步骤执行；

② 程序的使用会对设备造成损坏；

③ 程序的使用将导致不正确的或不安全的设备动作；

④ 该过程在技术上是不正确的；

⑤ 执行程序步骤后出现了意外结果；

⑥ 与其他程序相冲突或不一致的；

⑦ 程序自身存在不安全因素。

（6）发现的程序缺陷一定要在程序重新使用之前得到纠正，并予以报告。

5.3.1.6 三段式沟通

双向或"复述"的沟通方法是通过面对面、电话或电台就工作活动内容进行沟通，即发送者和接收者之间的三段式沟通，其基本过程如图5-3所示，以确保信息的可靠传输和被正确理解。发出信息的人是发送者，发起并负责验证接收者对该消息的理解是否正确。

首先，发送方发出明确规定的消息，并引起接收者的注意；其次，接收者收到与正确理解消息，并将理解的消息以重复转述的形式返回给发送者；如果接收者不理解消息或没有接到消息，就必须要发送者就消息进行澄清与确认，或重复发送消息；最后，发送者收到接受者发回的复述消息，并对该

图 5-3　三段式沟通基本过程[4]

复述消息进行确认,以判断接受者返回的复述消息与发出的消息是否是一致的,若不一致,发送者要对消息进行校正,并重新发送给接受者,该工具使用注意事项如下:

（1）发送消息。

① 作业现场发送者和接收者应该是面对面的;

② 发送者要确保消息引起了接收者的注意;

③ 发送的信息要清晰与简洁。

（2）接收确认消息。

① 接收者要用自己的话向发送者重复或转述收到与理解的消息;

② 设备代号和命名要一个字一个字重复。

（3）发送者验证接收者是否接受与理解发送的消息。

① 如果接收者正确理解了信息,发送者要向接受者回复"理解正确";

② 如果接收者没有正确理解信息,发送者要向接受者回复"理解错误",并重新发送信息。

（4）消息的修正:对接受者重复的信息中不正确、不确定和不当之处进行纠正与重新发送。

5.3.2　班组人因绩效提升方法

5.3.2.1　工前会

工前会是指作业人员在执行工作之前召集作业相关人员召开的会议,会议主要布置作业任务内容与确认操作关键步骤、辨识与讨论作业风险,提醒作业人员注意相关安全注意事项等,有助于作业人员更好地理解任务及其相关风险,同时与会者要明确任务的目标、角色和职责和资源,以及进一步讨论或分享注意事项、受限条件、潜在风险、关键操作、控制措施、突发事件与相关的操作经验,以帮助操作人员了解要做什么与应避免什么。工前会的有效性取决于参与者的准备和监管者,有效的工前会有助于大家对作业任务的理解、对可能的风险的预判与对作业环境的预判等。

工前会的详细程度取决于作业危害程度和复杂性，以及个人分配的任务的熟悉程度，对于简单进行的，或重复的，低风险的任务工前会可从简；对于那些复杂的，或很少执行的和高风险的任务的工前会要详细。

一项复杂的任务包括以下几种情形之一：①与多个设备控制互动；②同时活动或使用多个程序；③需要协调多部门或多岗位；④设备或系统发生重大变化；⑤系统或设备出现异常；⑥工具使用和资源配置受到限制或不利的物理约束。

对"例行"活动，一般作业人员可能会错误地认为这类作业活动是"简单"或"例行"，且是"没有危害或风险"的，对这类高风险性的"例行"活动的工前会，可通过使用包含特定任务信息的标准清单，以密切关注关键操作和作业危害/风险。

高危险和复杂的或少见的作业属于特殊类别，如存在一个或多个关键步骤，人员伤害或设备损害风险很高，设备设施有不常见的特殊配置或特种设备/设施，多工种或多部门交叉作业，作业中有复杂的试验或测试，使用高风险材料，以及其他复杂或高风险活动等，这类特殊活动给作业安全带来挑战，对这类工作任务需要召开更加充分的专业的工前会，一般可以按照以下流程来组织：

（1）任务的目的、范围和工作性质。

（2）工作任务的程序、工作包文件、图纸与边界条件等。

（3）任务分配，识别和理解作业人员的角色和责任、资格、人员局限和控制权限，可能涉及以下内容：

① 安全隐患及其消除措施；

② 作业程序，以及操作安全注意事项；

③ 辐射、密闭空间等特殊作业的工作许可要求；

④ 能源控制，包括许可证等。

（4）经验反馈，即以前的类似失误、事件或事故如何预防方法或控制措施；

（5）停止或暂停作业准则，面对突发事件，或作业条件发生重大变化，或超出预期或规程范围时，作业人员作出的暂停作业的关键决策；

（6）监督，即明确监督管理的参与方式与程度；

（7）关注作业人员的单独操作。

5.3.2.2 工作交接

工作交接是指将工作、任务或条件说明从一个人/班组移交给另一个人/班组，通过提供充分而又精确的信息，使工作、班组和岗位之间良好的延续过程。工作交接能确保信息精确并清楚无误地传递，确保交接后接受该信息的人员/班组能正确判断和决策，从而杜绝了交接期间发生沟通失误，造成后续工作出错的可能性。一般直接关系到生产系统安全和重要设备可靠性运行的工作交接班（如重要设备或装置停役运行的，正在维修的，正在做试验的，上一个班值已经或正在或即将实施的切换操作，设备缺陷及其调查信息，设备停役后的参数记录，正在进行的阀门操作或挂牌或电气系统的倒换，上一个班值曾经发生的报警和正等着处理的报警，以及仪控设备和计算机设备的异常等情况）必须运用工作交接工具，包括个人、工作小组、部门、专业之间的移交。

1）应用过程

应用过程包括三大步骤：

（1）交接前的准备：交接前要给予充分的时间进行准备，需要考虑的信息包括：工作/任务总体状态；即将接班的人员上一次负责该项任务后进行的相关活动；涉及的人员安全问题、已有或潜在问题，以及异常条件、配置、序列；制定要求或计划；保护/警示挂牌状态、电厂/设备状态变化，以及工作文件（规程、工作包、工作单等）的控制状态。

（2）交接过程：在交接过程中，严格按照规程要求，规范化移交，可用检查单进行一一核对交接，同时配合运用质疑的态度和有效沟通工具，确保信息正确地传递。交接地点应选在有利于讨论且离工作点足够近，以方便采取行动的地点。在交接责任时，要谨慎地口头确认。

（3）接班前会议、交接签字与接班后检查：接班前会议要求所有交接相关人员参与，确保工作正确、完整地交接；交接完成后要求签字确认，明确责任的转移；交接完成后，应对接班人员的工作进行检查，通过观察、指导，确保接班人员已适应工作环境和要求，工作已得到良好的延续。

2）注意事项

（1）交接应保证需要交接的信息完整、准确与连贯，尽量排除其他干扰，避免在分心的环境中进行交接，避免交接工作被临时打断。

（2）尽量避免交班人员正在进行重要活动时开展交接活动；

（3）交接时要进行当面交谈，对关键/重要信息进行重点说明，并提交相关记录活动和重要信息；

（4）避免将责任移交给不适合该工作的接班人员（或未做准备的人员）；

（5）交接工作一定要认真与充分，避免匆忙交接，或交接时间不充分；

（6）交接过程中要正确、充分地应用"质疑态度"和"三段式沟通"工具。

5.3.2.3 独立验证

独立验证属于检查和验证实践活动（包括同级检查、并行验证、独立验证与同行评审四个工具）之一，独立验证是指将工作人员分为执行组和验证组两个小组，先后派出成员执行同一任务，后派出的小组对先派出的小组的执行结果加以确认。独立验证为操作提供了最大限度的可靠性保证，确保任务的完成符合相关标准和程序。执行组先根据程序要求完成任务；验证组在执行组完成任务后，根据程序要求对已完成的任务进行确认。

1) 应用范围

对存在潜在的核安全、人身安全、机组运行安全以及设备损害风险但没有立即出现后果的活动采用独立验证。独立验证工具一般在以下情况应用：安全系统配置，如消防系统等；可能引起放射性物质释放后果的系统配置；临时变更设施（跳线、软管等）的安装和拆除；维修后设备状态的确认；对堆芯损伤概率较为敏感的设计或设备变更。

2) 工具使用方法及其注意事项

独立验证要求验证组和任务执行组在时间、空间和思维方面进行隔离，但是在执行组采取行动期间，验证组距离执行组非常近；验证组和执行组使用的是同一个设备状态指示（仪），但验证组仅依据工艺指示仪来判断设备状态；在初次采取行动前，验证组和执行组一起走到设备所在的位置；在执行独立验证前，执行组告诉验证组已经做了什么、哪些没做；执行组和验证组合作执行同一项工作或同一项机组状态变化任务；验证者的授权通常应等同或高于执行者的授权。

5.3.2.4 设备组件标识

失误可能是由作业人员错误选择了相似且紧密联系的设备组件而引起的，或者因为中间休息导致注意力分散，重新返回工作时错误选择了相似或相邻设备组件。如果一个组件邻近有多个其他外观类似组件，若对组件不加以标识来区分，容易导致错误选择与操作，特别是操作人员处于疲劳、注意力不集中、作业环境不佳或被干扰分心的时候。作业人员可以使用标识，以避免错误选择、操作类似或邻近的组件。对类似或邻近设备要进行标识以便进行区分，如着色、色带、有色标记、绳、磁性标牌，以及电子标牌，但是标识不能影响或干扰设备仪器运行与使用，使用此工具的基本步骤如下：

（1）确定要使用标识的设备组件；

（2）对设备组件进行标识（贴设备标签）；

（3）对拟操作设备组件标识进行确认后再执行任务或设备操作；

（4）当作业完成时，拆下相似邻近设备标识。

5.3.2.5 监护操作

监护操作是指两名操作人员同时检查将要进行的操作，以确保操作的正确性。在操作设备前监护人核实操作者将要操作的设备和操作方式的正确性；在操作过程中，执行人（或操作者）和监护人保持视觉和语言上的沟通。监护人的授权应当等同或高于操作者的授权。在有立即的核安全、人身安全、机组运行安全隐患或设备损坏后果的操作中应当进行监护。监护要求监护者唱票，执行人进行复诵。

1) 工具使用流程

监护操作主要包括以下四大步骤，具体实施过程如图 5-4 所示：

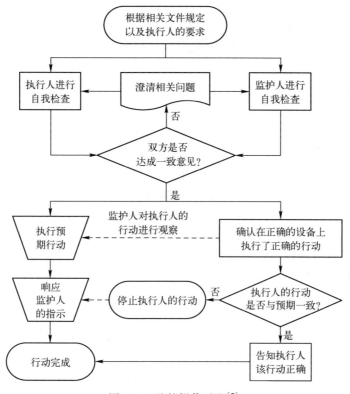

图 5-4　监护操作过程[7]

（1）执行人在操作或采取行动前向监护人进行解释说明并请求进行监护；

（2）执行人找到设备、口头向监护者报告设备的编号，在用手指向设备或者触摸设备的同时向监护人进行说明；

（3）执行人根据规程口头报告将要把设备置于何种状态；

（4）监护人口头确认设备是否正确、将要采取的行动是否正确、系统和人员是否已经就位。

2) 注意事项

（1）确认执行人和监护人的授权是否正确，监护人的授权通常应当等同或高于执行人的授权。

（2）执行人和监护人都必须对正确设备进行自我检查；且执行人和监护人意见达成一致后执行人才能行动；禁止监护人尚未做好监护准备，执行人就已经开始行动。

（3）监护人必须对执行人的行动全程观察，并对正确和错误的行动给予回应；要避免监护人对监护的任务不熟悉或经验不足，以及监护人的资质或资历不如执行人，导致监护人没有能力或不愿意或不敢来纠正执行人的错误。

（4）监护人相信执行人会进行自我检查，不严格执行监护活动；执行人相信监护人能发现任何问题，在采取行动时注意力不够集中。

（5）监护人是否清晰工作程序，是否密切观察执行人的行为，是否做好防止执行人执行错误行为的准备。

（6）执行人和监护人双方对即将采取的行动和对系统设备的状态的理解是一致的；且双方必须注意并理解电厂设备的状态以及行动可能产生的影响。

（7）执行人将设备置于需要的位置，监护人见证并检查设备的位置并确认；且如果有需要，则在规程上记录下操作。

5.3.2.6 保守决策

决策是用来预测一个决定的潜在影响的方法，决策人员试图了解不同方案的可能效果与影响，并选择一个最能实现预期目标的方案，决策要基于专业分析与评估比较，以防止基于规则与基于知识导致的人因失误。保守决策有益于降低安全风险，对所有的决策要做到有明确的目标、确定性选择、基于预期目标的合理与科学的分析与预测，拟订选定的决策行动方案与计划，评估决策行动计划的有效性。

有些决策必须在当时条件下做出决定，有些决策有足够的时间让决策者收集资料与进行系统分析评估，以下做法可使决策趋于保守：设施或设备（例如技术规格）的安全操作在规定范围内；尽可能使用所有可用的信息；尽可能吸收各方面的人（专家）参与决策，特别是可以提供不同观点的人，包括管理者、一线人员、专家与利益相关方等；尽可能依靠事实与专业技术来减少决策的不确定性；秉承安全第一的原则；考虑决策的累积风险（后果）；制定应急措施。

团队或项目负责人可以指定一位与决策活动唱反调的人，主要负责对决策活动进行监督，并尽可能找出决策活动中存在的毛病或尽可能辨识出决策最大风险，促进决策趋于保守，并监测决策活动全过程。唱反调的人要保持警惕，尽可能地找出决策疏漏，这样可最大限度降低决策风险，是使用此工具时建议的做法。

（1）目标：界定决策的期望值。

（2）选项：制定多种可选择方案。

（3）分析：收集每个方案的详细信息，以便深入审查与比较以下因素：关键假设，对利益相关方的潜在影响，每个选择方案的优劣，每个方案（短期和长期）的风险、利益与成本，每个方案行动计划。

(4) 计划：制订决策行动计划，以达到决策最大效益、最低风险与最小成本的目的，同时考虑以下因素：行动计划的内容与时间、关键属性要本着保守原则、意想不到的后果、决策中断与持续进行的条件、邀请利益相关者参与。

(5) 总结：定期对决策进行有效性评价与审查。

5.3.2.7 供应商监督

项目建设或系统运行包括一个或多个主承包商或供应商，且主承包商下可能有许多执行工作的分包商，其中部分有限范围或特殊作业的承包商称为供应商。供应商通常需要参与系统那些高风险或关键设备设施安装调试等作业活动，供应商的正常员工培训是难以提供这类特殊作业的作业实践与安全生产经验，特别是在工业安全、辐射防护和人因绩效工具使用等方面。

供应商的工作人员要进入工厂（工程现场）现场作业，那么同样需要对其进行培训，且供应商进入工作人员的工作实践经验、安全生产水平，特别是人因绩效工具使用技能，必须达到与工厂（电厂）内部作业人员同等标准，该工具使用方法如下：

(1) 确认供应商提供的数据，并保证客观证据（信任，但要验证）。

(2) 有关产品的规格、人员培训和资格、质量流程，尤其是工业安全、辐射防护和防错都清楚地传达。这是通过操作经验揭示薄弱环节。

(3) 在供应商和顾客/客户端之间，其产生的合作精神和对安全与质量的欣赏，紧密的合作关系的发展。

(4) 明确的、详细的、易懂的文档相关的产品或服务。供应商的问题是使用的纠正措施或不符合程序记录。

(5) 对办公室和现场供应商活动的监督：指导供应商的任务或工作分配；与供应商的风险显著的活动，与过去表现相一致的监督计划的发展。监督可以指定为连续的、间歇性或无。

(6) 审查和供应商交付，文档和根据关键属性的其他产品，使用过程审查，特定供应商的运作经验，以及作业后的评价。

5.3.3 组织人因绩效提升方法

组织人因绩效提升工具旨在帮助管理层（如经理、主管）辨识组织中潜在的缺陷或存在问题，如组织管理流程中未被发现的缺陷、诱发失误的因素或降低组织防御能力的条件，这些未被发现的组织缺陷会降低组织的人因绩效。组织潜在缺陷或失误往往很难识别，且会在组织中逐渐累积，不会自行消失，具有较强的隐藏性。因此，要消除与控制这类组织缺陷具有一定的挑战性，管理层应尽可能早地发现和消除组织的缺陷或防御漏洞。

5.3.3.1 标杆管理

标杆管理是指与特定区域或同一行业类似组织绩效进行比较，并向绩效优于自身组织学习以实现更高水平绩效的过程。比较方面包括好的做法、执行的标准，以及创新思维。标杆管理对标的是最强劲对手或公认的行业领导者。

为使标杆管理有效，管理层首先要评估自身组织绩效，以确定与标杆的绩效差距与需要改进地方。向标杆学习过程常见做法就是强化与标杆组织的广泛交流（如参观、观察与标准借鉴等），为制定自身组织绩效提升与改善计划和实践做好准备，且标杆管理一般是一个持续的过程。

标杆是一个强大的管理工具，它克服了"范式失明"，"范式失明"的思维方式主要包括："我们这样做是最好的，因为这是我们一直用的方式"，"我们不能向他们学习，因为我们环境与他们不一样"。

标杆为组织探寻到提高工作绩效的新方法、新思路和新工具，有助于我们破解反对变革的阻力，并可通过实践证明这比目前使用方法更加有效，标杆管理工具的使用方法及其注意事项。

（1）找出问题所在：辨识出需要改善的环节或条件，辨识方法包括缺陷分析、与员工非正式谈话、定量研究等；

（2）确定/选择具有相似的流程和挑战的标杆组织；

（3）识别和选择的外部标杆组织，一定要是同类中的最佳，并与之建立合作；

（4）达成标杆协议，并与之广泛交流与共享信息；

（5）参观考察"最佳实践"标杆组织，加强与标杆组织的交流学习，获取先进管理思想、组织流程与方法等信息；

（6）评估标杆组织的先进做法，并结合自身实际情况制订学习与实施计划。

5.3.3.2 行为观察

行为观察或指导是指通过观察复杂系统中作业人员的活动，对不符合预期要求的行为予以纠正，同时积极地鼓励倡导正确行为的过程，观察人可以是管理人员或同事。行为观察活动一般是审查作业活动的工作准备、工作实践和工作绩效的质量和有效性，而不是批判或评判人，行为观察主要目标是识别机会来改善组织工作（工作环境、工具等），同时监视作业人员正在开展的作业活动。行为观察常用方法有 B-safe 方法、TOFS（time out of safety）方法、ASA（advanced safety auditing）方法、STOP（safety training observation program）方法与 CarePlus 方法等[4]。

行为观察包括作业全部过程与行为，而不只是作业人员的行为，观察人员观察作业现场环境、潜在的危害，以及与作业活动相关约束或支持条件，

并根据累计获得观察资料,对记录的观察结果进行趋势分析,以确定哪些是做得好的哪些是不良的,行为观察实施的主要步骤如下:

(1) 制定观察指导日程安排:确定对个人进行观察指导的意图;主动与被指导人一起工作。

(2) 审查任务:审查工作包、规程、工作说明等;识别活动中人因失误陷阱;审查活动相关的标准或规定。

(3) 观察活动:在活动的同时观察行为以及采取的行动;将观察到的活动与预期的标准进行对比;不要因为个人情感而在观察时存有偏见,将观察重点放在行为是否符合标准与预期要求上;区分积极和消极的行为;特别是观察是否运用防人因失误工具。

(4) 提供反馈:及时提供反馈意见;以行为为重点;尊重事实,不要使用诸如意识到、感觉到、认为、看起来之类言辞;不要纵容任何不遵守标准或预期要求的行为;抓住一切机会积极强化良好的行为。

(5) 与被指导人的意见达成一致:确保被指导人理解并认同需要改进的方面。

针对所采取的改进措施征询被指导人的反馈意见;对于需要采取的后续措施与被指导人意见达成一致。

(6) 后续跟踪:根据规定记录观察指导过程;对于反馈期间发现并需要采取的后续行动,制订纠正行动计划并跟踪;根据需要记录培训存在的问题;解决观察指导过程中任何与过程、步骤及设备等相关的问题。

目前除了行为观察没有其他更有效手段可直接发现组织的缺陷或问题,且当管理者和监督者进行现场行为观察时,组织绩效与人因绩效都会呈现上升趋势,失误率是呈现下降趋势的,该工具使用注意事项如下:

(1) 拟订观察计划,包括观察具体活动和关键步骤等。

(2) 明确观察作业活动的具体任务的关键步骤、潜在失误,以及任务执行活动的薄弱环节/高难度活动。

(3) 行为观察与评估潜在困难:观察中可能出现障碍或影响行为评估的因素等。

(4) 确认观察工具的可用性,及时进行反馈并有效记录。

(5) 检查观察人员拥有与观察任务相匹配的技能与知识,如对与任务相关的风险认识等。

(6) 观察指导的定位是帮助被指导人,而不是与其对立。

(7) 重点观察作业人员或组织的现场不安全行为或做法。

(8) 问关于有利于发现与解决潜在组织管理失误方面的问题:任务达到了预期结果吗?这种工作的方式在以后类似作业中还要继续吗?程序准确吗?资源和信息足够吗?培训与训练是合适与充分的吗?优化计划和调度可以减

少人因失误吗？工作流程的效率和支持度怎么样？提供了必要的支持和适当的监督吗？现场主管是否知道作业流程缺陷或失误风险？下次任务失误会重复吗？

(9) 记录行为观察结果，并进行趋势分析与跟进。

(10) 如果观察发现有安全问题、技术操作问题、误解或执行错误，应立即停止正在进行的工作，并确保系统处于安全状态；持续跟进未解决的问题与组织功能缺陷等。

5.3.3.3 绩效指标

绩效指标是用来衡量组织的关键成功因素，是提供方法来评估计划中的活动是否按照进度推进与达到预期目标，以及在计划实施过程中遇到问题，这类指标有两类：

(1) 滞后型的指标：用于衡量目前进展情况的指标，已经完成了什么，但一般不直接预评价将来的活动或成果。

(2) 预先型指标：可提供未来绩效预测的指标，如组织运行"好坏"的可能结果。

合适与有效的性能指标的选择需要慎重考虑、不断细化、协作和理解。滞后指标通常有工时损失、集体辐射暴露、污染事件发生频率、返工、重复活动的比例、经常性的纠正措施，以及偶发因素。领先指标通常有整改时间、加班和旷工、问题自我报告的比例、态度/文化调查、提交的现场观察报告、风险辨识率，以及风险的整改措施。

趋势分析和响应是使用绩效指标的一个挑战，若已有的数据量充分且趋势是显而易见的，那么趋势分析就简单，若只有有限的数据（如每月误工事故），那么趋势分析将面临挑战，这时要借用统计数据分析方法。因此，绩效指标选择正确与合适是十分关键的，它们必须方便进行趋势分析，以实现其真正的价值。

5.3.3.4 设备/产品审查

设备/产品（或程序）审查可为设备设计者与使用者提供设备的可靠性与可用性反馈，该审查鼓励设备主管、研究者、设计者、使用工程师、程序编写人员，以及其他与设备相关人员进行面对面交流。主管可以进行审查反馈结果指导与加强设备使用的绩效期望。

定期开展设备审查，特别是关键与高风险设备，管理者运用审查反馈结果来完成整改，并将其纳入相关培训计划，该工具使用注意事项如下：

(1) 选择要审查的设备/产品：在一定周期，遴选要进行审查的设备清单。

(2) 拟订设备/产品要审查的主要项目或属性清单，主要包括问题陈述；项目工作计划内容（如适用）；有关关键属性缺陷可能导致的结果；审查方法和分析技术的选择与使用；以往的经验和教训；风险与危害辨识，以及用户为中心的设计考虑；审查相关要求、标准，以及要遵守法规；审查实施计划、监督和验收测试；关键属性的审查假设；审查中使用的相关技术文件与参考文献；技术的准确性和程序的可用性；审查和批准；可能的意外情况。例如，意料之外的危险因素、进度和范围的变化。

（3）检查设备/产品：请本公司外的专业人员开展审查与验证工作，以确定哪些进展性能良好，哪些需要改进，以及存在哪些缺陷与问题，等等。

（4）评估和记录设备/产品质量，按照以下标准分级并记录在案：
① 优秀：设备/产品没有缺陷或错误；
② 满意：设备/产品质量不存在影响设备可靠性与使用性的错误或缺陷；
③ 不满意：存在几处错误或缺陷，或者需要返修；
④ 不可接受：存在较多错误或缺陷，必须返工与整改。

（5）后续改进：对设备/产品发现的缺陷或错误进行整改，以满足其质量可靠性与使用性要求。

（6）反馈与存档：验证评审最终结论要形成纸质文档，经管理层审阅后签字存档。

5.3.3.5 运行经验反馈

任何事故发生之前都会出现轻微的或不严重的前兆事件，若对这类前兆事件能采取有效的控制措施消除类似事件再次发生，那么就可以减少严重事故发生概率。工业系统中的设施、组件和系统的小故障或人员偶尔疏忽一般不会直接导致严重事故发生，但是若这些故障与人因失误叠加，且不采取措施控制或消除故障与人因失误原因，导致故障或人因失误复发，就有可能引发其他故障或人因失误，最终引发严重事件或事故。因此有效的运行经验（operating event，OE）反馈工作是保证工业系统安全运行的关键防御手段之一，运行经验反馈的重要性在于其可有效提升操作人员的人因管理绩效（如安全、质量和生产效率等）。

作业人员可从企业内部的运行经验，以及其他外部企业的运行经验反馈中进行学习与借鉴，并借鉴"行业最佳做法"来提高风险辨识与控制活动的成效，借助在其他组织已经发生类似问题的经验反馈，不但可以有效识别自身工作类似潜在风险或事件/事故引发因素，识别严重事件/事故的前兆或引发条件；还可以准确识别前兆事件发展趋势或潜在不安全现象，并借鉴其安全控制措施，以预防类似事件再次发生。

运行经验一般是指操作人员执行某项作业活动中所获得与作业活动的成功或失败相关的某些知识、技能、认知、教训等信息，主要包括以下几大类：设备运行故障/事件、人因失误或其他异常行为；系统与结构/部件故障或人因失误引发的事件或事故；系统或作业活动中存在的安全隐患，如设计缺陷、设备老化或故障、安全防护设备不合格等；组织或人员问题，如安全文化、高频率人因失误与薄弱的质保体系等；程序不合理与培训不够；作业活动容易受恶劣天气、洪水、大风等外部自然灾害影响；通常采取主动安全措施或落实安全整改措施以提高系统或作业活动的安全绩效，该工具的使用与注意事项如下：

（1）收集所有相关信息：一般可通过现场调查、操作日志查阅、人员访谈、问卷调查、事件模拟仿真、事件根本原因分析，以及相似事件档案调阅等方法来获取与运行事件产生的相关信息，主要包括与事件相关的所有工作文件、仪表记录、运行日记、系统状态记录、作业环境监控等资料，并与事件的相关人员进行访谈，尽可能了解事件发生的实际情况，重组事件发生的逻辑过程，准确界定事件发生逻辑过程中的人因失效和设备故障，并把收集的信息以摘要、公告或警示的形式对外公布或提供给相关的承包商，也可挂在网站给同行共享。

（2）分析运行经验事件：以确定经验反馈应用的可能性与适用性。

（3）对企业发给外部和内部的 OE 文件进行审查，分析整改措施实施的影响，以及可能受影响的人员。

（4）制定与实施整改措施，并对整改效果进行跟踪，特别是组织或人员因素等高风险问题，如安全文化不良，高频率人因失误和潜在的组织缺陷（如培训不良、设计缺陷、程序缺陷、设备或工具缺乏等）。

（5）借鉴成功经验与吸取失败教训，且要确保把经验教训应用到设计、培训、维修与操作等活动。

（6）跟踪行动，以确保经验借鉴活动顺利完成。

（7）对运行经验借鉴效果进行评估，建立相关评估指标与方法。

5.4 人因绩效评估方法及其核电厂应用

绩效评估作为工业系统绩效管理中的一个环节，是指评估人员运用科学的方法、标准和程序，对行为主体的与评定任务有关的绩效信息（业绩、成就和实际行为等）进行观察、收集、组织、储存、提取、整合，并尽可能做出准确评价的过程。绩效评估的内容主要包括行为表现、行为结果与人员工作态度三方面，对核电厂而言，评估的重点是人员行为表现（可靠性、规范性与有效性等）与行为结果（如任务完成度、失误/事故率、事故严重度、系统运行状态等）。美国核管理委员会在 NUREG-0711 报告中也把人因绩效评估/监测列为 12 个要素之一，因为人因绩效事关电厂人员岗位技能与作业绩效的实现、保持与提升，运行人员保持必要的技能来完成相应作业活动，这对电厂安全运行十分重要，且人因绩效评估/监测可为电厂人员配备与资质、培训、人因可靠性分析、任务分析、功能分配与经验反馈等提供直接的依据，核电厂的人因绩效评估/监测可为确保电厂安全性不因任何变化而降低提供有力支持，保证操作员安全操纵电厂运行，避免出现重大安全事故；也可为电厂员工拥有完成既定岗位工作所需的技能提供保障与支持。

目前，企业绩效评估方法较多，如等级评估法、目标考评法、序列比较法、相对比较法、小组评价法、重要事件法、评语法、情境模拟法、配对比较法、简单排列法等，在核电厂等不同领域（如核电厂运营管理绩效、安全管理绩效、操作员绩效、维修人因绩效等评估）大多运用的是综合性专业性评价方法，一般是借鉴企业绩效综合评价方法，如关键绩效指标（key performance indicator, KPI）考核法、目标管理法（management by objective, MBO）与360°反馈（360° feedback）考核法等（表5-3）[8]，基于这些企业绩效评估原理与模式，结合核电厂人因绩效特征与评估目标，建立相应评估方法对应的核电厂人因绩效评估体系，对核电厂特定岗位作业人员的人因绩效（如主控室操作员、现场维修人员、调试人员等）实行阶段性或动态性监测，以确保人因绩效持续提升。

表5-3 常见的企业绩效评估方法描述[1,8]

评价方法	方法介绍	优点	缺点
神经网络模型法	通过对一定数量可靠样本的自主学习，拟合评价指标与评价对象之间的影响函数，并经过多个样本的训练使其达到稳定，最后选取评估对象进行评价	不需要进行指标权重的确定，系统进行样本数据的分析自动达到平稳	只有样本数量足够多，影响函数的拟合效果才能达到理想状态。适用于拥有大量样本数据的问题研究
平衡计分卡	从财务、顾客、内部流程、学习及成长四个维度对绩效进行考评	符合财务与非财务评价相结合的原则；能避免企业的短期行为	指标数量较多，指标权重的分配比较困难
模糊综合评价方法	以模糊数学为基础，应用模糊关系合成原理，将一些边界不清、不易定量的因素定量化，从多个因素对被评价事物隶属等级状况进行综合性评价	对被评价对象有唯一的评价值，不受被评价对象所处对象集合的影响	指标权重确定主观性较强。适合主观性强、不确定因素比较多的评价体系
关键事件法	指将最重要和最不重要的工作行为进行书面记录，对部门的绩效产生最积极和最消极的影响，进行分类记录和评价	具有考核可以贯穿整个过程、便捷容易执行等优势	关键事件的记录和观察费时费力，不能做定量分析，不能具体区分工作行为的重要性程度，很难使用该方法在员工之间进行比较
线性加权法	是一种评价函数方法，按各目标的重要性赋予它相应的权系数，然后对其线性组合，求得评价值	计算简单易懂，包含全部原始数据指标变量，特别适合数值型变量	无法反映某些评价指标具有的突出影响

5.4.1 核电厂主控室操作员人因绩效评估方法

5.4.1.1 人因绩效评估及其指标权重确定方法

核电厂主控室操作员人因绩效评价中，相关指标可明确等级划分及对应取值区间，然后由专家或核电厂专业人员在对应的等级范围内给予明确的数值。操作员人因绩效评价应该包含所有评价指标值，表5-3表明线性加权法具有计算简单、适合数值型变量、包含全部原始数据指标变量等优点，因此，核电厂主控室操作员人因绩效评估主体方法采用线性加权法。

绩效评价指标权重的分配反映了每种指标对绩效的不同重要程度，常用的确定绩效评估指标权重的方法有以下几种：①主观经验法，评价者凭以往的经验直接给绩效评估指标加权。②专家调查加权法，该方法是要求所聘请的专家先独立地对绩效评估指标加权，然后对每个绩效评估指标的权数取平均值，作为权重系数。③层次分析法（analytic hierarchy process，AHP），该方法分析的对象具有属性多样、结构复杂等特点，对难以采用定量方法进行优化分析与评价的问题具有良好的效果。但是此方法在考虑因素重要性时，仅仅考虑下一层因素相对上一层某个因素的重要性比对，而未考虑因素之间的交叉关系。④决策实验与评价实验（decision making trial and evaluation laboratory，DEMATEL）法，该方法多用于解决复杂困难的实际问题，通过分析系统中各要素之间的逻辑关系与直接影响关系，计算出每个因素对其他因素的影响程度以及被影响程度，从而计算出每个因素的中心度和原因度。前两种方法比较简单，操作性较强，但主观性强，随意性大，精度不够，导致绩效评估指标间相对重要性得不到合理体现，因而带来绩效评估失衡的问题。应用层次分析法、DEMATEL法最大的优点是实现了定量与定性相结合，精度高，能准确地确定绩效评估指标的权重，基于上述分析，对核电厂主控室操作员人因绩效评价拟采用AHP法和DEMATEL法确定评价指标权重。

5.4.1.2 基于线性加权综合法+AHP+多目标的操作员人因绩效评价模型

1. 线性加权综合法

在操作员人因绩效评估过程中，同一指标值的给定可能来源于核电厂多位主管或其他操作员，因此，人员（操作员）绩效评估采用线性加权综合法，其人因绩效为

$$y_i = \sum_{j=1}^{m} w_{i,j} \cdot y(x_{i,j}) \tag{5-1}$$

$$y(x_{i,j}) = \frac{1}{c} \cdot \sum_{k=1}^{c} y(x_{i,j,k}) \tag{5-2}$$

式中：y_i 为第 i 个一级指标下的二级指标对操作员人因绩效的评价结果；$y(x_{i,j})$

为 i 个一级指标下第 j 个二级指标的平均值；m 为第 i 个一级指标下二级指标的个数；$w_{i,j}$ 为第 i 个一级指标下第 j 个二级指标的权重；c 为指标参与评分的核电厂主管人员或其他操作员的人数；$y(x_{i,j,k})$ 为核电厂第 k 个主管人员或其他操作员对第 i 个一级指标下第 j 个二级指标的实际评分值或采集获得的数据经函数转换后的值。

类似地，操作员人因绩效综合评价计算方法为[9-10]

$$y_{综合} = \sum_{i=1}^{n} w_i \cdot \left[\sum_{j=1}^{m} w_{i,j} \cdot y(x_{i,j}) \right] \quad (5-3)$$

式中：$y_{综合}$ 为核电厂主控室操作员人因绩效的综合评价结果；n 为一级指标个数；w_i 为第 i 个一级指标的权重。

2. 确定权重的 AHP 法

评估指标权重是指在一个指标集合体中各个指标所占的比重，反映评价指标对评价结果的贡献程度，指标权重的确定则取决于指标所反映的评价内容的重要性和指标本身信息的可信赖程度。操作员人因绩效一级指标之间更体现因素的重要性，相互影响较弱，类似地，每个一级指标对应的二级指标之间相互影响较弱，更体现指标之间的重要性，因此，操作员人因绩效一级指标及二级指标权重的确定可采用层次分析法。

1）层次分析法确定权重的步骤

AHP 基本思想是先按问题要求建立一个描述系统功能或特征的内部独立的递阶层次结构，应用 AHP 进行综合评价的主要步骤有：

第 1 步：将问题的要素集分组化、层次化，以建立多级递阶结构模型。

第 2 步：在多级递阶结构模型中，对属于同一父要素的要素集，根据判断尺度确定它们的相对重要度，并据此建立对比矩阵。

第 3 步：通过一定计算，确定各要素的相对重要度。

第 4 步：对相对重要度进行归一化处理，所得数值集为该要素集对父要素的权系数集。

AHP 运用对比矩阵法，成功解决主观因素对评估指标权值的影响，从而使最终得到的结果更合理、更客观、更公正。

2）建立判断矩阵

指标体系建立完成后，通过构造和填写对比矩阵确定子要素对父要素的影响程度。专家咨询打分的关键在于最终的判断矩阵能否最大限度真实地综合反映专家的意见。填写对比矩阵的方法是向填写人（专家）反复询问针对对比矩阵的准则，其中两个元素相互比较哪个重要，重要多少，为重要性程度按 1~9 赋值，重要性标度含义见表 5-4。

表 5-4 指标重要性标度含义

标 度	含 义
1	认为 X_i 与 X_j 同样重要
3	认为 X_i 比 X_j 稍微重要
5	认为 X_i 比 X_j 明显重要
7	认为 X_i 比 X_j 重要很多
9	认为 X_i 比 X_j 绝对重要
2、4、6、8	若属于它们之间,可取 2、4、6、8
倒数	若元素 i 与元素 j 的重要性的比为 a_{ij},则元素 j 与元素 i 的重要性的比为 $a_{ji}=1/a_{ij}$

填写后的判断矩阵为 $A=(a_{ij})_{n\times n}$,判断矩阵具有如下性质:①$a_{ij}>0$;②$a_{ji}=1/a_{ij}$。

根据上面的性质,可知判断矩阵具有对称性,因此在填写时,通常先填写 $a_{ii}=1$ 部分,然后仅需判断及填写上三角形或下三角形的 $n(n-1)/2$ 个元素就可以了。

3) 影响因子权重矩阵的归一化处理

由于特征矩阵中存在多个影响因子,影响因子之间采用的单位存在差异,因此数值之间也会产生较大差异,为提高可靠度,考虑影响因子权重的归一化处理,归一化矩阵用 $W=[q_{ij}]$ 表示。

权重是指影响因子相对于其他因子的重要程度。在计算前,需对各影响因子权重进行分配,确定权重一般采用专家判断、问卷调查等形式。如果仅仅依赖专家对各影响因子权重评分,这样会使效果因子有一定的主观性和局限性,为克服这一缺点,可利用下面的方法来建立因子的归一化权重:

第 1 步:专家或问卷人员根据自身经验填写初始权重矩阵。

第 2 步:通过对比矩阵的一致性检验来判断权重打分是否合理。若不合理,转向第 1 步;否则执行第 3 步。

第 3 步:求出该矩阵的最大特征值,然后根据最大特征值得到对应的特征向量,最后通过归一化处理来获得影响因子的归一化权重。

影响因子权重矩阵的归一化处理的大致计算步骤如下:

(1) 通过专家判断建立初始权重矩阵 (a_{ij})。

(2) 计算判断矩阵每行元素的乘积 M_e:

$$M_e = \prod_{j=1}^{n} a_{ij} \quad (i=1,2,\cdots,m) \tag{5-4}$$

(3) 计算 M_e 的 k 次方根 S_e：
$$S_e = \sqrt[k]{M_e} \quad (e=1,2,\cdots,m) \tag{5-5}$$

(4) 对 S_e 进行归一化处理：
$$r_e = \frac{S_e}{\sum_{e=1}^{m} S_e} \quad (e=1,2,\cdots,m) \tag{5-6}$$

(5) 得到绩效影响因子的权重矩阵：$W = [w_1, w_2, \cdots, w_m]$。

(6) 进行一致性检验：构造的判断矩阵不一定具有一致性，需要进行一致性的检验，控制判断矩阵产生的偏差在一定范围内。目前，一般应用判断矩阵的最大特征根 $\lambda_{\max}$ 来检验判断的一致性。

(7) 计算权重判断矩阵的特征根，用 $\lambda_{\max}$ 表示：
$$\lambda_{\max} = \sum_{j=1}^{4} \frac{(FW_c)_j}{nW_{cj}} \tag{5-7}$$

式中：FW_c 为 C 类一级指标下二级指标专家判断的初始矩阵乘以第 C 类一级指标下二级指标归一化后的权重；$(FW_c)_j$ 为 FW_c 为结果中的第 j 个指标的值；W_{cj} 为第 j 个指标的权重；n 为该一级指标下二级指标的判断矩阵阶数。

(8) 判断权重矩阵的一致性 CR：
$$CI = (\lambda_{\max} - n)/(n-1) \tag{5-8}$$
$$CR = CI/RI \tag{5-9}$$

式中：CI 为中间变量；RI 为常量，其取值如表 5-5 所列。

对于一般的决策问题很难达到完全的一致性，允许判断矩阵存在一定误差。引入平均随机一致性指标 RI 衡量不同阶数的判断矩阵的一致性。其中，RI 的取值[11]见表 5-5。

表 5-5　RI 的取值

矩阵阶数	1	2	3	4	5	6	7	8
RI	0	0	0.52	0.89	1.12	1.26	1.36	1.41
矩阵阶数	9	10	11	12	13	14	15	16
RI	1.46	1.49	1.52	1.54	1.56	1.58	1.58	1.60

若 CR<0.10，认为判断矩阵满足一致性要求，否则需适当修正判断矩阵。

3. 评估指标数据的确定

式 (5-1)~式 (5-3) 中，影响因子值 $y(x_{i,j})$ 应根据因子所处水平（等级），由核电厂主管人员或其他操作员等在取值范围内根据实际情况输入确定。根据相关研究，一般划分为 3~9 个级别，结合研究背景与文献结论[12-13]，本研究影响因子水平分为 3 个等级，即 {优,一般,差}，每个等级依次对应的取值域为：{(80,100],(40,80],(0,40]}，可得操作员人因绩效影响因子水平等级与取值范围的对应关系如表 5-6 所列。

表 5-6 操作员人因绩效影响因子所处水平与 $y(x_{i,j})$ 取值范围的对应关系

一级指标	二级指标	因子水平与 $y(x_{i,j})$ 取值范围情况
人-机界面 (A_1)	人-机界面的交互性 (A_{11})	优，$y(x_{i,j}) \in (80,100]$； 一般，$y(x_{i,j}) \in (40,80]$； 差，$y(x_{i,j}) \in (0,40]$
	人-机界面的可用性 (A_{12})	优，$y(x_{i,j}) \in (80,100]$； 一般，$y(x_{i,j}) \in (40,80]$； 差，$y(x_{i,j}) \in (0,40]$
	人-机界面布局的合理性 (A_{13})	优，$y(x_{i,j}) \in (80,100]$； 一般，$y(x_{i,j}) \in (40,80]$； 差，$y(x_{i,j}) \in (0,40]$
	关键信息醒目性 (A_{14})	优，$y(x_{i,j}) \in (80,100]$； 一般，$y(x_{i,j}) \in (40,80]$； 差，$y(x_{i,j}) \in (0,40]$
任务 (A_2)	任务复杂性 (A_{21})	简单，$y(x_{i,j}) \in (80,100]$； 一般，$y(x_{i,j}) \in (40,80]$； 复杂，$y(x_{i,j}) \in (0,40]$
	任务描述准确性 (A_{22})	优，$y(x_{i,j}) \in (80,100]$； 一般，$y(x_{i,j}) \in (40,80]$； 差，$y(x_{i,j}) \in (0,40]$
	任务可操作性 (A_{23})	优，$y(x_{i,j}) \in (80,100]$； 一般，$y(x_{i,j}) \in (40,80]$； 差，$y(x_{i,j}) \in (0,40]$
	界面管理任务 (A_{24})	优，$y(x_{i,j}) \in (80,100]$； 一般，$y(x_{i,j}) \in (40,80]$； 差，$y(x_{i,j}) \in (0,40]$
规程 (A_3)	规程结构合理性 (A_{31})	优，$y(x_{i,j}) \in (80,100]$； 一般，$y(x_{i,j}) \in (40,80]$； 差，$y(x_{i,j}) \in (0,40]$
	规程分支合理性 (A_{32})	优，$y(x_{i,j}) \in (80,100]$； 一般，$y(x_{i,j}) \in (40,80]$； 差，$y(x_{i,j}) \in (0,40]$
	规程复杂性 (A_{33})	简单，$y(x_{i,j}) \in (80,100]$； 一般，$y(x_{i,j}) \in (40,80]$； 复杂，$y(x_{i,j}) \in (0,40]$
	操作程序可用性 (A_{34})	优，$y(x_{i,j}) \in (80,100]$； 一般，$y(x_{i,j}) \in (40,80]$； 差，$y(x_{i,j}) \in (0,40]$

续表

一级指标	二级指标	因子水平与 $y(x_{i,j})$ 取值范围情况
压力 (A_4)	时间压力 (A_{41})	没有压力，$y(x_{i,j}) \in (80,100]$； 时间压力一般，$y(x_{i,j}) \in (40,80]$； 时间压力很大，$y(x_{i,j}) \in (0,40]$
	任务压力 (A_{42})	没有压力，$y(x_{i,j}) \in (80,100]$； 任务压力一般，$y(x_{i,j}) \in (40,80]$； 任务压力很大，$y(x_{i,j}) \in (0,40]$
	心理压力 (A_{43})	没有压力，$y(x_{i,j}) \in (80,100]$； 心理压力一般，$y(x_{i,j}) \in (40,80]$； 心理压力很大，$y(x_{i,j}) \in (0,40]$
操作员个体状态 (A_5)	操作员经验 (A_{51})	优，$y(x_{i,j}) \in (80,100]$； 一般，$y(x_{i,j}) \in (40,80]$； 差，$y(x_{i,j}) \in (0,40]$
	培训情况 (A_{52})	优，$y(x_{i,j}) \in (80,100]$； 一般，$y(x_{i,j}) \in (40,80]$； 差，$y(x_{i,j}) \in (0,40]$
	决策水平 (A_{53})	优，$y(x_{i,j}) \in (80,100]$； 一般，$y(x_{i,j}) \in (40,80]$； 差，$y(x_{i,j}) \in (0,40]$
	知识因素 (A_{54})	优，$y(x_{i,j}) \in (80,100]$； 一般，$y(x_{i,j}) \in (40,80]$； 差，$y(x_{i,j}) \in (0,40]$
	解决问题方式 (A_{55})	优，$y(x_{i,j}) \in (80,100]$； 一般，$y(x_{i,j}) \in (40,80]$； 差，$y(x_{i,j}) \in (0,40]$
	态度与责任心 (A_{56})	优，$y(x_{i,j}) \in (80,100]$； 一般，$y(x_{i,j}) \in (40,80]$； 差，$y(x_{i,j}) \in (0,40]$
	情绪 (A_{57})	优，$y(x_{i,j}) \in (80,100]$； 一般，$y(x_{i,j}) \in (40,80]$； 差，$y(x_{i,j}) \in (0,40]$
生理影响因子 (A_6)	生理疲劳 (A_{61})	优，$y(x_{i,j}) \in (80,100]$； 一般，$y(x_{i,j}) \in (40,80]$； 差，$y(x_{i,j}) \in (0,40]$
	认知负荷 (A_{62})	少，$y(x_{i,j}) \in (80,100]$； 一般，$y(x_{i,j}) \in (40,80]$； 高，$y(x_{i,j}) \in (0,40]$
	轮班与夜班（生物节律）(A_{63})	优，$y(x_{i,j}) \in (80,100]$； 一般，$y(x_{i,j}) \in (40,80]$； 差，$y(x_{i,j}) \in (0,40]$

续表

一级指标	二级指标	因子水平与 $y(x_{i,j})$ 取值范围情况
硬件因子（A_7）	显示系统（A_{71}）	优，$y(x_{i,j}) \in (80,100]$； 一般，$y(x_{i,j}) \in (40,80]$； 差，$y(x_{i,j}) \in (0,40]$
	报警系统（A_{72}）	优，$y(x_{i,j}) \in (80,100]$； 一般，$y(x_{i,j}) \in (40,80]$； 差，$y(x_{i,j}) \in (0,40]$
	系统自动化水平（A_{73}）	优，$y(x_{i,j}) \in (80,100]$； 一般，$y(x_{i,j}) \in (40,80]$； 差，$y(x_{i,j}) \in (0,40]$
工作环境（A_8）	照度（A_{81}）	优，$y(x_{i,j}) \in (80,100]$； 一般，$y(x_{i,j}) \in (40,80]$； 差，$y(x_{i,j}) \in (0,40]$
	噪声（A_{82}）	无或很少，$y(x_{i,j}) \in (80,100]$； 一般，$y(x_{i,j}) \in (40,80]$； 噪声较大，$y(x_{i,j}) \in (0,40]$

表 5-6 中指标值的获取需要操作员或用户根据实际情况，先判断某个二级指标所处水平，然后在水平对应的区间输入一个具体值。但是表 5-6 操作员人因绩效二级指标：心理压力、生理疲劳、认知负荷、照度、噪声这 5 个指标数据输入方式可采用操作员输入方式，也可先通过相应设备来采集作业情况下对应的状态数据（如同照度计与噪声仪来分别采集对应的照度与噪声水平值），然后分析数据，在分析的基础上界定某个等级下的数值，自动生成相应水平对应的数据值。

4. 核电厂主控室操作员人因绩效水平判断标准

为了明确体现操作员人因绩效水平的高低，一般根据操作员人因绩效贴近度的数值大小，采用非等间距法，将操作员人因绩效水平划分为差、一般和优秀 3 个等级，用于表征操作员人因绩效的程度（表 5-7）。

表 5-7 核电厂主控室操作员人因绩效水平的判断标准

操作员人因绩效评估值 y_i 或 $y_{综合}$ 的范围	绩效等级
$y_i > 0$ 或 $y_{综合} \leq 40$	差
$y_i > 40$ 或 $y_{综合} \leq 80$	一般
$y_i > 80$ 或 $y_{综合} \leq 100$	优秀

5.4.1.3 核电厂主控室操作员人因绩效影响因子权重确定

以评估指标体系为基础，根据 AHP 对评估指标的权重进行计算，可获得核电厂主控室操作员人因绩效权重,其主要步骤如下。

1. 建立判断矩阵

从指标体系可知,操作员人因绩效影响因子共有 8 个一级指标,每个一级指标下有对应的二级指标。根据重要性判断矩阵的方法,初始判断矩阵需要专家对指标两两比较进行重要度打分(两两对比的专家打分判断矩阵问卷样表举例如表 5-8 与表 5-9 所列);对核电厂而言专家数据调查涉及的人员主要为核电厂的操作员、值长、安全工程师、协调员等。

表 5-8 操作员人因绩效一级指标专家评判统计样表

指标变量	人-机界面	任务	规程	压力	操作员个体状态	生理影响因子	硬件因子	工作环境
人-机界面(如交互性、信息的醒目性等)	1							
任务(如复杂性、可操作性等)		1						
规程(如分支合理性、设计逻辑性等)			1					
压力(如心理、时间)				1				
操作员个体状态(如经验、决策水平等)					1			
生理影响因子(如生理疲劳、身体状况等)						1		
硬件因子(如报警、系统自动化水平)							1	
工作环境(如照度、噪声)								1

表 5-9 操作员人因绩效"人-机界面"的"二级指标"专家评判统计样表

指标变量	人-机界面的交互性	人-机界面的可用性	人-机界面布局的合理性	关键信息的醒目性
人-机界面的交互性(输入、输出方式)	1			
人-机界面的可用性(可操作性)		1		
人-机界面布局的合理性(功能/设计合理性)			1	
关键信息的醒目性(易觉察性)				1

2. 判断矩阵数据分析

每个指标对比度值为各个专家的平均值(每个单元格的数据均为每个指

标类别经专家两两判断打分后统计出来的平均值），经过统计分析得到这些指标的判断矩阵表。

3. 权重的归一化处理及一致性判断

通过影响因子权重归一化处理及一致性计算，若计算结果显示该影响因子权重矩阵的一致性则 CR<0.1，说明该权重矩阵的一致性可接受，初始权重矩阵中专家主观性判断一致性较好，不需重新对权重因子进行专家判断。

4. 核电厂主控室操作员人因绩效指标权重获取

通过上述步骤与计算，可以得到核电厂主控室操作员人因绩效指标权重，如表 5-10 所列。

表 5-10 核电厂主控室影响因子权重

一级指标	一级指标权重	二级指标	二级指标权重
人-机界面（A1）	0.19	人-机界面的交互性（A11）	0.32
		人-机界面的可用性（A12）	0.35
		人-机界面布局的合理性（A13）	0.20
		关键信息的醒目性（A14）	0.13
任务（A2）	0.15	任务的复杂性（A21）	0.39
		任务描述的准确性（A22）	0.33
		任务可操作性（A23）	0.18
		界面管理任务（A24）	0.10
规程（A3）	0.23	规程结构合理性（A31）	0.39
		规程分支合理性（A32）	0.26
		规程复杂性（A33）	0.18
		操作程序可用性（A34）	0.17
压力（A4）	0.11	时间压力（A41）	0.50
		任务压力（A42）	0.29
		心理压力（A43）	0.21
操作员个体状态（A5）	0.11	操作员经验（A51）	0.21
		培训情况（A52）	0.17
		决策水平（A53）	0.16
		知识因素（A54）	0.15
		解决问题方式（A55）	0.12
		态度与责任心（A56）	0.13
		情绪（A57）	0.07

续表

一级指标	一级指标权重	二级指标	二级指标权重
生理影响因子（A6）	0.07	生理疲劳（A61）	0.53
		认知负荷（A62）	0.27
		轮班与夜班（生物节律）（A63）	0.20
硬件因子（A7）	0.08	显示系统（A71）	0.42
		报警系统（A72）	0.36
		系统自动化水平（A73）	0.22
工作环境（A8）	0.05	照度（A81）	0.67
		噪声（A82）	0.33

注：权重值越大说明对操作员人因绩效的影响与贡献越大。

为了便于计算，减少计算工作量，提高操作员人因绩效评估效率，在工程应用中需要把上述基于"线性加权综合法+AHP+多目标"的核电厂主控室操作员人因绩效评价模型及其计算过程编写为程序，开发相应的操作员人因绩效评估软件，工程应用人员只需根据评估软件显示评估计算过程界面（图5-5），输入相应的过程与状态参数（图5-6），即可快速获得操作员执行任务时的绩效水平。

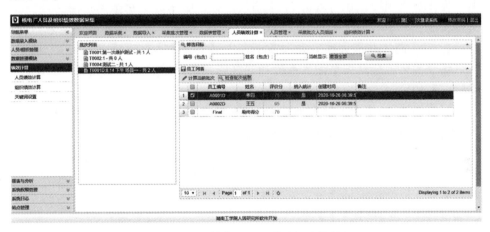

图5-5 核电厂操作员人因绩效评价软件界面

5.4.2 核电厂主控室操作员人因绩效评估应用

通过评估过程识别影响核电厂人员及组织绩效的因子水平，为改善因子水平及人-机界面设计提供依据，20××年×月12日及×月13日对国内某核电厂主控室操作员处理不同事故工况时其绩效影响因子数据进行采集，把采集到的人员绩效数据输入基于5.4.1节构建的操作员人因绩效评价模型开发的评

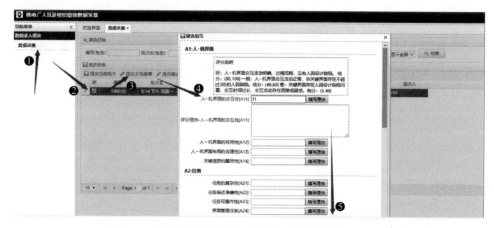

图 5-6 核电厂操作员人因绩效评状态参数录入界面

价软件进行计算,获得不同操作员在处理不同工况任务时相应绩效表现。

20××年×月 12 日及×月 13 日采集获得操作员人因绩效 11 个场景及 8 位操作员,根据操作员输入的影响因子数据,基于操作员人因绩效评价结果及评价过程,分别分析每种场景下因子水平,为设计方及运行方在人-机界面、规程、心理压力等方面的改进、完善及制定的措施提供依据。

操作员人因绩效执行以下 11 个场景任务,操作员(每个场景由 3 位操作人员构成,其中 2 位为操作员,1 位为值长/协调员)人因绩效评估结果如下。

1. 一回路主管道大破口失水事故

场景摘要:启动安全注入系统和安全壳喷淋系统、确认其有效性(12 日 8:50—9:30)。

对该场景,3 位操作人员评价计算结果分别为:58、78、61,评价结果等级均为一般。从评价结果追溯原因,任务复杂性有 2 位操作人员的评分较低,分别为 45、50;任务可操作性有 2 位操作人员评分均为 50;时间压力有 2 位操作人员评分均为 45;心理压力有 3 位操作人员评分,分别 45、42 及 36;认知负荷有 3 位操作人员评分,分别为 12.8、17.46、14、13;系统自动化水平有 2 位操作人员评分,分别为 45,20;测到的噪声经转化均为 60。

主要改进影响因素:任务复杂性、任务可操作性、时间压力、心理压力、认知负荷、系统自动化水平、噪声。

2. APA 总跳闸导致失去全部给水

场景摘要:满功率,3 台 APA 总跳闸,ASG 总线下游阀门全部堵塞,机组失去全部给水(12 日 10:35—11:10)。

对该场景,3 位操作人员评价计算结果分别为:66、82、59,评价结果等级中,有 1 个为好,另外 2 个为一般。从评价结果追溯原因,任务复杂性有 2 位操作人员评分均为 45;任务可操作性有 2 位操作人员评分均为 45;规程结构合理性有 2 位操作人员评分,分别为 45、60;心理压力有 3 位操作人员评分,分别为 60、60、20;轮班与夜班有 2 位操作人员评分,分别为 40、65;报警系统有 2 位操作人员评分,分别为 60、45;系统自动化水平有 2 位操作人员评分,分别为 60、20;测到的噪声经转化均为 60。

主要改进影响因素:任务复杂性、任务可操作性、规程结构合理性、心理压力、轮班与夜班、报警系统、噪声。

3. 失去直流电源

场景摘要:满功率,失去 LBA 直流电,机组停机停堆,操作员根据 SOP 规程稳定机组(12 日 11:21—11:48)。

对该场景,3 位操作人员评价计算结果分别为:61、81、62,评价结果等级中,有 1 个为好,另外 2 个为一般。从评价结果追溯原因,任务复杂性有 2 位操作人员的评分,分别为 45、60;任务可操作性有 2 位操作人员的评分,分别为 45、60;界面管理任务有 2 位操作人员评分,分别为 45、65;时间压力有 3 位操作人员评分,分别为 45、50、50;心理压力评分值有 3 位操作人员评分,分别为 60、60、20;轮班与夜班有 2 位操作人员评分,分别为 40、60;报警系统有 2 位操作人员评分,分别为 60、50;系统自动化水平有 2 位操作人员评分,分别为 45、20;测到的噪声经转化均为 60。

主要改进影响因素:任务复杂性、任务可操作性、界面管理任务、时间压力、心理压力、轮班与夜班、报警系统、系统自动化水平噪声。

4. 蒸汽发生器传热管破裂

场景摘要:满功率,1 号蒸汽发生器传热破裂,机组停堆,操作员使用 SOP 规程后撤(12 日 15:20—16:00)。

对该场景,3 位操作人员评价计算结果分别为:65、81、65,评价结果等级中有 1 个为好,另外 2 个为一般。从评价结果追溯其原因,任务复杂性有 2 位操作人员评分,分别为 65、55;任务可操作性有 2 位操作人员评分,分别为 60、55;任务压力有 2 位操作人员评分,分别为 50、55;心理压力测量转换后的值分别为 20,20,60;轮班与夜班有 2 位操作人员的评分值,分别为 45、60;系统自动化水平有 2 个值,分别为 45、30;测到的噪声经转化均为 60。

主要改进影响因素:任务复杂性、任务可操作性、任务压力、心理压力、轮班与夜班、系统自动化水平、噪声。

5. 瞬态控制

场景摘要:满功率运行,一回路温度表故障(RCP032MT)上漂,操作员手动干预控制机组(12 日 17:10—17:24)。

对该场景,3 位操作人员评价计算结果分别为:62、71、73,评价结果等级均为一般。从评价结果追溯其原因,规程复杂性有 1 位操作人员评分为 40;时间压力 3 个值分别为 45、20、65;任务压力 3 个值分别为 45、50、65;心理压力3个值分别为20、20、60；轮班与夜班有2位操作人员的评分值，分别为50、70；系统自动化水平有2个评分值，分别为45、60；测到的噪声经转化均为60。

主要改进影响因素：规程复杂性、时间压力、任务压力、心理压力、轮班与夜班、系统自动化水平噪声。

6. #1SG主蒸笙盖壳内破口

场景摘要：启动安全注入系统和安全壳喷淋系统、确认其有效性（13日9:10—9:50）。

对该场景，3位操作人员评价计算结果分别为：78、68、80，评价结果等级中有2个为一般，1个为优秀。从评价结果追溯其原因，时间压力有2个评价值，分别为60、50；心理压力3个值分别为60、60、20；测到的噪声经转化均为60。

主要改进影响因素：时间压力、心理压力噪声。

7. 二回路失去全部给水

场景摘要：操作员执行SDP规程，由于二回路失去，只能通过危排模式导出堆芯余热（13日10:14—10:55）。

对该场景，3位操作人员评价计算结果分别为：80、78、82，评价结果等级中有2个为优秀，1个为一般。从评价结果追溯其原因，心理压力3个值分别为60、60、20；测到的噪声经转化均为60。

主要改进影响因素：心理压力、噪声。

8. 失去主厂外电源（主、辅变）

场景摘要：机组失去主厂外电源，主泵停运，操作员执行SOP规程将反应堆维持在4.5MPa，出口温度维持在210℃~290℃（13日14:15—14:50）。

对该场景，3位操作人员评价计算结果分别为：84、72、81，评价结果等级中有2个为优秀，1个为一般。从评价结果追溯其原因，心理压力3个值分别为60、20、20；轮班与夜班有2位操作人员评分值，分别为30、40；测到的噪声经转化均为60。

主要改进影响因素：心理压力、轮班与夜班、噪声。

9. 失去全部热阱（全部核岛重要厂用水系统（SEC））

场景摘要：反应堆失去全部热阱，SEC泵全部失去，操作员执行SOP程序，将利用反应堆和乏燃料水池冷却和处理系统（PTR），对余热排出系统（RRA）进行反冷操作（13日15:00—15:30）。

对该场景，3位操作人员评价计算结果分别为：87、59、82，评价结果等级中有2个为优秀，1个为一般。从评价结果追溯其原因，任务复杂性有1位操作人员的评价值为25；任务可操作性有1个评价值为20；规程复杂性有1个评价值为25；时间压力有1个评价值为20；任务压力有1个评价值为25；

心理压力 3 个值分别为 60、20、20；轮班与夜班有 2 位操作人员评分值，分别为 30、40；测到的噪声经转化均为 60。

主要改进影响因素：任务复杂性、任务可操作性、规程复杂性、时间压力、任务压力、心理压力、轮班与夜班、噪声。

10. MSLB+SGTR（主蒸汽管道破口叠加蒸汽发生器传热管破裂）

场景摘要：反应堆停堆，主控确认安全注入系统自动动作，控制安全注入系统并将破口的蒸气发生器（SG）完整性隔离，由于破口无法隔离，放射性蒸汽大量释放（13 日 15：40—16：30）。

对该场景，3 位操作人员评价计算结果分别为：85、64、80，评价结果等级中有 2 个为优秀，1 个为一般。从评价结果追溯其原因，任务复杂性有 1 位操作人员的评价值为 10；规程复杂性有 2 个评价值均为 50；任务压力有 1 个评价值为 10；心理压力 3 个值分别为 60、20、20；轮班与夜班有 2 位操作人员评分值，分别为 50、40；测到的噪声经转化均为 60。

主要改进影响因素：任务复杂性、规程复杂性、任务压力、心理压力、轮班与夜班、噪声。

参 考 文 献

[1] INPO. Guidelines for Performance Improvement at Nuclear Power Stations：INPO 05-005 [R]. Atlanta：INPO，2005.
[2] INPO. Human Performance Tools for Workers：INPO 06-002 [R]. Atlanta：INPO，2006.
[3] 李鹏程. 核电厂数字化控制系统中人因失误与可靠性研究 [D]. 广州：华南理工大学，2011.
[4] 张力. 概率安全评价中人因可靠性分析技术 [M]. 北京：原子能出版社，2006.
[5] RASMUSSEN J. Risk management in a dynamic society：a modelling problem [J]. Safety Science，1997，27（2）：183-213.
[6] 张力，杨大新，王以群. 数字化控制室信息显示对人因可靠性的影响 [J]. 中国安全科学学报，2010，20（9）：81-85.
[7] 刘志勇. 核电厂人因管理基础 [M]. 北京：原子能出版社，2010.
[8] 谢万第. 绩效管理实务 [M]. 北京：中国物资出版社，2010.
[9] 李成珠. 工业企业标准化良好行为绩效评估方法研究 [D]. 广州：华南理工大学，2010.
[10] 林逢春，陈静. 企业环境绩效评估指标体系及模糊综合指数评估模型 [J]. 华东师范大学学报（自然科学版），2006，6：59-66.
[11] Zhou X Y，Deng X Y，Deng Y，et al. Dependence assessment in human reliability analysis based on D numbers and AHP [J]. Nuclear Engineering and Design，2017，313：243，252.
[12] 夏春艳，颜声远，李庆芬，等. 核电厂主控室人机界面评价实验研究 [J]. 中国安全科学学报，2008，18（8）：109-114.
[13] 谢璃. 风险投资公司绩效评价与激励机制研究——以 BR 公司为例 [D]. 杭州：浙江大学，2018.

6 人因可靠性理论与方法在大型复杂人-机-环境系统中的应用

6.1 大型复杂人-机-环境系统中人因可靠性应用的关键要素

6.1.1 大型复杂人-机-环境系统中人因可靠性分析理论

人因失误机理和人因可靠性分析方法是人因可靠性分析的理论基础,也是人因失误预防应用的关键要素。

1. 人因失误机理

人因失误机理(或模型)是研究人因可靠性的理论基础。对历史灾难性事故原因的认识,经历了从技术失效、人因失误到组织错误的过程。最初针对技术失效发展的故障树和事件树分析技术,能模拟事故的发展历程,但缺乏对人的失误进行分析的框架。1979年,美国三哩岛核电厂事故发生后,人们开始认识到该灾难性事故的发生源于人因失误,人被视为问题的起源,研究人员对人因失误开展了广泛研究,发展了各种人因失误模型来描述人因失误机理,逐步演化为个体失误模型、班组失误模型、组织错误模型,以及复杂社会-技术系统模型[1]。

1)个体失误模型

个体失误模型是对单个人的心智过程分析的建模研究,偏重对单个人因失误机理的描述,如Rasmussen的决策阶梯模型和技能-规则-知识级模型[2]、Reason的通用失误模拟系统、Hollnagel的简单认知模型,Rouse的操作员行为模型等。人的固有缺陷导致了人在不同条件下行为的不确定性和随机性,而目前发展的个体失误模型都是基于假设和经验建立起来的,对操作人员的复杂作业活动的认知过程描述与理解是存在一定缺陷的。

2)班组失误模型

复杂工业系统重要作业任务一般都是由班组成员共同完成,需要整个班组的协同诊断和决策,因此,在评价这类系统的安全和可靠性时需考虑班组行为绩效。班组失误模型偏重于将班组成员视为一个整体，对其认知机理和行为可靠性进行研究。Sasou 等对班组失误进行了定义和分类，并界定了班组失误与行为形成因子间的关系；Rouse 等提出了心理模型，阐述了班组交流、协作与班组绩效之间的关系；Sasou 等基于核电厂模拟机研究了异常工况下操作员失误与安全监督人员、管理人员决策能力之间的关系，此外还建立了班组行为仿真系统以模拟班组决策过程，并对班组行为进行了分类[3]；Shu Yufei 等开发了包括任务模型、事件模型、班组模型和人-机界面模型的班组行为模型，以此来确定班组认知处理的情境环境，但上述对班组认知行为机理和失效的研究更多地停留在模型构建层面，未深入到班组失误的复杂机理，且如果只考虑班组绩效单方面影响因素（如班组交流），忽略班组外部和内部环境的动态易变性，那么对于班组认知行为理解也是静态的。

3）组织失误模型

众所周知，人因失误是一种结果而不是原因，人因失误的产生是由其上游的因素（如工作环境和组织因素）引发的，因此，复杂技术系统安全的关注点已由硬件失效和个体人因失误逐渐转移到组织管理领域的潜在失效上，并发展了各种系统方法，如考虑组织事故因果链的瑞士奶酪模型，该模型模拟了组织事故中各事件间的相互关系，有助于识别组织事故的根本原因，许多领域均应用该模型来指导人因事故的分析或基于该模型为特定的领域发展了新型的事故分析模型，如应用于航空领域的人因分析和分类系统。但该模型未对模型中的各诱发条件（如组织的潜在错误、不利的工作条件、不安全行为等）进行详细分类，仅给出了分析框架，未对各模块中因素间的因果关系进行深入描述，也没有说明屏障存在何处、屏障如何被突破。

4）复杂社会-技术系统失误模型

在复杂社会-技术系统中，重大事故通常不是由单一失效间的突然耦合引起的，而是在一种竞争的环境中，在面临成本-效益平衡压力的情况下，组织行为的系统化迁移到安全边界，最终突破边界而形成事故，如 Bhopal 核电厂事故便是一种系统化迁移而形成事故的典型例子[4]；事故因果是涉及整个社会系统的复杂过程，包括监管立法层、政府部门与一线员工等，Rasmussen 建立的社会技术系统模型包括了政府、安全委员会、公司、管理部门、员工，以及作业活动六个层级。Leveson 从系统理论和控制理论的角度建立了一般的社会技术系统模型，模型由系统开发和系统运行构成，每部分由若干层级构成，层级之间描述它们之间的相互作用，包括任务、指令与工具等。Mohaghegh 等建立了考虑组织因素的社会技术风险评价模型，并应用到复杂系统的概率安全评价中，该模型是面向组织安全的一个组织因果模型，描述了可能的风险或危害场景，并将它们分解成包括人、软件、硬件以及环境因素等更具体的风险诱因。尽管上述模型对于识别复杂社会技术系统的人因失误因果机理做出了一定贡献，但模型中因素及其关系描述过于简单，系统中各因素的更深入与客观的因果关系还需进一步研究，且没有深入开展人因失误与组织情境环境间的因果关系研究。

人因失误机理是人因可靠性分析基础，建立基于情境环境的人因失误因果模型，从而发展一种基于情境环境的人因失误分类体系是当前人因失误机理研究的热点，这种研究不但考虑了人在内的整个系统组分间的复杂相互作用和因果对应关系，而且可收集到更多关于引发人因失误的情境环境条件的信息。

2. 人因可靠性分析关键要素

人因可靠性分析一般包括以下5个阶段[5]，即确定操作员执行作业任务的范围并对任务进行分析（确定任务执行程序）、识别潜在的人因失误（人因失误辨识）、采用某种逻辑结构对其进行表征并识别失误的可能性（表征和量化）、确定人因失误对系统的影响（描述以及影响评价）与制定减少失误影响措施（失误减少）。

1）任务分析

任务分析是人因分析领域用来正确描述和分析人-机交互的一种基本方法。人因专家在预测可能发生何种失误之前，必须明确确定操作员应执行的行为方能正确完成任务。任务分析主要通过定义任务、选择任务分析工具、任务描述和分解来确定任务的层次结构。

当前可采用的分析方法有层次任务分析（hierarchical task analysis, HTA）、认知任务分析（cognitive task analysis, CTA）与目标-方法任务分析（goal-means task analysis, UMTA）[1]。层次任务分析是最常用的任务分析方法，早期的层次任务分析主要是对可观察到的人的行为进行分解，随着认知心理学的发展，层次任务分析不仅要描述可观察到的行为，而且要分析人的认知行为，以及识别可能引起的失误因素；但是由于人的认知过程只是人们的经验假设，因此认知任务分析缺乏相应标准。

2）人因失误辨识

人因失误辨识（human error identification）属于人因可靠性分析定性分析，人因失误辨识一般需识别特定情境下可能的人因失误模式、失误的原因，以及心理失误机理：①确保人因可靠性分析的准确性、全面性；②确保正确理解潜在的人因失误产生原因，为制定减少人因失误措施提供依据；③为人因可靠性分析和评估提供有效的数据。由于人的行为的复杂性和内在局限性，使人因失误难以完全预测，但研究人员还是发展了一些人因失误辨识方法，如认知失误预测技术、基于 CREAM 中的失误行为的分类框架构建的失误预测技术，以及紧急情况下的人因失误预测框架等。潜在失误的辨识预测一般可通过评价情境环境因素来实现，其基本步骤如下：①场景描述和任务分析；②情境环境因素评价；③认知功能识别；④认知失误类型预测。

3）人因失误表征

人因失误表征是指将所辨识的人因失误或人-机交互作用采用一种适当的逻辑方式给予描述，且表征的过程应考虑数据赋值的可能性。常用的表征人的行为或人因失误的方法有故障树分析（FTA）、事件树（ETA）、操作员动作树（OAT）与混淆矩阵等。但目前人因失误表征方法一般都是静态的离散化，难以整合失误恢复以及复杂的动态人-机交互过程，因此，如何建立动态连续的人因失误表征方法是今后研究的热点。

4）人因失误数据和量化

人的可靠性量化关键是人因失误概率（HEP）的计算，这是对人因可靠性/人因失误的量化过程，在获得人因失误基础概率数据后，即可采用相应的表征方法（如事件树）对人因失误概率进行量化计算，HEP 可定义如下[6]。

$$HEP = 人因失误实际发生的次数 / 人因失误可能发生的机会数$$

人因失误数据是进行人因可靠性定量分析的基础，一直以来人因失误数据都是人因可靠性分析技术工程应用的瓶颈，也是近年与以后人因可靠性领域研究的重点与热点，特别是基于大数据挖掘技术来获得人因失误基础数据。Taylor-Adams 和 Kirwan[7]归纳人因失误数据类型主要包括真正的操作经验、模拟机数据、实验数据、专家判断、综合数据（来源于各种人的可靠性量化技术）；这些数据可能来源于各种不同的数据源，如事件和事故报告、维修报告、PSA 报告、设备记录、访谈、未遂事件报告、违规、电厂日志、模拟机和专家等。但在现实中人因数据的收集难度很高，因为人因失误属于稀少事件，事件样本不可能在短期内大规模地或通过简单实验来获取，其具有保密性，业主不愿意公布事故不良业绩，缺乏数据收集与处理统一标准，以及资金有限等，另外不同场景或行业的数据的可用性或通用性一直受到业界质疑，因此，研究人因失误数据收集、建立可靠的人因可靠性分析数据库成为当今研究的难点和热点。目前，业界系统化地采集人因失误数据工作进展一直不理想，加之数据的正确性和有效性一直受到质疑，不仅要考虑数据源、数据采集方法等对数据的准确性产生一定的影响，而且要考虑数据库中人因失误数据需随情境环境的变更而及时更新。

5）人因失误影响评价和失误减少分析

影响评价是通过系统分析人员对已找出人-机界面对系统的影响进行评

价，识别人因失误的风险严重度。具体来讲，主要是分析研究已找出的关键的人的行为对系统响应的影响，包括对初因事件、系统不可用度、共因失效、事件树定量化以及可能产生新的事故序列的影响，从而有可能涉及人的行为对堆芯熔化频率估计的影响。对于风险贡献大的人因失误，则需采用失误减少对策限制在可接受的风险范围内。

目前正在使用的第一代人的可靠性分析技术（如 THERP、HCR 等）以及发展的第 2 代人的可靠性分析技术（如 ATHEANA、CREAM 等）都是通过构建 HRA 事件树或故障树来描绘失误模式及它们间的关系的，并最终获得任务失效概率，但这些技术方法未充分考虑失误模式对系统的影响和后果严重度（如果考虑了影响，也仅为定性考虑），一般是难以实现概率安全评价相关目的。

6.1.2　大型复杂人–机–环境系统中人因可靠性分析原理与流程

预防与减少人因事故不仅是技术问题，而且是大规模人–机–环境系统，乃至整个工业社会亟待解决的重要管理问题。只有对人因可靠性做出正确分析与预测，才可能制定出预防和减少人因事故的有效管理策略和手段。因此，将人因可靠性有效地应用到大型复杂人–机–环境复杂系统中是非常重要的，借鉴核电厂人因工程应用导则（NUREC-0711 报告），结合复杂人–机–环系统特征，可归纳出人因可靠性相关理论方法在大型复杂人–机–环境系统应用流程与关键要素。

1. 人因工程项目管理

为了确保项目有一个具有责任心、权威性和组织下的人因工程设计团队，需要有效地保证系统的设计符合人因工程准则。此外，团队应该在计划的指导下提供合理的保证，确保该 HFE 程序被正确开发、执行、监督，并记录在案。该计划应描述的技术方案要点验证 HSI、程序和培训各方面都在 HFE 公认原则的基础上被开发、设计和评估。

2. 操作经验审查

进行操作经验审查的主要目的是保证人因工程相关问题的安全性。验证申请人已确定和分析了在以往的设计中 HFE 相关的困难和问题与在评审的现行设计相似。以这种方式，与先前的设计相关联的负面特征可在现行设计中避免，同时保持优良的特性。操作经验审查时应提供评估作业、设计和施工经验的管理程序，确保在设计和建造阶段及时提供适用于重要产业的案例。

3. 功能需求分析与功能分配

功能需求分析与功能分配是为了保证项目定义的这些功能能够满足工程安全性的目标。功能需求分析是必须执行以满足设备安全目标的功能鉴定，即防止或减轻可能损坏设备或对公众的健康和安全造成不必要的风险的假设事故的后果。功能分配则必须以功能性需求和人因工程准则为基础。功能需求分析和功能分配审查的目的是验证申请人必须执行的且满足设备安全目标的设备功能，掌握这些功能对人类和系统资源的分配，避免人的局限性。

4. 任务分析

任务分析是让项目实施人员通过分析，确定完成人员职能所需的特殊任务，包括报警、信息获取和支持性任务所需完成的职责。任务分析能够为许多人因工程活动提供输入数据：①人员配备与资质；②人机接口的设计、规程的设计和培训工程的设计；③任务支持验证的标准。

5. 人员配备与资质

复杂系统中的人员配置与资质在整个设计过程中是一个非常重要的考虑因素。最初人员配备水平的建立可能依据先前工厂的经验、人员配备的目的（如裁员）、初步分析和政府法规。当工厂被设计改进时，人员配备水平也成为重要的考虑因素。例如，当工厂的改进影响操作员操作的绩效时，为了成功地完成任务，申请人可以检查所需员工的编制。许多这样的行动都需要团队合作和主控室工作人员、辅助操作员、其他的工厂工作员工之间的沟通。管理委员会以完成这样的行动为目的，对用于确定人员配备要求的申请分析进行审核。进行人员配置和资质的考量就是验证申请人已系统地分析需要人员、人数、资质；已经证明彻底了解任务要求及监管规定。

6. 重要人员行为处理

人因工程项目在系统的设计中应用评分法来实现风险评估，需高度重视对安全性来说非常重要的人员行为，确保系统能够为公众健康和安全提供合理足够的保证。因此，在一个人因工程项目管理中，进行重要人员行为的鉴定对特定工程的安全性极其重要。在人因可靠性应用过程中，必须最小化个人失误的可能性，以便于在失误发生时能够确保被察觉和恢复。

7. 人机接口设计

人机接口的设计过程代表着从功能和任务需要到人机接口特性和功能的转换。人机接口应该使用一个结构化的方法来指导设计者在识别和选择候选人机接口的方法，确定具体的设计，并进行人机接口的测试和评估。根据申请人的独特设计，它应该涵盖人因工程指南的开发和使用。一个人机接口设计方法的可用性将有助于验证应用人因工程原则的标准化和一致性。通过人机接口设计要求的开发和人机接口鉴定来评价整个过程。核实整个过程是否通过人因工程原则和标准的系统应用，恰当地把功能和任务显示转变为报警、显示、控制和人机接口的其他方面的详细设计。

8. 规程开发

规程对于大型复杂系统的安全性是必不可少的，用于支持和引导人员与核电厂系统之间进行交互，是对表述复杂系统相关事件的回应。在核工业领域，规程应来源于相同的设计过程，分析人-机界面和培训，并受同样的评估过程。规程开发的目的是验证该应用是否已经应用了人因工程原则和指导，以及其他的设计要求，开发在技术上准确、全面、明确，易于使用规程，并验证。

9. 培训开发

开展大型复杂人-机-环境系统中的人员培训是确保系统安全可靠运行的重要因素。培训项目有助于提供合理的保证，保证系统中管理人员和操作人员所拥有的知识、技能和能力，可以正确履行人员自身的角色和职责。该要素的目标是验证申请人对人才培训有系统的方法。

10. 人因验证与确认

进行验证和确认评价是为了全面评估最终的人因工程设计是符合设计准则的，以及个人能够通过安全有效的任务来达到操作性的目标。该评估是为识别人类行为的差异，用于审查标准中验证与确定的各方面详细审查的目标。

11. 设计实现

该要素是处理新系统或系统修改设计中的人因工程方面的应用。设计实现审查的目的是验证申请人是否在实施中考虑到设备的变化对人员操作的影响并提供必要的支持，以提供合理的建议保证安全操作；同时检验项目申请人已完成的设计是否符合已经验证过的人因工程设计准则。

12. 人员绩效监测

人员绩效监测策略有助于提供合理的保证，保证维持一段时间的集成系统验证的完成。人员的绩效监视策略可用来确保不发生重大安全退化。因为任何在系统中的改变或提供足够的、随着时间的推移从评价中得出的结论仍然是有效的保证，因此将这种监控策略纳入问题识别和纠正措施计划中。

6.2 核电厂的人因可靠性

6.2.1 核电厂人因可靠性及其人因失误辨识

核电厂作为复杂的社会-技术系统，涉及技术设备、人员及其群体组织，以及环境等方面因素，安全是核电存在和发展的基础，一旦发生事故，不但造成重大的人员和经济损失，也会产生超出自身范围的巨大社会负面影响。相关统计结果表明，在诱发核电厂各种事故的诸多因素中，人因失误导致事故比例一直居高不下，在核电行业，人因失效引发的各种事故和安全事件，占总数的50%~85%[8]；20世纪70年代以来，国际上先后发生3次重大核事故，即美国三哩、苏联切尔诺贝利与日本福岛严重核事故，事故分析结果均表明，设计缺欠和设备故障固然是引发因素之一，但事故进程大都是人因失误所致。人因失误包括人的失误和人的违章，两者之间的重要区别在于发生偏离或错误时，后者主体是有意识的，而前者没有。

在核电行业中，国际上主要开展两方面人因工程工作：①进行人的可靠性规律的研究，包括人因失误是如何发生的、受到哪些因素的影响、怎样预防人因失误，以及人因失误事故原因分析与人因失误防控对策制定，在概率安全评价中，必须同时考虑设备和人员可靠性，凡是不包括人员可靠性的安全风险分析是不完整的，此外，人员可靠性研究还对控制室人机接口优化、运行规程改善和操作员培训大纲改进都有重要的指导意义。②开展控制室设计方法及人因工程学应用研究，美国三哩岛核事故后，提出了"控制室系统"概念，控制室不但为操作员提供了人机接口等硬件设备，还与操作员和支持操作员工作的软环境（操纵规程、培训等）有紧密联系，三者构成了一个整体；控制室设计应考虑控制室系统的各种因素，特别是人员可靠性及采用系统工程的方法，并进行功能分析和功能分配，确定人机接口，并依据人因工程学原则进行控制盘台与仪表设计，在此基础上编制各种运行规程与操作员培训大纲等。

不同学科领域学者对人因失误有不同的描述（第2.2节），一部分学者是依据行为的后果来界定人因失误概念的，如工程技术人员一般趋向于将人看作技术系统的组成部分，他们倾向于像描述设备成功或失效一样来处理人员操作的成败；一部分学者从心理学角度根据事件（行为）来界定人因失误，人是被视为技术系统中的信息处理部分，假设人员行为带有目的性，则认为人因失误包括内部与外部两种失误模式。综合理论研究和工程应用，兼顾技术系统局限性和人员局限性，就核电厂而言人因失误可描述为：对于操作员，受其个人的内部因素和所处外部情境因素的共同影响，使其不能精确地、恰当地、充分地、可接受地完成其所规定的绩效标准范围内的任务以满足系统的需求，则操作员的这些行为（内在认知的和外在可观察到的行为）或疏忽被称为人因失误。简而言之其是指人员的认知失误和行为失误，人的认知功能和行为响应没有达到正确和预期目标。

人因失误辨识是人因可靠性分析方法的重要环节，虽然说不同HRA方法中HEI技术的使用目的与辨识内容基本一致，但不同的人因可靠性分析方法对应的人因失误辨识技术是不完全一样的，一般与HRA方法基于的人因失误机理相关，并随着HRA技术与人因失误机理发展不断完善，HEI技术随着HRA方法的工程应用被广泛应用到其他新兴工业领域，如制造业、铁路、消费品生产、公共技术、医药卫生等。

目前，通用的HEI技术主要有人因失误概率预测技术，故障树分析法，系统化人因失误减少和预测方法，人因失误危险可操作性研究，通用失误模拟系统，临界行为和决策方法，潜在人因失误原因分析，人的可靠性管理系统任务分析失误辨识方法,认知环境模拟方法,以及人因分析与分类系统模型,等等,下面以某数字化核电厂主控室操作员人因失误辨识为例,基于操作员模拟实验,综合运用人因失误危险可操作性研究、技能、规则、知识型行为方法,以及人因分析与分类系统模型等方法对其进行人因失误辨识,辨识过程与结果如下。

以核电厂数字化主控室操作员潜在人因失误模式为研究对象,采用全尺寸模拟机实验并结合操作员访谈对人因失误模式及原因进行识别。2011年模拟事故复训安排在11月至12月进行,共对4个班组(其中1个临时班组)参加的培训进行了观察、录像和分析。每个班组有一回路操作员(RO1)、二回路操作员(RO2)、协调员、值长4位操作员,其中RO1主要负责一回路的系统控制,RO2主要负责二回路的系统控制,协调员主要负责2位操作员的协调和监护,值长主要负责对电厂状态进行重要决策。他们的平均年龄为29岁,最小年龄为26岁,最大年龄为35岁,均有5年以上核电厂工作经验。另外,教员会在模拟培训中扮演主控室外的多个角色,以上培训过程模拟真实事故环境。每个班组的培训时间为1周,每天3h模拟培训和3h讨论分析,培训内容主要为常见的单个严重事故(如失电、燃料包壳破损泄漏、一回路管道破口、二回路管道破口、失去热阱、失去给水等)或这些事故的叠加,培训过程中主要培训操作员及其班组对事故的监视、诊断和处理能力,由模拟机实验结果可知,在每个认知域中均发生了人因失误。

(1)监视阶段主要人因失误模式:在监视/发觉的认知阶段,发生的主要人因失误包括"信息定位丧失""没有监视到(看到或听到)""监视延迟""未能认识",引起这些失误的原因主要涉及"信息所在的画面被覆盖""需要的信息在画面中的位置不固定""信息之间的关联性由成百上千的一张张画面分隔,操作员看起来需像完成复杂的'拼图游戏'一样来对信息进行关联",这些数字化主控室的新特征将增加操作员的认知负荷(如记忆负荷和注意负荷)。另外,这也是操作员不能遵从特定的行为规范的原因之一。

(2)状态评估阶段主要人因失误模式:识别的主要人因失误包括"状态的误解""未能对状态做出解释,即解释丧失""不充分的解释""原因辨识失误"。引发这些问题的原因主要包括"人-机界面的问题,如信息的相似性""技术系统的问题,如自动化水平的高低和系统响应的延迟等"。例如,有些规程被计算机自动执行,使得操作员没有参与到这些规程任务的执行中,从而使操作员容易丧失对该类任务的情境意识。另外,大量的信息有限显示会产生一个新的问题——锁孔效应,操作员需要复杂导航并且只能看到画面的一小部分,而对整个电厂状态缺乏认识,这就像通过门上的一个小孔来看外面的世界一样,只能看到一部分。操作员完成任务的时间与系统确定的可用时间不是很匹配,有时操作员的工作很闲,有时操作员的任务忙不过来,如在误启动安全注入系统的情况下,这会给操作员带来心理负荷和压力。此外,不充分的培训、知识、经验和技能也是引发状态评估失误的主要原因之一。

(3) 响应计划阶段主要人因失误模式:发生的主要人因失误包括"计划跟随失误""计划选择失误",其主要原因在于"时间压力",例如由复杂的界面管理任务带来的时间压力,操作员没有遵从行为规范以及故意违规等引起响应计划失误。

(4) 响应执行阶段主要人因失误模式:发现的主要人因失误模式包括"操作遗漏""调节失误""操作延迟""操作在错误的方向""不充分的信息交流""错误的信息交流"。引发这些失误的原因涉及"人-机界面问题,如画面的相似性""技术系统问题,如系统反馈延迟""由任务的复杂性和紧急性带来的负荷""班组结构,如变化的班组交流路径和角色"等。毋庸置疑,前面的认知功能失误不仅可以引发后续的认知功能失误,而且可以在下一阶段得到发现和恢复。

6.2.2 某核电厂操作员人因可靠性分析案例

核电厂人因可靠性分析方法(详见第 3.2 节)目前有数十种,每种方法都有自身属性、适用对象与优缺点,因此,开展复杂人-机-环境系统人因可靠性分析要根据分析对象系统特征、分析主要目的,以及已有对象资料与基础数据等来综合判断与选择。

1. 核电厂操作员人因可靠性分析流程

1) 事件背景

事件背景包括刻画事件发生前后系统的状态和为保证系统功能而要求操作员执行一些响应动作以及事件后果。

2) 事件描述

事件描述是指在事故工况下,当值人员根据规程对与事故相关的关键系统或设备状态进行判断,并根据这些判断进行的一系列相应的操作行为和事故演进及处理过程。

3) 事件成功准则

事件成功准则为确保事件成功所进行的相应的关键性操作。

4) 提问清单及调查与访谈记录表

根据对事故进程的理解,列出需要了解或确认的问题,主要包括操作员、安全工程师对事件进程的理解(核实自己的理解),运行人员所用规程及规程的易用性,事件进程中所需的操作步骤、条件及关系,操作现场的人-机-环境系统状况，人员间相关性及操作步骤间的相关性，事故可能造成的后果及运行人员对其严重程度的理解（心理压力）、允许时间、实际诊断时间、操作时间、一般执行时间等。经人员访谈与相关资料调查，得出结论，并作为 HRA 人因分析档案的附件。

5）调查、访谈结论

通过调查、访谈，对事件的进程、任务分析、人员每一动作的意义、动作目的、成功准则、系统人-机接口的状况、系统状态、运行人员的心理状况以及 THERP 和 HCR 模式所需的各类信息和数据有一个明确的结论。

6）事件分析

事件分析包括：事件过程分析，即根据事件进程将事件划分为相应的几个阶段；建模分析，即对每一阶段的人员行为进行初步分析，同时决定采用何种模式计算其失误概率。

7）建模与计算

根据建模分析建立事件定量分析模型并进行有关数学计算。在进行诊断失误计算时，首先要确定该事件的类型（技能型、规则型、知识型），再据此选择相应的 HCR 计算参数，同时必须考虑心理因素等对时间的影响；在进行操作失误计算时，对于较复杂的操作，用人因事件树进行分析，而对于较简单的操作，可通过直接查 THERP 表有关的数据确定其失效概率。

2. 案例分析

下面以国内某核电厂主控室操作员执行某事件处理为例，综合运用 HCR+THERP 方法来阐述该事件的人因可靠性分析过程。

1）事件名称

C 工况下，操作员未及时启动低压安全注入系统且打开所有 GCTa 阀门（对于 RRA 系统出现中破口）。

2）事件背景

C 工况下，有一个小破口，一回路压力下降，安全壳压力因破口漏流而上升，当破口发生在 RRA 系统上时，稳压器水位下降，稳压器低水位或安全壳高压信号引导操作员进入应急规程 A10。在 A10 规程中，操作员将启动安全注入系统恢复一回路水量，打开所有可用蒸汽发生器通往大气的 GCTa 阀门重建一回路的冷却，然后测定破口位置并隔离破口。在完成破口隔离之前，安全注入系统的成功补水是必需的。当低压安全注入系统因注入管线问题而不可用，即低压安全注入系统泵本身保持完好时，如果高压安全注入系统泵能够通过低压安全注入系统泵的增压向一回路注入，则可以使用高压安全注入系统泵通过安全注入系统管线向一回路补水。如果破口未能成功地在进入再循环之前隔离（如硬件故障），喷淋系统必然启动，以保持安全壳地坑的冷却和降低安全壳的压力。若在 41min 内操作员没有启动安全注入系统和打开

GCTa 阀门的动作，而值长又没有及时更正则将导致堆熔。

3）事件描述

C 工况一回路小破口→安全壳空气放射性活度高报警→操作员进入 DEC 规程→RRA 连接→一回路初始压力 $>3\times10^5$ Pa→RCP449AA 稳压器水位"低-3"→操作员进入 A10 规程→稳压器水位 LOW3，RCP449AA→安全壳地坑水位高 RPE405AA→要求二回路操作员打开所有蒸汽发生器通往大气的 GCTa 阀门，二回路操作员手动开启 GCT131、GCT132、GCT133VV 三个控制器至 100%开度，同时一回路操作员启动两列低压安全注入系统。

4）事件成功准则

在事故发生后 41min 内启动两列低压安全注入系统且至少成功打开 GCT131、GCT132、GCT133VV 中的两个控制器。

5）调查与访谈结论

（1）根据热工水力学计算，操作员需在 $T_1=41$min 内完成开启 GCTa 阀门和投入安全注入系统的动作。

（2）GCT131、GCT132、GCT133VV 三个控制器的开启方式为按住按钮至要求的开度后放开，其人–机界面良好。安全注入系统按钮的标牌明确，周围有大小、形状、操作方式相同的其他按钮，所以有选错的可能；按钮为下压式两位置按钮，加盖保护以防止误操作。

（3）根据电厂假设，操作员在 C 工况下有一定的心理压力，其修正因子取 0.28。

（4）事故发生到引发安全壳空气放射性活度高报警的时间 $T_2=6$min。

（5）根据电厂假设，在 RRA 连接情况下，操作员进入 DEC 规程进行事故诊断的时间 $T_3=4$min。

（6）操作员对 A10 规程较为熟悉，处理经验较丰富，从开始执行 A10 规程到作出具体操作指令的时间很短，可忽略。

（7）操作员开启 3 个 GCTa 阀门、投入安全注入系统的时间 $T_4=1$min。

（8）"安全壳空气放射性活度高"，报警信号明确。

6）事件分析

（1）该事件可以分为 3 个阶段：

① 操作员发现"安全壳空气放射性活度高"报警信号且进入 DEC 规程；

② 在 DEC 规程的引导下，操作员进入 A10 规程作出启动低压安全注入系统和开启 GCTa 阀门的判断；

③ 操作员执行启动低压安全注入系统和开启 GCTa 阀门的动作。

（2）建模分析

① 根据操作员培训情况，操作员不能发现报警信号且不能成功进入 DEC 规程的概率 P_1 非常小。

② 操作员进入 DEC 规程后均按规程书 DEC、A10 做的诊断,所以其行为为规则型,可用 HCR 模式计算其总的诊断失误概率 P_2。

(3) 根据访谈,操作员执行 A10 规程未能作出投入低压安全注入系统并开启 GCTa 阀门的指令的概率非常小,可忽略;操作员启动低压安全注入系统和开启 GCTa 阀门,其失败概率 P_3 可用 THERP 方法求出。

7) 建模与计算

事件失误率 $P = P_1 + P_2 + P_3$。

(1) 根据事件分析中"(2) 建模分析"的①点,可令

$$P_1 = 1.00 \times 10^{-4}$$

(2)
$$P_2 = e^{-\left(\frac{t \div T_{1/2} - \gamma}{\alpha}\right)^\beta} \tag{6-1}$$

其中:允许操作员进行诊断的时间 $t = T_1 - T_2 - T_4 \times (1 + 0.28) = 41 - 6 - 1 \times 1.28 = 33.72(\min)$;因为平均诊断时间 $T_{1/2,n} = T_3 = 4(\min)$,$K_1 = 0$(平均训练水平),$K_2 = 0.28$(调查与访谈结论3),$K_3 = 0$(人–机界面良好),所以 $T_{1/2} = T_{1/2,n} \times (1 + K_1) \times (1 + K_2) \times (1 + K_3) = 5.12(\min)$ $\alpha = 0.601$,$\beta = 0.9$,$\gamma = 0.6$(规则型),将这些数据代入式 (6-1),得 $P_2 = 3.66 \times 10^{-4}$。

(3) 操作员启动低压安全注入系统和开启 GCTa 阀门,其 HRA 事件树如图 3-14 所示。

① 对于 A_1。根据 NUREG/CR-1278 中第 13 章的定义,两列安全注入系统的操作动作为完全相关。考虑安全注入系统按钮所处控制面板上有与其相似的按钮,存在选择失误,查 THERP 表可知其失误率为 5×10^{-4},两列安全注入系统按钮操作的失误率查为 1×10^{-4},考虑操作员均为熟手且处于中等紧张程度,可将操作安全注入系统按钮的失误率修正为

$$2 \times (1+5) \times 10^{-4} = 1.2 \times 10^{-3}$$

② 对于 A_2。根据电站假设,再考虑值长的紧张因子,值长操作失误的概率为 $2 \times 3 \times 10^{-3} = 6 \times 10^{-3}$;根据《电站条件与边界》第 9 条,值长对操作员的行为有监督作用,且两者之间的相关度为低,查 THERP 表可得在操作员失误的情况下值长未发现操作员失误的概率为

$$\frac{1 + 19 \times 6 \times 10^{-3}}{20} = 5.57 \times 10^{-2}$$

③ 对于 A_3。根据电站假设,再考虑安全工程师的紧张因子,安全工程师操作失误的概率为 $2 \times 3 \times 10^{-3} = 6 \times 10^{-3}$;根据《电站条件与边界》第 10 条,安全工程师对值长的行为有监督作用,且两者之间的相关度为高,查 THERP 表可得在值长失误的情况下 STA 未发现值长失误的概率为

$$\frac{1 + 6 \times 10^{-3}}{2} = 5.03 \times 10^{-1}$$

④ 对于 B_1。认为未打开两个 GCTa 阀门为操作失误，由 THERP 表的描述，在异常工况下，操作一个 GCTa 阀门的失误率为 3×10^{-3}，考虑对于一个人的同一类操作之间为完全相关，则在操作一个 GCTa 阀门失误的情况下，操作另一个 GCTa 阀门失误的概率由 THERP 表可知为 1，因此，操作两个 GCTa 阀门均失误的概率为 3×10^{-3}，考虑操作员均为熟手且处于中等紧张程度，可将操作 GCTa 阀门的失误率修正为 $2\times3\times10^{-3}=6\times10^{-3}$。

⑤ 对于 B_2，同 A_2 有

$$\frac{1+19\times6\times10^{-3}}{20}=5.57\times10^{-2}$$

⑥ 对于 B_3，同 A_3 有

$$\frac{1+6\times10^{-3}}{2}=5.03\times10^{-1}$$

该事件树的失误路径有两个 F1、F2，他们的失误率分别为

$$P_{F_1}=P_{A_1}\times P_{A_2}\times P_{A_3}=1.2\times10^{-3}\times5.57\times10^{-3}\times5.01\times10^{-1}=3.35\times10^{-5}$$

$$P_{F_2}=P_{B_1}\times P_{B_2}\times P_{B_3}=6\times10^{-3}\times5.57\times10^{-3}\times5.01\times10^{-1}=1.67\times10^{-4}$$

总的操作失误率为

$$P_3=P_{F_1}+P_{F_2}=2.02\times10^{-4}$$

事件总的失误率为

$$P=P_1+P_2+P_3=1\times10^{-4}+3.66\times10^{-4}+2.02\times10^{-4}=6.68\times10^{-4}$$

6.3 航天系统的人因可靠性

6.3.1 航天作业活动特征及其人因可靠性

美国航空航天局（NASA）曾对 1990—1993 年的 612 件宇宙飞船事故和事件进行分析，结果显示 66% 以上事故可归于人因失误，其他原因中 5% 归于不良规程、8% 归于设备失效，还有 21% 可归于其他因素，包括通信中断和培训欠缺等，总体上来看，归于人的因素原因可高达 80%~85%[9]，人因失误已成为各类航天事故主要原因。在载人航天的历史上出现过不少由于人因失误引发的灾难，损失惨重，特别是进入空间站阶段，长期空间飞行的失重、密闭环境、生物节律、乘组间关系等问题等都会导致航天员的生理、心理特性等发生改变，可能引发航天员执行任务过程中的失误，增加交会对接、机械臂遥操作、在轨维修、舱内管理任务等航天任务执行的风险，并会影响任务成功，甚至威胁航天员-航天器的可靠性与安全性。

随着载人航天系统及任务复杂性不断提高，航天员在任务回路中的参与度不断增强，人的失误引发航天异常、故障和事故的问题日益凸显，使得各

国航天机构逐渐意识到人因失误会导致航天系统可靠性降低，甚至造成飞行任务失败、人员伤亡和经济损失。载人航天领域人因失误分析与人因可靠性研究发展经历了两种模式，一种是以成熟的人因失误与人因可靠性分析方法为基础，结合载人航天的特点，进行实用化改进；另一种是开发针对性的航天人因失误管理工具。美国航空航天局已经将人因可靠性和人因失误分析列为NASA总部的安全与任务保证办公室工作的重要组成部分，对人因失误与人因可靠性的关注已逐步上升到战略层次。目前，基于前沿的认知科学技术与人因可靠性理论方法的最新发展，研究航天飞行因素对人因失误的影响，深入研究航天人因失误机制机理，瞄准长期飞行在轨航天活动开展航天员人因失误预测技术与人因可靠性改善提高方法研究，从而提升航天员-航天器系统的可靠性与安全性[10]。

1. 航天作业活动特征及其认知过程

1）航天作业活动特征

（1）作业环境特殊，作业空间受限。微重力、幽闭、辐射、噪声与振动等特殊外太空环境，会对航天员的生理、心理都有显著影响，会导致航天员作业能力与认知能力下降，严重导致生理与心理疾病，对航天员执行任务的可靠性造成不利影响，必须借助航天保障设备设施、航天员适用性训练等予以缓解。

（2）作业条件不良，存在较多受限与特殊方式作业。为了保障航天员在外太空正常的生理机能与生活状态，航天员需要穿着厚重的专业航天服，戴头盔、佩戴相应的安全防护设施，如安全牵引绳与脚限制器等，这在一定程度制约了航天员正常活动能力；此外，航天作业受到微重力、加速度与航天器结构限制，存在部分受限或狭小空间作业、特殊姿势（仰姿作业、匍匐作业，等）与特殊工具等作业，对航天员作业能力提出更高要求，不可避免地会对航天员作业活动带来不利影响，如影响作业速度、作业准确性等。

（3）面临未知风险，作业风险较高，失误后果十分严重。外太空对人类而言充满太多未知，航天活动多为探索性的，航天员每次执行任务一般都是尽量不重复的，加之航天科技高度保密要求，因此，没有太多经验可借鉴；此外，航天活动一直具有高风险属性，航天员来到外太空不可避免地要面临一些未知因素，甚至是风险，特别是空间站长期在轨与出舱活动，航天器舱外恶劣的与人类难以预测的外太空环境，给航天员出舱活动或执行任务带来很高的风险，在外太空一旦发生意外或非预期性事件，可供的应急资源与空间十分有限，且意外导致的后果会直接危及任务成败、航天员安全健康等，严重的会导致航天器毁损或无法返航等极端事故。

（4）航天活动对可靠性要求高，一般存在作业时间要求，且部分作业精准度要求很高,导致航天员作业压力大。航天活动成本很高,具有重大政治意义,且部分航天活动都具有窗口期,因此要求航天员具有一次把任务执行成功的要求,为了不错失最佳航天发射窗口期(如发射与回收窗口期等)与保证资源消耗最小,对部分航天在轨作业是有完成时间要求的,一些动态作业有很高的精度要求(如手控交会对接,对接偏差精度要求达到毫米级),再加上部分任务执行时间窗口叠加,给航天员带来较大心理压力,使航天作业任务压力显著升高,潜在的人因失误风险加大。

(5)航天员执行的作业任务都是预先设计规划的,相对简单。航天系统与任务是高度复杂的,但是为了降低航天员负荷,确保航天员良好的生理心理状态,提高航天任务执行可靠性,航天系统设计尽量采用自动化,航天员主要任务是对航天器在轨状态监视,对必须由航天员手动完成的任务,也尽量设计为半自动化,设置任务操作规则/指令,优化与简化任务执行流程,采取任务执行辅助设备或仪器(如机械手等),最大限度降低航天员在轨执行手动操作任务量与作业负荷。

2)航天员作业活动认知过程

基于 S-O-R 模型从微观领域对航天员执行任务活动进行刻画,航天员完成一般航天作业的认知过程如图 6-1 所示,该认知过程包括信息获取、状态评估、响应计划、响应执行四个阶段,经由人-机界面(人机接口)控制航天器状态,必要时可以请求地面支持。

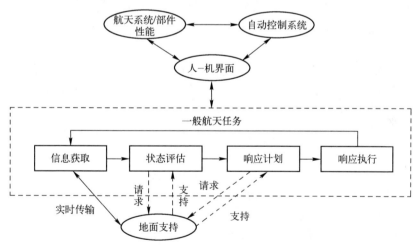

图 6-1 航天员作业活动一般任务认知过程

(1)信息获取。信息获取是指航天员从航天器人-机界面获取所需的参数或其他信息的行为,通过对航天器重要参数状态及趋势变化的监视观察来判断航天器的运行状态,包括观察显示装置显示的航天器参数,从地面支持中心接收实时传输的信息或其他航天员传输的信息等。

信息获取受到航天器工作环境、人-机界面可用性及运行支持完善性的影响。航天器的物理环境（噪声、照明等），人-机界面的可用性，包括显示和控制面板、工作站的布置合理性，以及地面支持的准确性和及时性均能够显著影响信息获取的水平。

（2）状态评估。航天员根据航天器的状态参数情况构建合理的模型，来评估航天器目前所处的状态，评价该状态是否正常，或是当系统出现异常时，判断其产生原因，作为后续的响应计划和响应执行决策的依据。这一系列过程称为状态评估，必要时，航天员可以呼叫地面支持中心，辅助或替代其进行对于航天器的状态评估。若不考虑地面支持，状态评估涉及两个相关的模型，即航天器系统状态模型和航天员心智模型。航天器系统状态模型就是航天员对航天器系统特定状态的理解，模型会随着新接收的信息而不断更新。为了构建状态模型，航天员需要通过知识判断和对航天器系统的理解来解释接收到的信息。航天员心智模型是通过正式的教育、具体的培训和长期的操作经验来构建的，并且存储在大脑的长期记忆中。状态评估过程主要就是发展一个状态模型来描述当前的航天器状态。

（3）响应计划。响应计划是指为完成某项航天工作任务或处理异常事件而制定的行动方针、方法或方案的决策过程。航天员完成状态评估之后对即将执行的行动进行计划。航天员为了识别合适的方法来实现目标，应该识别可供选择的备选方法、策略和计划，从而对它们进行评估并选择最优的或可行的响应计划，必要时可以请求地面支持中心辅助/替代航天员计划响应。

（4）响应执行。响应执行就是执行在响应计划中确定的动作或行为序列。这个过程非常简单，如航天员按下一个控制按钮或虚拟的图标就可进行操作。针对不同的航天作业任务，响应执行也可能需要不同程度的航天人员之间的交流与合作，需要相互配合，要求对任务进行分配和安排。对于那些非常规的、复杂、高精度的特定航天活动任务，例如手动"交会对接"任务，则需要在地面支持中心人员的配合下，需要对于这些任务非常熟练的航天员来实施控制航天器的姿态，操作和控制对接时的飞行速度、运转的角度和距离。

若从宏观工程领域对航天员作业活动进行刻画，大致可依据作业活动是否以认知活动为主划分为操作类任务与认知类任务两大类：

① 操作类任务：航天员执行以仪器设备或设施操作为主的任务（如航天器内部常规操作、简单维修、生活动作等）；

② 认知类任务：相对复杂且需要航天员积极应对的任务（如交互对接、遥控机械臂操作等），该类任务有明显航天员认知活动（如计算、推理、决策、再判断等）。

2. 航天员典型作业活动的影响因素

人员的可靠性受到内在的与外在的因素影响，如人员过度疲劳会导致操作速度与准确度下降，诱发人员操作失误。Swain 在构建人的失误率预测技术时提出了人员行为绩效形成因子（PSF）概念，即任何影响人的行为的因素。基于上述归纳的航天活动的属性与特征，重点考虑外太空失重（微重力）、在轨密闭、特殊作业方式（特殊姿势、多维空间、双手高精度配合等）等航天活动特殊的环境与操控要求，对航天员生理心理状态、作业能力、认知能力等影响，参考经典 HRA 方法对 PSF 考虑，从人员个体、环境因素、系统因素与组织管理因素四个方面来系统考虑航天员作业活动的影响因素，界定航天作业活动影响因子（S-PSF）体系。

1）航天员个体因素

（1）心理状态：航天活动具有高风险、重要政治意义与高成本，对航天员政治素质、生理素质与操作可靠性等提出很高要求，加上特殊外太空环境（如密闭在轨生活、与地面不一样生活方式等），给航天员造成一定的心理压力，可能诱发其抑郁、失眠、易怒/愤怒、焦虑、心理疲劳等心理异常，导致航天员认知水平与判断能力下降，主要包括心理压力、情绪波动、心理亚健康、任务/操作压力、认知负荷等。

（2）生理状态：航天医学与人因工程科学研究表明，航天活动特有的失重等外太空环境（尤其是长期在轨作业）会对航天员的生理带来不良影响，包括心脑血管、生物节律、骨密度与肌力等变化，导致航天员作业能力下降，会对任务执行造成影响，包括航天员作业能力、健康状况、生物节律与疲劳程度等。

（3）训练水平/作业经验：载人航天中执行的大部分任务是事先设计或规划好的，并组织航天员在地面模拟环境中进行反复训练，培训和准备的充分性一般因任务、机组人员而异。其实对任何作业活动而言，训练水平与类似作业经验是至关重要的，对于执行具有特殊环境航天任务而言，训练水平更为重要，因为航天员任务具有高成本与高风险，要求一次成功，且难以有同样类似经验可借鉴，训练是他们提升完成任务能力与获得类似作业经验的唯一途径，因此针对航天活动类型和环境的培训与准备的充分性是任务成功和失败的重要因素。

2）环境因素

外太空特殊自然环境导致航天器舱内出现的微重力、幽闭等生活环境，加上航天器特殊结构、在轨飞行姿势与出舱作业等，使航天员要面临地面上未存在的特殊作业条件，这些特殊环境因素与作业条件对航天员生理、心理、作业能力与作业可靠性等都会带来较为明显的不良影响，主要包括失重、长期密闭、受限空间、加速度、噪声、震动等因素。

3）系统因素

（1）人-机界面：航天员通过人-机界面与航天器及其其他辅助设备或工具交互来完成航天任务，人-机界面的可用性、友好性与容错性对航天员信息获取、准确执行操作等交互活动具有直接影响，若人-机界面设计不良或存在人因缺陷，会给航天员可靠性带来不良影响，主要包括关键信息醒目性、报警信息有效性、交互界面友好性、交互工具或装置设计的宜人性、关键控制器的容错性、信息反馈等。

（2）任务复杂性：虽然说航天任务一般实行在地面设计或规划好的，也有相应的规程或实施计划，航天员在地面也有专门模拟训练，但是随着航天科技发展，航天任务日趋增多与复杂，部分航天任务具有开放性、不确定性与复杂性，如出舱作业、航天员月球登陆、意外险情处置，高精度动态作业（如手工交会对接），以及特殊方式作业（如仰姿、匍匐姿、躺姿等非正常姿势作业），会加大航天员作业负荷，以及完成任务的难度与风险，主要包括任务流程/内容复杂、未计划任务/培训任务、特殊姿势作业、特殊控件或操纵器操作、意外险情处置与高精度动态作业等。

（3）作业程序/计划：作业程序和计划的可获得性几乎是操作团队执行给定空间飞行活动的最重要的支持。虽然一些程序和计划可能在一项活动之前就已经制定好了，但在载人航天活动中，硬件或软件的设计者很少能完全按照他们的意图进行。除了事先计划好的或已知的活动，许多载人航天活动是为了应对失败或意外情况而进行的，一般来看，事故场景越危险和时间越紧张，检查和验证程序的时间就越短，主要包括程序/计划的系统性/充分性、可读性、准确性/完整性，以及有效性等。

4）组织管理因素

（1）通信交流：主要包括在轨航天员之间的交流、航天员与地面控制中心人员的通信交流，包括通信交流的有效性、充分性与及时性。

（2）可用时间：受航天器能量消耗控制、飞行绩效、姿态控制、窗口期与总体任务要求限制，航天员执行的部分作业任务或活动是有时间要求的，给任务完成、作业质量与行为可靠性带来负面影响，该影响在核电系统中是十分显著的，对航天人因失误而言，时间压力也是客观存在的，直接影响航天员的作业可靠性。

（3）作业负荷：航天员为完成给定任务需要付出的精力、时间、体力与其他资源的总称，但是航天员的特定的时间地点的精力、时间等资源是有限的，因此，若某个任务消耗太多资源，就会增加航天员的作业负荷，导致其作业疲劳、认知水平（信息获取、判断、决策等能力）、作业能力（如作业速度、精度、力量、等）下降，会给航天员任务执行带来不利影响。

（4）团队合作（含地面支持）：团队成员协作能力是团队可靠性的重要基础，载人航天活动一般也是由多名机组人员或地面支持人员共同完成的，一般来说防止协作问题导致任务失败的主要方法就是改善团队合作质量。团队绩效的评估对于验证是很重要的，尤其是确定协作的质量是否会导致给定任务的失败。

6.3.2 航天作业人因失误及其辨识

1. 航天人因失误概念、分类与诱发因素

1) 航天人因失误概念

航天人因失误一般是指发生在航天活动出现与人相关的差错或疏忽，即航天活动中任务执行人员（主要是航天员，还包括地面支持人员等）不能按照规定条件或要求（如时间、精度与顺序）完成规定的任务/操作，导致航天系统相关设备设施或航天器自身损坏、无法正常运行、效率降低、性能受损，甚至引发航天飞行事故，如1966年美国载人飞船因航天员操作失误，叠加姿态控制发动机故障，导致飞船姿态失控。

航天人因失误定义表明，航天人因失误发生于航天活动执行人员与航天系统及其设备之间的交互活动中，航天活动中"人"是指执行航天任务的人员，主要是指航天员，"机"主要是指航天器，以及与航天员具有人-机界面的设备、载荷等，如舱外航天服、舱外工具、舱外载荷、机械臂、实验设备设施等，航天活动中的人机关系满足一般意义上的人-机系统概念，航天员失误作为个体人，其失误产生的基本原理与地面人因失误基本相同；当然航天人因失误与其他领域的人因失误一样会对航天活动中的特定人-机系统带来一定后果或人员伤害，航天人因失误与其他工业系统人因失误概念内涵本质是一样的，但是人因失误表现形式有差异，人因失误诱发因素不一样，其具备以下几点自身特征：

（1）属性一致性：基于上述对航天人因失误概念与属性阐述，结合前期国内外对航天人因失误的研究结论，航天作业活动属于典型的人-机交互活动，航天人因失误与其他领域的人因失误本质与基本概念是一致的，因此，航天人因失误的内在与外在属性与其他领域（如核电、航空等）是基本一致的，如发生时间地点的不确定性、人因失误风险客观存在性、事故后果严重性、人因失误可以预测性与人因失误不可完全避免性等。

（2）诱发因素特殊性：任何形式或领域的人因失误都是由该系统中的人、物（机的）、环境与组织管理中不良或缺陷因素诱发的，航天人因失误也不例外，外太空特殊的作业环境使航天人因失误具有一定的特殊性与复杂性，如外太空的失重、加速度、长期密闭等特殊人因失误诱发因素，在航天人因失误分析中要重点考虑，目前，一般是从失重等特殊环境导致航天员生理状态、作业能力与认知水平下降方面来考虑的,并纳入航天人因失误行为形成影响因素。

(3) 必然性:人因失误与其他事故一样难以避免,航天活动特殊环境、高度精准飞控要求与执行探索性任务,对航天员操作能力与认知水平提出越来越高的要求,加上在太空飞行中失重、辐射和心理等因素对航天员的健康、作业能力与认知能力带来明显的负面影响,因此,相对地面其他工业系统人-机交互,航天员执行航天任务发生人因失误就具有必然性特征。

(4) 随机性:航天员作为系统的主体,是操作失误得以发生的主要因素,而人本身又是一个极其复杂的系统,具有明显的实变特性。因此,每个人操作差错发生的时间、部位、场合以及发生在谁身上都是随机的,不确定的,很难用确切的数学模型来表达,只能依靠大量的数理统计,才能掌握航天员操作失误发生的一般规律。

(5) 突然性:载人航天的特殊性,使航天员操作失误不像机器性能衰减或构件强度降低一样有一个渐变的过程。所造成的后果往往会突然爆发出来,使航天员处于措手不及的境地而造成航天器的失效。

(6) 隐蔽性:失重、辐射等特殊太空环境会导致航天员作业能力与认知水平下降,且操作失误往往是在操作者误认为正确的情况下发生的,加上人的习惯性和迟滞性导致难以发现自己失误,航天员也是一样;此外,航天系统在设计、制造等环节出现的人因失误导致航天系统或设备功能受损或缺失很隐蔽,难以被发现与纠正。

(7) 后果严重性:航天活动属于高科技领域探索性活动,风险高、成本高与政治意义重大是其显著特点,航天器一旦被发射到外太空,若发生意外或操作失误,相对地面系统可供应急的途径或手段很有限,容易因人因失误事件而诱发演绎成航天器毁损或失控的灾难性事件,后果十分严重。

2) 航天人因失误分类

人因失误分类标准与方法比较多,综合考虑航天人因失误预防工程应用与航天人因失误风险分析要求,拟分别从工程与认知角度对航天人因失误进行分类,构建起"工程-认知"复合型航天人因失误分类体系。

(1) 从工程角度划分航天人因失误。以 Swain 人因失误分类法为基础,考虑航天活动特征,可把航天人因失误分为以下 8 种:

① 遗漏型失误:航天员遗漏或忘记该做的任务,或者遗漏执行任务中的某个步骤;

② 执行失误:航天员没有完成规定的操作,或者把规定的任务做错了;

③ 多余型失误：航天员执行了无关的或者不需要执行的操作或步骤；

④ 顺序型失误：航天员执行规定操作时，发生了次序错误；

⑤ 时间型失误：航天员没有正确按照操作时间要求去执行任务，如没有按规定的时间完成任务，或提前执行操作，如航天员提前启动姿态调节发动机等；

⑥ 选择型失误：航天员在执行任务时，没有按照要求或规程来执行选择操作，导致选择对象错误、漏选、多选等，如错误地选择开关、设备、按钮等；

⑦ 质量型错误：航天员执行任务时，完成任务质量没有达到规定要求，使得任务执行结果出现质量偏离，若交会对接偏差过大、密封件紧固不到位等；

⑧ 方向型错误：航天员执行任务时，方向选择或判断错误，如反方向操作、飞船姿态方向调整错误等。

（2）基于航天员认知功能与 SRK 行为模型来划分。

① 信息获取（监视）失误。航天员要实现对航天器的操控必须及时从航天器显示终端获取相关信息，在航天员信息获取活动中发生的认识失误称为信息获取失误或监视失误，对航天员而言主要包括视觉、听觉与触觉三类失误，具体如表 6-1 所列。

表 6-1 监视/发觉认知失误及其属性

失误类型	认知功能	人因失误	具体的失误（用关键词表述）
规则型失误	看/听	看/听失误	没有、延迟、错误
	认识	认识失误	没有、延迟、错误
知识型失误	信息定位/搜索	信息定位失误	没有、延迟、错误、丧失（找不到信息）
	多个信息搜索	多个信息搜索失误	遗漏、不相关、不充分、多余
	触摸	感觉错误	错误、类似、不相关

② 状态评估认知失误。航天员需对获取的信息进行比对和判断，以完成从外界获取信息的识别，以获取航天系统特定的状态信息，从而容易产生信息的比对失误、没有比对或者比对延迟。针对复杂的任务，在收集若干的信息并进行比对后，对信息进行整合，综合考虑系统的状态，有可能产生对状态的解释错误、对状态的解释不充分、对状态的解释延迟，以及解释的丧失，具体如表 6-2 所列。

表 6-2 状态评估认知失误及其属性

失误类型域	认知功能	人因失误	具体的失误（用关键词来表述）
知识型失误	对比	对比失误	没有、延迟、错误
	信息整合	信息整合失误	过滤、关联与分组、优先性区分
	诊断/状态	诊断/状态解释	失误
	解释	失误	没有、延迟、错误、丧失
	原因辨识	原因辨识失误	没有、延迟、错误
	状态预计	状态预计错误	没有、错误

③ 响应计划认知失误。航天员完成信息识别后，就会根据输入信息认知结果制订响应计划，已完成对输入信息响应，可能在选择响应计划时出现错误，或者没能做出选择，选择之后，操作员需跟随响应计划，在跟随的过程中可能出现失误；如果没有响应计划，操作员需要重新评估做出新的响应计划，但响应计划可能是错误的、不充分的、无法做出以及延迟做出等。具体如表 6-3 所列。

表 6-3 响应计划认知失误及其属性

失误类型	认知功能	人因失误	具体的失误（用关键词表述）
知识型失误	目标识别	目标识别失误	没有、延迟、错误
	计划构建	计划构建失误	没有、延迟、错误
	评价	计划评价失误	没有、延迟、错误
	选择	计划选择失误	没有、延迟、错误
	跟随	计划跟随失误	没有、延迟、错误

④ 航天员响应执行失误。操作失误是航天员最有可能发生的失误，属于显性失误，操作失误模式可以分为操作遗漏、错误的目标、错误的操作、不充分的操作和操作延迟五大类，其中操作遗漏包括遗漏规程/程序中的步骤、没有认识到没有执行的动作、遗漏规程/程序步骤中的一个指令等；错误的目标包括正确的操作在错误的目标上、错误的操作在错误的目标上；不充分的操作包括操作太长/太短、操作太大/太小、操作不及时、操作不完整、调节速度太快/太慢；错误的操作包括操作在错误的方向上、错误的操作在正确的目标上、操作序列错误、数据输入错误、记录错误，操作延迟包括操作太晚，具体的分类见表 6-4。

表 6-4 响应执行/操作失误及其属性

失误类型	认知功能	人因失误	具体的失误（用关键词表述）
技能型失误	操作（空间）	操作疏忽	疏忽
	操作（时间）	没有及时操作	太早、太晚
	操作（目标）	操作目标错误	正确的操作到错误的目标
规则型失误	操作（程度）	不充分的操作	太长/太短、太多/太少、不完全的、调节速度太快/太慢
	操作（方式/位置）	错误的操作	错误的操作到正确的目标上、错误的输入、错误的记录
	操作（顺序）	漏操作或跳项	错误的序列
	操作（方向）	反方操作	操作在错误的方向

（3）基于航天员执行任务的类别来划分。前面根据航天员执行任务属性把其划分为操作类任务与认知类任务两大类，其对应失误方式也可以分为操作类失误与认知类失误，具体如表 6-5 所列。

表 6-5 航天员执行操作类与认知类任务呈现的人因失误特征

任务类型	人因失误特征			人因失误指标
	人因失误发生的环节	人因失误类型	人因失误影响因素	
操作类任务	关键操作步骤	操作失误：如对象错误；方向错误；位置错误；工具使用错误。流程错误：顺序错误、遗漏、引入非流程操作；无操作或无效操作，不当操作等	人-机交互缺陷：同类型设备安装位置相近且不易区分，缺少标识，工具不易区分；操作空间或身体姿态受限；任务负荷高导致操作失误。个人原因：训练不充分，个人状态	重复操作次数/取消操作次数；遗漏/疏忽操作次数；违反流程操作次数；操作时间；非流程操作次数；操作时间；操作成功率/失误率；工具选择错误率
认知类任务	可区分的任务流程/环节和阶段	外显失误行为，信息获取错误（如漏看、错看）；信息加工错误（信息理解、判断、决策）；执行错误（操作时间过长、操作方向相反、操作结果错误）		信息获取/搜索时间；漏看/错看次数；信息加工错误；违反流程操作次数；非流程操作次数；操作时间；操作成功率/失误率

航天员人因失误虽然有自身的特征，但是其基本属性与核电等其他领域人因失误基本一致，人因失误模式与分类方式也相似，其特有的"重力"等特殊外太空环境行为影响因子是其显著区别，且"失重"这类特殊外太空环境对航天员的可靠性与行为绩效影响十分显著，也是诱发航天员人因失误的主要因素，结合上述航天人因失误特征与模式，考虑航天作业活动特有的影响因素，参考一般工业系统人因失误机理演化模式，构建起航天员人因失误机理演化模型，具体如图 6-2 所示。

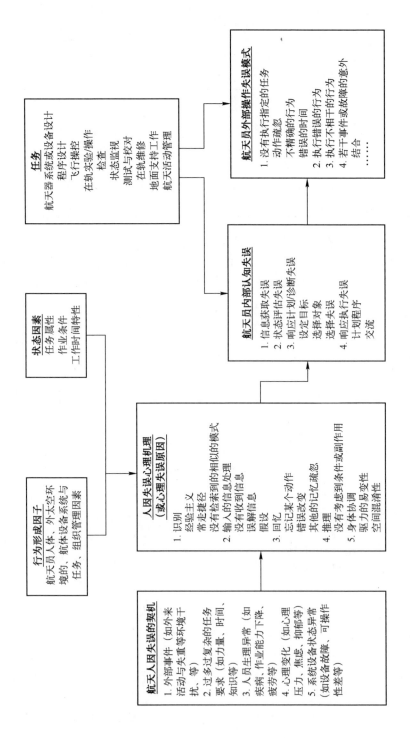

图 6-2 航天员人因失误机理分析框架

2. 航天人因失误风险辨识

航天任务由于其特殊的作业环境和操作方式，会增加航天员对系统控制的难度，带来人因失误的风险。为有效预防和减少航天员在执行任务时的人因失误，有必要研究实用的人因失误辨识方法，对航天员人因失误风进行识别、预测。

1）人因 HAZOP 风险辨识方法

危险与可操作性方法（HAZOP）于 20 世纪 70 年代被英国率先提出，是一种基于风险的安全分析方法，主要目的是识别出可能存在于复杂的工艺系统中，由于设备故障和人因失误等引起的风险，进而分析风险产生的原因，并且提出控制或降低风险的相应措施，从而能够改善工艺系统的安全性和可操作性。

人因 HAZOP 分析是从传统的 HAZOP 分析中演变而来的，主要分析在关键操作或者维护活动过程中出现人因失误的可能性，辨识可能的人因失误风险，并提出合理建议，以达到优化操作的目的。人因 HAZOP 分析通常可以分为 3 个主要步骤：分析前的准备工作、针对每个步骤进行人因 HAZOP 分析（判定可能的人因失误风险）、编写分析报告并给出合理建议。

(1) 分析前的准备工作：

① 明确人因 HAZOP 分析的主要任务。找出如果在关键操作以及维护活动中出现人因失误会发生什么。可能出现的人因失误大致可以分为 2 类：一是若遗漏动作会发生什么；二是若动作执行错误会发生什么。

② 分解操作步骤。在执行人因 HAZOP 分析以前，首先要将需要分析的过程分解成简单独立的"动作"，将每个动作看作传统 HAZOP 分析的节点。分解出来的步骤动作越简单，动作对象越少，越有利于后续的人因 HAZOP 分析。

③ 明确引导词。对于人因 HAZOP 而言，目前尚没有统一的标准，但是有国内外学者相继提出了自己的引导词。对于动作遗漏常用的引导词有无、缺少、部分；而对于动作执行错误常见的引导词则有超出、不达标、代替、错选、混乱等。从引导词中也可以看出，人因 HAZOP 充分考虑了人因失误的因素。

比较常用的是双引导词分析法和 8 引导词分析法。双引导词常用于危险性较小的场合，双引导词分别是"步骤跳跃"和"步骤执行不正确"，其中"步骤跳跃"包括无、缺少、部分等，而"步骤执行不正确"包括超出、不达标、代替、错选、混乱等。8 引导词常应用于相对复杂的步骤中，引导词包括缺失、无、部分、执行超出或过快、执行不达标或过慢、伴随、执行过早或规程打乱、替换（做错事）。

(2) 人因失误风险判定。将操作步骤和引导词相结合产生一个偏差，人因 HAZOP 分析只需考虑哪些具有实际意义的偏差，然后专家团队通过分析偏差所涉及的原因和后果（人因失误风险及其诱因），并且找到现有安全措施，提出合理的改进措施。

（3）记录合理的建议，并编写人因失误风险分析报告。

2）航天任务人因 HAZOP 评定流程

根据上述人因 HAZOP 分析的主要步骤，确定航天任务人因 HAZOP 评定流程，如图 6-3 所示。

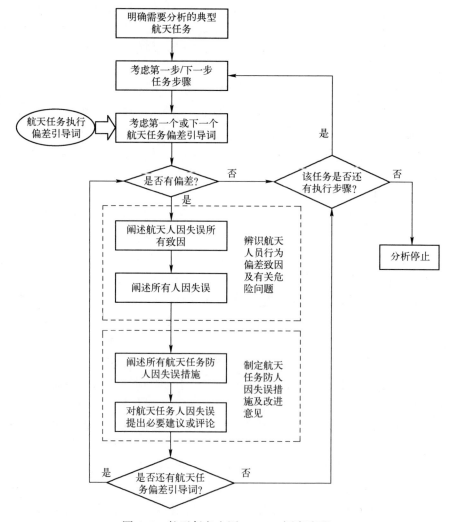

图 6-3 航天任务人因 HAZOP 评定流程

3）基于 HAZOP 航天人因失误辨识实例

以航天员的维修任务分析为例，开展基于 HAZOP 的维修任务人因失误辨识。系统设备状态稳定后，根据程序安排，地面通知航天员开始进行维修试验，航天员根据维修操作员的安排和步骤开展维修活动。航天员组装维修工作台、搭建维修工作环境后，按顺序进行维修更换。以应用信息主机02整机更换操作为例，其主要步骤包括拆卸待更换部件、移除故障部件、安装新的部件等。基于上述流程开展航天员环控维修作业活动的人因失误风险辨识，辨识结果如表6-6所列。

表6-6 环控维修任务人因失误风险辨识

步骤	任务分析和行为要素	可能人因失误（含偏差）	人因失误判定
拆卸主机顶部的连接器插头/液冷冷板的快速断接器	关键行为要素包括观察、选择工具、拧、拔等	操作错误：拆错部件（目标错误），选择工具错误，引入其他操作等。 操作困难：工具不易使用，操作不方便（如空间有限），人的位置不好固定，操作体力负荷大	容易出错步骤：通过结果判断出错步骤。
拆卸12个M5紧固件	关键行为要素包括观察、选择工具、拧、拔等	操作错误：选错工具，拆错部件（目标错误），引入其他操作等。 操作困难：工具不易使用，操作不方便（如空间有限），人的位置不好固定，操作体力负荷大	操作错误：结果判定，如操作动作错误等，基于图像和后台记录数据与标准动作分析。
抓握主机顶部的2个把手移除故障机	关键行为要素包括抓握、拔、移动等	操作错误：抓错部件（目标错误）/位置错误，移除方式错误，引入其他操作等。 操作困难：操作不方便（如空间有限），人的位置不好固定，操作体力负荷大	
换上故障机备件	备件选择，更换，安装：拆卸、拧紧等	目标选择错误；更换步骤错误；安装错误等。 操作不方便（如空间有限），人的位置不好固定，操作体力负荷大	流程错误：过程中判定，基于图像和后台记录数据与操作流程对比。
安装12个M5紧固件（M5内六角加长杆工具）	关键行为要素包括观察、选择工具、拧、等	选错工具，目标选择错误；更换步骤错误；安装错误等。 操作不方便（如空间有限），人的位置不好固定，操作体力负荷大	其他错误/偏差：基于图像和后台记录数据、主观报告分析
安装液冷冷板的快速断接器/安装主机顶部的连接器插头	关键行为要素包括观察、选择工具、拧、拔等	操作错误：拆错部件（目标错误），选择工具错误，引入其他操作等。 操作困难：工具不易使用，操作不方便（如空间有限），人的位置不好固定，操作体力负荷大	

6.3.3 航天作业人因失误分析与预防

航天人因失误广义来看就是航天员在执行航天任务过程中出现的人因失误，航天人因失误属性、特征与形成机理均源于人因失误，航天人因失误区别于其他工业系统人因失误（如核电、航空、军工等）仅仅是外在表现形式、人因失误影响（诱发）因素，以及人因失误产生对象系统与相关人员，航天人因失误的自身属性主要为航天活动特殊的外太空作业环境（失重、加速度、长期密闭、恶劣外太空自然环境等，其中失重是其关键与通用因素）、作业任务或活动的差异（航天任务具有探索性、高风险性与高价值性），以及执行人员（航天员、地面控制与支持人员等）重要性，因此，开展航天员人因失误分析基本思想、原理与流程与其他工业系统人因失误分析是基本一致的，但是在航天人因失误分析中一定要注意航天活动特殊的外太空作业环境、航天任务自身属性（如高可靠性、复杂性、探索性、高成本性等），以及航天器（设备设施）结构与操控方式与其他工业系统的差异，这些因素考虑要贯穿在航天人因失误分析全过程，特别是在航天员可靠性行为形成因子（PSF）构建、人因失误风险辨识、人因失误原因分析，以及人因失误风险量化要重点考虑。下面基于航天人因失误特征及其人因失误分析需求，借鉴 PSA 中人因可靠性分析理论来建立航天人因失误分析框架与流程。

1. 基于 HRA 方法的航天人因失误分析框架与流程

根据系统科学的系统类比思想与安全科学的事故分析原理，航天人因失误分析的基本原理可借鉴系统安全分析相关理论，其具体分析框架与流程可以借鉴基于经典 HRA 方法形成的规范化 HRA 分析框架与流程，具体如图 6-4 所示。

1）航天任务定义/理解

任务的定义/理解是对所需解决的总体任务或失误给出准确的定义，可划清研究的边界和与其他正在进行评价的界面，以确保在研究范围内所有不同类型的相关人员行为（主要是航天员）都得到充分的考虑，保证关键的人-系统交互（HSI）作用应被包含在系统分析的逻辑结构树图中（如事件树、故障树）。为了不遗漏重要的人因的影响，必须强调定义的完整性，可以以 HSI 为分类框架来帮助考虑在事故序列的不同区域中可能的 HSI，同时考虑故障树或事件树上的每一点的这些类型的人员行为。

2）航天任务分析

为了成功地完成航天任务，须研究所有的单个元素如何组合，事实上航天任务分析是一个采集信息、建造任务逻辑结构的过程。航天任务分析是 HRA 用来描述和分析人-机交互的一种基本方法，分析人员在预测可能发生什么失误之前，必须明确地确定航天员应该执行什么样的行为才能正确完成任务（图 6-4）。航天任务分析主要通过定义任务、选择任务分析工具、描述任务和分解任务来进行。当前可采用的分析方法有层次任务分析（HTA）、认知任务分析（CTA）、目标-方法任务分析（GMTA）等，在航天任务分析中建议采用通用的层次任务分析法。

第6章 人因可靠性理论与方法在大型复杂人-机-环境系统中的应用

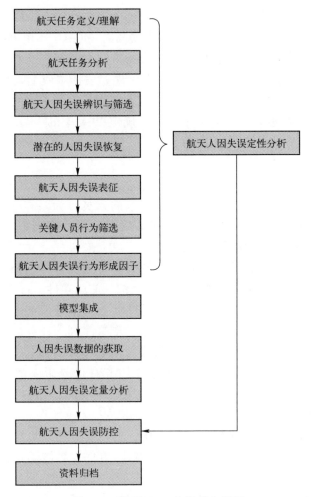

图 6-4 航天 HRA 分析基本框架

3) 航天人因失误辨识与筛选

基于任务分析，仔细辨识整个任务中每步潜在的失误。人因失误辨识是 HRA 的主要定性分析阶段。人因失误辨识的主要目的是识别 PSA 场景下航天操作员任务可能的人因失误机理和失误模式。辨识必须确保正确评估操作员任务潜在的人因失误原因（失误机理）和人因失误分类化表现（失误模式），为 HRA 提供有效的分析工作架构，为采取减少人因失误的措施提供决策依据，其人因失误辨识流程与方法见 6.3.2 节。

4) 潜在的人因失误恢复机制

人因失误恢复的可能性和机制：识别及评估所辨识出的人因失误恢复的可能性及其机制，这需要在最初的任务分析中收集额外的信息。

5）航天人因失误表征

人因失误表征是指将所识别的人因失误或人-机相互作用采用一种适当的逻辑方式给予描述，常用的表征人因失误的方法有故障树分析、人的可靠性事件树、操作员动作树、混淆矩阵等。人因失误表征本质上是在 PSA 中考虑的人员行为失效与导致其行为产生的所有主要因素（PSF）之间建立一种因果逻辑关系。为描述这种逻辑关系，需要确定 PSA 中的人员行为失效模式，建立合适的航天作业环境下 HRA 系统中的 PSF 集以及研究 PSF 与失效模式之间的关系。

6）关键人员行为筛选

识别对系统安全和航天任务有显著影响的人员行为，避免浪费资源。筛选采用定性的系统分析规则与定量相结合的方法，最终得到关键的人员行为。

7）行为分析及其影响因子确定

确定建模关键影响因素，对重要的航天员行为进行详细描述，包括行为类型、探测方法、允许时间、报警方式、反馈、应激条件、行为形成因子等。

辨识附加约束，如行为形成因子：通过以上工作可识别出与总体任务相关的大多数特定的约束条件，如可用时间、步骤序列、任务的特殊内容，但还有其他因素需要考虑，特别是与人员执行任务相关的因素，如经验、培训水平、应激水平。凡是对于成功完成总体任务有重要影响的因素都应当找出来。

8）模型集成

将重要的人员行为集成到系统模型中，首先要分析研究已经找出的关键 HSI 人的行为对系统响应的影响，包括对初因事件、系统不可用度、共因失效、事件树定量化以及可能产生新的事故序列的影响。然后按影响度筛选分类，将其归入原来分析的事件树和故障树模型中，若发现新的影响后果，应建立新的分析和定量化模型。

9）人因失误数据及其获取

人因失误数据是 HRA 定量分析的基础，HRA 的难点之一就是人因失误数据的缺乏，对航天人因失误分析而言，航天员基本人因失误概率数据更加难以获取，因为航天员外太空真实特殊的作业环境（如失重、加速度等）在地面是不可能完全与大规模重现或仿真的，虽然理论上说人因失误数据来源很广泛，如人员经验数据、模拟机数据、实验数据、专家判断、综合数据，但是事实上要获取与使用这些数据是十分困难的，因为数据来源不同导致数据格式、精度与类型千差万别，加上人因失误事件属于稀少事件，其可靠性数据获取需要一致性环境下的大样本数据，这是不现实的，成本也是极其高昂，对航天人因失误数据更是如此，因此，目前大数据挖掘与虚拟仿真实验可能会带来新的有效的可接受的数据获取途径。

10）定量分析

应用恰当的数据或其他量化方法对所考虑的各种人员行为来确定概率值，分析灵敏度，建立不确定性范围。

11）航天人因失误防控

任何行业的人因失误风险分析最核心的目的都是人因失误预防与控制的工程应用，以预防系统的人因失误风险，降低系统事故风险，为生产活动提供保障。航天人因失误分析的归属也是预防与减少航天员在执行航天人因失误时的风险，尽可能避免事故或意外事件发生，以保证航天员安全与航天活动顺利开展，航天人因失误防控一般根据人因失误辨识、风险评估与事故原因分析的结果来制定相应的"人员防护–技术保障–环境改善–组织管理"系统安全对策或措施。

12）资料归档

建立文件包括必需的信息，以使评价是可追溯的、可理解的和可重新产生的。

2. 航天人因失误分析技术方法

国际上人因失误预测分析一般都借鉴传统的认知模型或者绩效模型，如 ACT（adaptive control of thought-rational）模型、MIDAS（man-machine integration design and analysis system）模型、CES（cognitive environment simulation）等[11]，但航天作业获得的环境特征与任务属性等在这些人因失误预测分析模型中没有得到全面与客观的考虑。航天员执行的任务可划分为两大类：一类是执行以仪器设备或设施操作为主的任务，即操作类任务；另一类是相对复杂且需要航天员积极应对的任务，该类任务航天员有明显认知活动（如计算、推理、决策等），即认知类任务，航天员在执行不同类任务时其作业性质、认知过程与人因失误属性都是不一样的，因此，其使用的人因失误分析方法也是不一样的。

1）执行类任务航天人因失误分析

该类任务都是发射前预设好的，制定了详细、可靠性与验证过的操作规程或手册，且航天员在地面接收大量模拟训练，这类任务操作活动多属于规则型与技能型的，如航天器搭载的各类设备载荷的操作、维修和更换等，尤其是舱内维修，涉及了大量基本操作，航天员执行该类任务时出现的（潜在的）人因失误特征完全符合人因失误概率预测技术（THERP）对任务与行为的要求，因此基于 THERP 的原理、模型与流程来构建面向操作类任务的航天员人因失误分析方法，称为基于 THERP 的航天人因失误分析技术（S-THERP）。

航天员执行的航天任务复杂多样，当航天员执行操作类任务时，其人因失误分析可以采用基于 S-THERP 方法来进行，基于 S-THERP 方法的理论体系、分析流程与计算模型，充分考虑航天员作业面临的特殊作业环境与作业特征，主要对 PSF 体系、基本人因失误概率值与操作动作模化三个方面进行改进，建立起适应航天人因失误分析的 S-THERP 技术方案（图 6-5）。

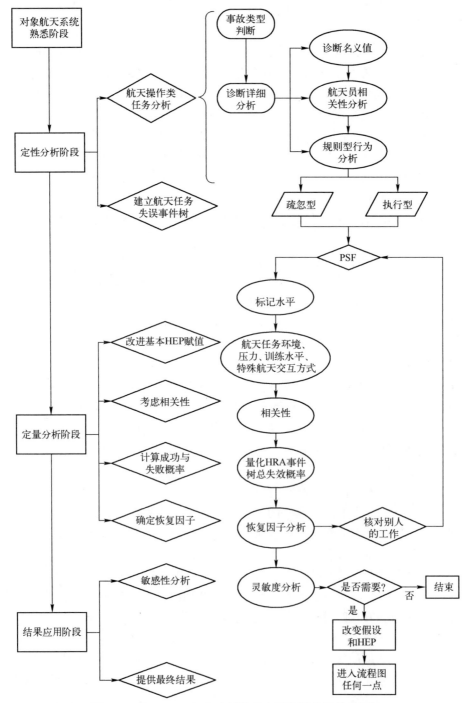

图 6-5　基于 THERP 方法的航天人因失误分析技术框架

(1) PSF 体系调整：THERP 中的行为影响因子比较完善，且可根据操作任务实际情况进行调整，航天员处于特殊外太空环境，其行为影响因素虽然很特殊，但是相对固定（如 6.3.2 节），因此，在航天人因失误分析时，把"失重"这一关键航天员行为影响因子纳入，从失重对航天员作业能力与认知水平影响入手，通过对比验证实验来获得"失重"这一关键航天员行为影响因子对航天员人因失误的影响程度，并作为航天员行为影响因子标杆，去修正其他对应 THERP 方法中的 PSF。

(2) 航天基本人因失误概率值获取与修正：THERP 方法提供丰富的源自一般工业系统与核电系统的基本人因失误概率，被广泛修正应用于核电、航空、制造业等行业人因失误量化分析，其数据都是在地面获取，不能用于处于失重等特殊作业环境中的航天员人因失误计算，可以通过两种方法来获取航天人因失误基本人因失误概率值（BHEP）。

① 以地面模拟的"失重"环境为基础来获取航天员基本人因失误概率值，在地面模拟"失重"环境下开展给定的航天员模拟操作实验来获得相应操作动作的基本人因失误概率，并与 THERP 数据中的相同操作动作基本人因失误概率值的比较分析，通过数学模型来挖掘"失重"环境与"地面"环境之间基本人因失误概率值的修正关系模型，以此来建立基于地面环境构建的 THERP 各类基本人因失误数据与外太空航天员基本人因失误数据之间的修正关系，以快速获得航天员执行航天任务的基本人因失误概率值（S-BHEP）。

② 以航天员在地面模拟（失重环境下）在轨的大量训练行为基础，通过行为分析软件与大数据挖掘技术，通过一段时间数据累计来获得航天员部分操作的基本人因失误概率值与其他相关数据。

(3) 航天员基本操作动作的模化：航天员执行操作性动作相对地面工业作业或人-机交互类别与数量要少很多，航天员的操作动作相对比较规范与固定，因此，可把动作划分为"动素"（动作最基本构成要素，如拉、拧、压、点击、推、拉、抓等），通过基本"动素"组合来完成对航天员操作动作的定义与分析，然后，通过获取失重环境下"动素"的基本人因失误概率值通过推导演化来获得航天员各类操作行为的基本人因失误概率值，可以大幅减少航天操作行为的基本人因失误概率值的量，同时也简化了分析过程，同时，优化动作分析的一致性，不但可以提高基于 THERP 开展航天人因失误分析结果一致性，快速获取航天员各类基本人因失误概率值，还可以大幅降低分析工作量。

2）认知类任务航天人因失误分析

航天员在执行航天任务时，几乎所有的任务都是有预设与操作规程的，但是对复杂综合的任务或者面临不确定性因素（如出舱作业外太空环境不确定性、意外事件处理等），或临时性任务或科学实验任务，航天员需要付出积极的认知资源，需要进行信息认知再加工，如计算、推理、决策、再判断等认知活动特征显著，具有较为明显的"信息获取-状态评估-响应计划-响应执行"阶段，如交会对接、机械臂遥操作、舱内资源管理、突发事件处理等，航天员执行该类任务时潜在人因失误完全符合认知可靠性与失误分析方法（CREAM）对任务与行为的要求，因此基于 CREAM 的原理、模型与流程来构建面向操作类任务的航天员人因失误分析方法，称为基于 CREAM 的航天人因失误分析技术（S-CREAM）。

航天员执行航天任务复杂多样，在对航天员执行认知类任务的人因失误分析可以采用基于 CREAM 改进的航天人因失误分析方法来进行，基于 CREAM 的理论体系、分析流程与计算模型，充分考虑航天员作业面临的特殊作业环境与作业特征，主要对 PSF 体系、评估一般绩效条件（CPC）与认知失效区间概率等五方面进行调整与改进，建立起适应航天人因失误分析的 S-CREAM 技术（图 6-6）。

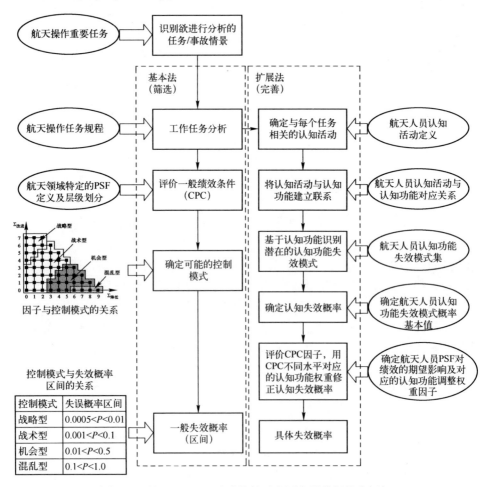

图 6-6 基于 CREAM 改进的航天人因失误分析技术框架

第6章 人因可靠性理论与方法在大型复杂人−机−环境系统中的应用

为了使 CREAM 更好地应用于航天人因可靠性分析，需要根据航天任务的特性、人员操作特征，结合实验数据、专家判断与访谈等工作，对 CREAM 做以下改进。

（1）确定航天 PSF 的定义、水平/分级、对绩效可靠性的期望影响效应，确定航天 PSF 框架，具体见表 6-7。

表 6-7 航天 PSF 框架

PSF 名称及解释	水平/描述	对于绩效可靠性的期望效应	解释或描述	备注
压力水平	无	改进	作业压力、组织压力、心理压力等	调整的 PSF
	一般	不显著		
	较高	降低		
	高	降低		
工作条件/环境	优越	改进	主要包括航天器内部物理环境（如噪声水平、照明、振动水平、温度、湿度、气流、二氧化碳、大气颗粒物、加速度、有毒物质、大气压力、辐射）、航天器自身结构特性（功能区的布置、工作区域通行的便捷性；是否有定位辅助设备的存在；舱口等设备的可用性；信息设备的可用性等）	基于 CREAM 中原有的 CPC 因子调整
	匹配	不显著		
	不匹配	降低		
人−机界面（MMI）与运行支持的完善性	支持	改进	航天飞机上的 MMI（显示器、控制面板、报警器、工作站、手持终端设备、操作设备、语言/通信设备，以及助力器具和约束装置的可用性和质量）或是人员得到的具体操作支持	基于 CREAM 中原有的 CPC 因子调整
	充分	不显著		
	可容忍	不显著		
	不适当	降低		
规程/计划的可用性	适当	改进	所执行任务的规程或计划书的可用性，包括操作、紧急程序执行、常规检查或应急响应，涉及程序格式的一致性、程序质量、地面人员对航天员执行程序的核查质量、程序数量，以及任务计划和安排合理性	基于 CREAM 中原有的 CPC 因子调整
	可接受	不显著		
	不适当	降低		
操作方式与作业负荷	非正常交互	降低	航天员在受限空间执行操作方式（如操作姿势、双手/手脚协调操作、高精度动态操作摩登）；航天执行任务时体力与脑力负荷	新增的 PSF
	正常交互	不显著		
	高精度交互	降低		
可用时间	充分	改进	完成工作的可用时间或任务和状态类型的一般时间压力水平	基于 CREAM 中原有的 CPC 因子调整
	暂时不充分	不显著		
	连续不充分	降低		

续表

PSF名称及解释	水平/描述	对于绩效可靠性的期望效应	解释或描述	备注
人员状态（包括生理与心理）变化	正常	不显著	航天人员生理与心理状态变化，主要是指外太空中微重力、加速度与长期密闭等特殊航天物理环境导致航天员作业与认知能力（记忆、注意力与警觉性）下降、生理适应性（流体转移、平衡功能、空间定向功能、感觉运动功能、姿势功能、运动功能、视知觉功能、听觉感知功能、骨强度等）、生理疲劳，以及航天员执行任务出现的异常心理状态（如紧张、担忧、焦虑、抑郁、兴奋、厌倦挫败、士气等）	新增的PSF
	无明显下降	不显著		
	明显下降	降低		
培训和经验的充分性	充分，经验丰富	改进	通过培训教育获得的执行航天任务工作相关知识与技能，以及应对意外的准备，包括培训的针对性（培训内容/任务与在轨操作任务的相似度）、培训内容更新度、培训次数、培训质量，以及航天员经验与对任务的熟悉程度	基于CREAM中原有的CPC因子调整
	充分，经验有限	不显著		
	不充分	降低		
执行航天任务人员的合作质量	非常有效	改进	航天员、地面控制人员、地面支持人员等的交流、沟通、协调、合作的熟悉度，包括交流准确性、通信有效性、机组成员间协作水平、地面人员支持有效性与及时性、空间飞行资源管理、机组成员间的工作负荷管理、机组领导力等	新增PSF
	有效	不显著		
	无效	不显著		
	效果差	降低		

（2）对于"基本法"计算认知失效区间概率时，考虑到航天工作环境"微重力""狭小空间"等限制对人员行为的影响，需要重新调整航天人因控制模式与失误概率区间的关系，即调整表6-8数值。

表6-8 控制模式与失误概率区间的关系

控制模式	失误概率区间
战略型	$0.0005 \leq P \leq 0.01$
战术型	$0.001 < P < 0.1$
机会型	$0.01 < P < 0.5$
混乱型	$0.1 < P < 1.0$

（3）考虑到航天工作环境"微重力""狭小空间"等限制对人员行为的影响，需要调整航天认知功能失误模式的基本概率，即调整表6-9数值。

表 6-9　认知功能失误模式和失误概率基本值

认知功能	失效模式	失误概率最小值	失误概率基本值	失误概率最大值
观察失效	观察目标错误	0.00030	0.0010	0.003
	错误辨识	0.00200	0.0070	0.009
	未做观察	0.00200	0.0070	0.009
解释失效	诊断失败	0.00900	0.0200	0.600
	决策失误	0.00100	0.0100	0.100
	延迟解释	0.00100	0.0100	0.100
计划失效	优先级错误	0.00100	0.0100	0.100
	制订的计划不适当	0.00100	0.0100	0.100
执行失效	动作方式错误	0.00100	0.0030	0.009
	动作时间错误	0.00100	0.0030	0.009
	动作目标错误	0.00005	0.0005	0.005
	动作顺序错误	0.00100	0.0030	0.009
	动作遗漏	0.02500	0.0030	0.040

（4）根据航天 PSF 因子不同水平对绩效可靠性的期望效应，调整 4 个基本认知功能（观察、解释、计划、执行）的权重，即调整表 6-10 数值。

表 6-10　认知功能调整权重因子值

PSF 名称	水　平	对绩效可靠性的期望效应	对应的认知功能调整权重因子			
			观察	解释	计划	执行
压力水平	无	改进	1.0	1.0	0.8	0.8
	一般	不显著	1.0	1.0	1.0	1.0
	较高	降低	1.0	1.0	1.2	1.2
	高	降低	1.0	1.0	2.0	2.0
工作条件/环境	优越	改进	0.8	0.8	1.0	0.8
	匹配	不显著	1.0	1.0	1.0	1.0
	不匹配	降低	2.0	2.0	1.0	2.0
人-机界面（MMI）与运行支持的完善性	支持	改进	0.5	1.0	1.0	0.5
	充分	不显著	1.0	1.0	1.0	1.0
	可容忍	不显著	1.0	1.0	1.0	1.0
	不适当	降低	5.0	1.0	1.0	5.0
规程/计划的可用性	适当	改进	0.8	1.0	0.5	0.8
	可接受	不显著	1.0	1.0	1.0	1.0
	不适当	降低	2.0	1.0	5.0	2.0

续表

PSF 名称	水平	对绩效可靠性的期望效应	对应的认知功能调整权重因子			
			观察	解释	计划	执行
操作方式与作业负荷	非正常交互	降低	1.0	1.0	1.0	1.0
	正常交互	不显著	1.0	1.0	1.0	1.0
	高精度交互	降低	2.0	2.0	5.0	2.0
可用时间	充分	改进	0.5	0.5	0.5	0.5
	暂时不充分	不显著	1.0	1.0	1.0	1.0
	连续不充分	降低	5.0	5.0	5.0	5.0
人员状态（包括生理与心理）变化	正常	不显著	1.0	1.0	1.0	1.0
	无明显下降	不显著	1.2	1.2	1.2	1.2
	明显下降	降低	5.0	5.0	5.0	5.0
培训和经验的充分性	充分，经验丰富	改进	0.8	0.5	0.5	0.8
	充分，经验有限	不显著	1.0	1.0	1.0	1.0
	不充分	降低	2.0	5.0	5.0	2.0
执行航天任务人员的合作质量	非常有效	改进	0.5	0.5	0.5	0.5
	有效	不显著	1.0	1.0	1.0	1.0
	无效	不显著	1.0	1.0	1.0	1.0
	效果差	降低	2.0	2.0	2.0	5.0

（5）补充相关性与误差修正。在人因失误事件整体失误概率计算时，要根据实际情况，参考THERP方法中对相关性计算的方法，综合误差因子、恢复动作与可恢复动作的相关性，以及平均恢复动作失效概率对航天员总体人因失误概率的影响。

3）航空航天操作人因失误预防与绩效提升

预防人因失误是人因可靠性的重要目标，基于系统安全思想与纵深防御原则，复杂工业系统人因失误预防工程实践都是从人-机-环境-管理方面采取技防-人防-组织管理综合措施，目前国内外（如美国、俄罗斯以及欧洲国家等）对航天人因失误预防基本上也是基于该思想采取类似的综合性防御策略，主要从以下两个方面开展航天人因失误预防：①通过制定与执行严格的安全与工效学设计标准，来提高系统或产品的安全性、可靠性与可用性，从机器的角度来预防人因失误，包括工效学标准、工业设计标准、安全性与可靠性标准等，强制约束产品设计与生产，并且系统性的介入产品设计与生产，进行产品工效学评价；②通过工程管理、工业设计、人员选拔和训练的方法，优化任务流程与人-机界面设计，提高人员作业与风险控制能力，增强系统的容错能力，从人员与组织管理的角度达到减少人因失误与提高系统可靠性的目的。

6.4 导弹保障系统的人因可靠性

6.4.1 导弹保障过程中人因失误原因分析

由于新型导弹武器系统战技性能优良、造价昂贵，因此操作这些装备的人的作用和地位发生了质的改变，即人是其中最重要的一个环节，同时又是一个最薄弱的环节。据统计在导弹武器系统中，由人引起的失误约占60%~70%[12]。新型导弹装备对其保障人员的素质与职业适应性提出了全面的要求，提高人的可靠性是提高新武器装备保障能力的重要途径。

随着武器装备复杂性的增加和斗争环境严酷性的恶化，新型导弹装备对其保障人员的素质与职业适应性提出了全面的要求，要提高武器装备系统的整体可靠性，必须对人的可靠性进行分析研究。认真研究保障人员如何可靠地操作新型导弹武器装备的能力，加强导弹保障人员的作业技能培训，寻找减少各种人因故障的办法，以提高导弹保障人员可靠性，使我军新装备的保障水平实现"跨越式"发展，从而达到提高部队战斗力的目的。

（1）导弹武器系统是一个复杂系统，分系统、仪器设备众多，技术复杂，状态变化快而且大。

（2）一枚战略导弹的设计、生产、使用与维修工作，需要上百人甚至上千人的密切配合，中间环节多，因此操作人员越多，任务越复杂，发生人因失误的可能性就越大。

（3）特殊条件下人的行为，更容易发生失误。战争时导弹武器系统维护，大多是在思想高度集中而又高度紧张的条件下进行，因而该过程更容易发生人因失误。

6.4.2 导弹保障系统的人因可靠性分析

1. 人员可靠性参数预计

该参数建立在9个工作因子的基础上，包括训练情况、人员关系、设备操作、设备检测、电气知识、电子线路分析、参考资料的使用、电气安全和电气修理。

定期收集上述每项工作因数的数据，这些数据涉及操作人员的非常有效的操作和非常无效的操作次数，利用每个工作因数的数据可以计算出值，即

$$R = \sum \alpha / \sum \alpha + \sum \beta \qquad (6-2)$$

式中:α 为非常有效的行为;β 为非常无效的行为。R 的值在 0~1 变化。

操作(维修)人员的总效率为

$$E = R_1 R_2 \cdots R_n \tag{6-3}$$

式中:R_n 为第 n 个因数的比值(可靠性),$n = 1, 2, \cdots, 9$。

预期人员可靠性指数可用于设计分析、人力培训和选择等方面。

2. 人员可靠性评估方法

根据可靠性工程我们引出了一般人在连续工作条件下的可靠性以表示人操作的可靠度:

$$R_H(t) = e^{-\int_0^t e(t)} \tag{6-4}$$

式中:$e(t)$ 为人的瞬时差错率;t 为工作时间。

但在实际计算中,由于人的特性和机能是非常复杂的,影响因素甚多,随机性特别强,所以确定 $e(t)$ 是非常困难的。通常,我们可以利用以下两种方法计算:

1) 分解分析计算法

明确操作对象及操作任务,逐次分解任务,直至分解为作业元素,即具体的单个操作动作通过实验、现场统计或查找已有的数据资料等方法确定每个作业元素的可靠度,计算总任务的操作可靠度。

总任务的操作可靠度应为各作业元素的操作可靠度的连乘积,即

$$R_H \prod_{i=1}^{k} R_{Hi} = \prod_{i=1}^{k} (1 - F_{Hi}) \tag{6-5}$$

式中:R_{Hi} 为各作业元素的操作可靠度;F_{Hi} 为各作业元素的操作小可靠度。

2) 操作可靠度的简易估算法

在没有可靠数据和不能进行实验测定的条件下,也可进行简易估算。根据式(6-2)人体信息处理系统的三个阶段,S(刺激)→O(个体)→R(反应),认为人的基本操作可靠度由接收信息的可靠度、判断的可靠度和反应的可靠度三个部分组成,同时考虑作业时间、操作频率、危险程度、心理与生理上的条件和环境条件的差异进行修正,从而求得操作可靠度,确定操作的基本可靠度,即

$$R'_H = R'_S R'_O R'_t \tag{6-6}$$

式中:R'_S 为接收信息的可靠度;R'_O 为判断的可靠度;R'_t 为反应的可靠度。

根据作业条件操作的基本可靠度进行修正,求得操作可靠度:

$$R_H = 1 - b \cdot c \cdot d \cdot e \cdot f \cdot (1 - R'_H) \tag{6-7}$$

式中:$(1 - R'_H)$ 为操作的基本不可靠度;b 为作业时间修正系数;c 为操作频率修正系数;d 为危险程度修正系数;e 为心理与生理条件修正系数;f 为环境条件修正系数。

6.4.3 导弹保障系统人因可靠性与绩效提升对策

在导弹保障系统中，人是决定因素，提高人的可靠性是提高导弹系统可靠性的关键，导弹系统是一个复杂系统，作为关键要素的人是各种因素的函数，受到主观及客观因素的影响，为提高人的操作可靠性，可从以下两方面开展工作：

(1) 加强培训手段、提高专业素质，增强人的可靠性。

① 注重人员心理训练、意志品质的养成及其强化手段，深入研究文化素质、精神类型素质、气质、性格和能力的问题，从心理角度提高人的可靠性；

② 重视生物节律的研究，揭示符合人本身固有的生理规律，从而减少由于违反时钟规律而造成的生理疲劳问题，提高人的可靠性；

③ 加强基础训练：针对技术人员素质参差不齐，而新导弹装备型号多、专业性强的情况，采取"短期轮训、定期集训""请进来送出去"等方法，加大基础知识的学习力度，提高专业人员的基本技能；

④ 加强对高科技知识的学习，举办高科技知识讲座或学习班，以专业理论为基础教材，以新装备为实践对象，有效提高官兵的理论素养，健全激励机制，营造成才的良好氛围。

(2) 改善工作环境、自然环境，增强人的可靠性。

① 提供良好的照明条件、符合人的生理和心理规律的识别标志，改善操作环境的温度和湿度，减少噪声干扰，防止粉尘、微波辐射、振动等对人体的伤害；

② 充分采用板报、橱窗、广播、发荣誉证、上光荣榜等形式，宣传典型事迹，树立典型形象，激励官兵的技术保障积极性；

③ 为技术人员排忧解难，在福利上向技术干部倾斜，鼓励技术干部钻研业务，营造"干技术吃香、学技术有出路"的良好氛围；

④ 对不能胜任本职工作的技术人员，采取相应处罚措施，以达到鼓励先进鞭策后进的目的；

⑤ 加强实战演练，提高训练层次，牢固树立以训为战的意识，遵循"怎么打就怎么练"的原则，把导弹专业技术训练的着眼点放在适应高技术局部战争需要，提高导弹保障能力上来通过实战条件下导弹保障的快速反应训练、机动保障训练、逐行保障训练等，提高技术人员的实战综合保障能力，提高导弹保障队伍的整体水平。

6.5 其他大型复杂人–机–环境系统人因可靠性

6.5.1 舰船操控人因可靠性

从 20 世纪 80 年代开始，人们对人的因素在海事事故中所扮演角色的认识日益提高，国外相关研究表明，80%的海事事故与人因有关，而与人因有关的船舶碰撞事故的比例高达 85%~96%；搁浅事故由人因引发的占到 90%；碰撞事故中人因失误事故所占的比例高达 95%，而这两类事故占所有海事事故的 50%以上[13]，人因失误已成为海上交通事故的主要诱因。

20 世纪 90 年代以来，联合国国际海事组织（IMO）将更多的注意力转移到人的因素研究方面，专门成立了人因工作小组，着手通过管理和培训途径消除人因的负面影响。不断发展的海事事故表明有必要进行海事船舶中的人因可靠性分析，以期建立因人因失误造成风险的评估方法，能够正确评估执行任务过程中人因失误发生概率，寻求减小系统对人因失误敏感度的措施。同时提高海上安全水平的技术，利用事故报告提供的数据进行人的可靠性分析，发现人因失误的规律，找到改善船舶运行可靠性的途径。

日本海难审判庭对 4800 起海难事故的事故原因分析统计结果表明，海难事故中人因失误的影响因素主要包括环境因素、人员因素、组织管理和人–机界面。

1. 环境因素

环境是系统的重要组成部分，人–机交互总是处在一个特定的环境中，来自环境的扰动总会诱发人因失误的产生，结合海难事故的特点，其环境影响因素主要包括以下 3 个方面：

（1）自然环境的好坏直接影响驾驶人员的操船困难度。恶劣的自然环境使操作人员的生理和心理承受巨大的压力，极易引发人因失误。海上自然环境包括气象和水文，气象是指风、雨、雪、雾等，水文是指波浪、潮流等。

（2）工作环境的好坏直接影响人的绩效输出以及行为可靠性。海上工作环境包括驾驶台内部环境和航道外部环境，内部环境存在噪声、振动，外部航道狭窄、交叉会遇频繁、交通流密度大等都可以增大人因失误的概率。

（3）环境具有不确定性，环境突变需要操作人员采取切实有效的措施来维持系统正常运行，在这个过程中，人极易受到思维、经验等因素的影响，造成人因可靠性降低。

2. 人员因素

操作者是人–机系统中人–机交互的主体，既有其主观能动性又有其客观局限性，同时人员行为特征是一种高度复杂的自适应反馈系统，会受生理活动、心理活动、知识、经验等因素的影响，表现出随机性、时变性与自适应性。

(1) 生理因素：影响驾驶人员行为最基本的人员因素，航行过程中的感知、决策和执行都是依靠个体来完成的，驾驶人员的观察能力、思维反应能力以及处理问题的能力往往会受到人员疲劳程度、体能状况和药物酒精等影响，同时记忆差错、视觉误区与注意力的局限性等生理性局限性也容易引发人因失误。

(2) 心理因素：通过影响生理因素而间接影响人因失误概率，不良驾驶行为的心理诱因包括侥幸、走捷径、逞能、逆反与冒险心理，这些心理因素会给驾驶人员的注意力和反应能力带来负面影响，甚至引发人因失误事件。

(3) 技能素质：包括专业知识、实际操作能力与工作经验，专业知识影响决策能力，操作能力影响执行能力，而工作经验贯穿于影响认知活动全过程，任何疏漏或疏忽都易引发人因失误。

(4) 认知因素：包括认知功能局限和态度动机不良，认知功能局限性体现在记忆力存在时限性，注意力无法每时每刻集中，以及人的感觉存在阈限等，态度动机不良表现在责任心不强、缺乏职业道德、安全意识薄弱等。

3. 组织管理

随着人因工程研究的深入，专家学者逐步认识到潜在的最不易察觉的组织因素对人因失误的影响，而以往经验往往认为技术失效和人因失效是人因失误的最主要原因。据统计，超过50%的人因失误事件是由组织管理不当引起的。组织管理因素主要包括以下几个方面：

(1) 组织规范：设定系统内的统一标准，来规范系统操作人员的行为，保证系统的有序运行。有效的组织规范能够激发操作人员的积极性，更好地投入工作中，对于高风险的行业，如核工业、化工业，具体完备的组织规范显得尤其重要。

(2) 组织目标：衡量一个班组的绩效能力，好的组织目标能够指引班组人员的前进方向；相反，如果组织目标失效就会使班组成员凝聚力下降，导致人因事故的发生。如果组织权利不明，则会导致越权行事、遇事相互推诿等情况的发生。组织心理是指如果组织运行良好，成员会获得极大的成就感和满足感，进而更好地融入工作中；如果组织心理失效，则会使成员缺乏归属感，极易导致心理失衡，引发人因失误。

(3) 组织沟通：组织和组织之间、组织内成员与成员之间的信息交流。

良好的交流沟通能够及早地发现潜在的问题,协调采取合理的措施,避免人因失误事件的产生。

(4) 组织文化:组织在形成发展过程中逐步形成的适合组织自身的氛围、文化和价值体系,这里指组织安全文化。良好的组织文化有利于提高成员的责任心和安全意识,自觉遵守规章制度,降低人因失误的概率。

(5) 教育培训:通过对操作人员进行知识、技能的传授,以达到适应新形势下行业发展的需求。良好的知识、技能能够保证操作人员在危急关头从容应对,减少人因失误的产生。

(6) 组织安排:包括人员配备和任务划分,人员配备尽量做到人尽其才,比如较细致的工作,需要严谨认真的人员来完成;任务划分至少要做到任务分配明确,在执行任务过程中,既不存在交叉又不存在空余。

4. 人-机界面

人-机界面是人-机系统中操作人员完成任务的客体,操作人员的行动意图在很大程度上依赖人-机界面的有效性、完善性得以实施,人-机界面设置不合理将严重影响系统的可靠性,诱导人因事故的发生,人-机界面主要表现在设备特性和任务特性。

(1) 设备主要包括显示设备和控制设备,操作人员可以通过前者了解设备仪器的运行状况,通过后者使自己的行动意图得以实现。

(2) 显示设备采用的是模拟还是数字显示,会直接影响操作人员的读数精确性和难易程度;显示设备布局合理性将直接影响操作人员获取信息的效率和质量;显示信息的充分性和准确性将直接影响操作人员对当前态势的判断,这些因素都极易引发人因失误。

(3) 控制设备是操作人员通过肢体来进行操作的,因此其操作复杂性、操作精确性以及容错率将在很大程度上影响人因失误的概率。操作越复杂、精确性要求越高对操作人员的知识、技能水平要求越高,同时也越容易引发操作失误、操作不到位等现象的发生;控制设备的自动化水平越高,操作人员所涉及的执行动作就越少,人因失误的发生概率就会降低;同时对控制设备进行合理布局,也将会降低操作人员的工作负荷,减少人员的误操作。

(4) 任务对人因失误的影响主要表现在任务的可用时间、任务的复杂性、任务的新颖性等方面;一般可用时间越短,操作人员越容易紧张,进而无法做出科学合理的决策;任务的复杂性增加了操作人员的工作负荷,操作人员需要根据不同的操作规程,借助多种工具手段来完成,大大增加失误的概率;任务的新颖性往往会使操作人员一时手足无措,没有现成的规程、经验可供参考,只能探索性地采取措施,这样往往会因为考虑不全面而引发失误。

（5）多任务诱发人因失误主要表现在任务的数量以及任务的相关性。多重任务增加了操作人员的工作负荷，极易引发疏忽、遗忘、顾此失彼；任务的相关性好，操作人员就会按部就班逐个完成，相反，如果任务在时间、空间上存在矛盾，操作人员很难同时妥善处理所有的任务。

6.5.2 铁路行业的人因可靠性

近年来，我国铁路的安全管理水平有很大提高，但对铁路交通事故中的人因研究却并不系统全面，基于对以往的铁路交通事故统计分析表明，铁路交通事故有70%是由人因失误导致的[14]。铁路行业中的人因可靠性分析的目标是在综合运用安全工程、人因工程学、系统工程等相关学科理论方法的基础上构建铁路交通事故人因分析及对策研究，通过事故分析找出导致事故发生的原因及不安全行为，从而减少人的因素的负面影响。对导致铁路交通事故发生的不安全行为进行定量评价，进而找出导致事故发生的主要不安全行为和最优预防方案，从而提高铁路行车系统安全性。

1. 铁路行业人因可靠性概述

在大规模复杂人-机系统中，操作人员在长期训练及现场体验所获得的知识、技能和操作规程的基础上，通过"控制室"把握系统工作状态，进行复杂的控制操作。随着技术进步和大规模复杂人-机系统的发展，其运行特征对系统中人员行为模式产生了极大的影响，人因失误发生的可能性增大，且后果及影响易于恶化，其主要运行特征如下：

（1）系统更加自动化。操作人员的工作由过去以"操作"为主变为监视—决策—控制。人因失误发生的可能性及其后果和影响变得更大了。

（2）系统更加复杂和危险。大量地使用计算机使系统内人与机、各子系统间相互作用更加复杂，耦合更加紧密；同时，使大量潜在危险集中在较少的几个人身上（如中央控制人员）。

（3）系统具有更多的防御装置。为了防止技术失效和人因失误对系统运行安全的威胁，普遍采用了多重、多样的安全装置。这些装置虽然大大提高了系统的安全性，但是对这些安全装置的依赖性又降低了操作人员对系统危险性的警觉。

（4）系统更加不透明。系统的高度复杂性、耦合性和大量防御装置增加了系统内部行为的模糊性，管理人员、维护人员、操作人员经常不知道系统内正在发生什么，也不理解系统可以做什么。

铁路行业的人因安全主要包括人的心理及生理特征、认知与行为、人-机界面设计、情境环境中人的反应及人的工作负荷等。而铁路运营过程中的人因影响因素分析、机器设备设计对工作人员的影响、不同情境环境中人因失误发生概率和绩效形成因子，是人因安全管理中亟待解决的问题。为了确保铁路行车安全，适应不断增长的路网规模与客货运输需求，构建符合铁路系统运营及控制特征的人因安全研究框架，并建立具有可操作性的铁路人因保障体系与评估方法，已经成为铁路安全管理的基础理论工作。

2. 铁路人因安全保障体系构建

人因安全保障体系构建主要涉及人、机、环境方面，主要目标是发现和纠正潜在的组织缺陷，通过完善组织体系来规范人员的行为和意识，减少情境环境对人员行为造成的不利影响，改善设备带来的人因失误隐患。为了达到这一目的，不仅需要改善工作人员与领导者的行为，还需要建立适应并能促进人因安全的组织架构和文化氛围。

（1）人员规范体系。在整个铁路运营系统中，人是最灵活、最具适应性的，但同时又是最不稳定的因素。运用良好的人因知识和技术，可以降低潜在的危险，加大安全度，提高培训效率和效能。由于影响铁路人因可靠性的因素，主要包括思想素质、技术业务水平、生理与心理素质及群体素质等，因此在人员选拔过程中应对其进行综合考虑与评估。同时，必须按照岗位需要选拔合适的人员，通过各种规章制度、操作规程等岗位培训防止人因失误发生，进而提高人因可靠性。

（2）领导者行为体系。铁路运营是由多部门、多层次人员分工与协作来实现的。工作人员之间相互作用、相互影响、相互依赖、相互制约，必须协调配合，才能有效保证铁路安全运营。领导者是对人员行为过程及其结果负责的人，是组织和工作人员之间必要的纽带。为保证铁路运营的可靠性，领导者需对铁路系统的人、财、物、信息等资源进行计划、组织、协调与控制，以减少工作人员的潜在错误。

（3）组织管理体系。高效合理的组织管理，可以使人、机、环境组成能有效实现预期目标的系统，有助于提高铁路运营系统内人员、设备和环境的安全性，并有协调运营过程中人、机、环境之间关系的功能。在铁路组织管理工作中，应充分考虑各个因素之间的相互作用，通过管理组织的协调，提高铁路运营的可靠性与安全性。

（4）设备任务分析体系。机器设备的设计应适应人的能力与限度，任务的设计也必须考虑人的因素。在很多人-机系统中，要求人的活动是监视、调整和维护，以及消除系统的异常干扰。铁路车站行车人员在进行行车组织的过程中，负责接听电话、接受调度命令、监视车务终端与控制台显示等多种工作任务，设备设计对值班员等关键岗位的工作效率与准确程度产生重大的影响，在考虑设备界面设计与认知负荷的基础上，对值班员与调度员工作任务的安排也应进行相应的规划，统筹考虑工作负荷、设备设计与组织管理。

（5）环境改善体系。铁路工作人员在执行某项任务或动作时，除受到个人因素的制约外，主要受到外部环境因素的影响。由于铁路运营环境复杂，人员在工作过程中随时都可能遇到突发事件，因此为铁路工作人员建立良好的工作环境，能有效提高运营安全的可靠性。

（6）安全文化体系。铁路安全文化的建设直接影响人因可靠性，而人因安全保障体系的实施又将形成和改善安全文化，良好的安全文化氛围是整个组织有效性的保障。在铁路人因安全保障体系建设过程中，应提倡和重视安全文化体系的构建，将安全、团结、协作的意识贯彻于整个铁路运营过程中。

（7）安全反馈体系。在以运营安全为目的的人-机-环境系统中，为了实现对铁路运营安全的有效控制，切实保障人员和作业安全，必须时刻掌握控制效果的反馈信息。建立铁路人因安全反馈体系，应用各种现代化信息技术，提高安全信息的利用程度与反馈效率，可以有效地预防事故发生并保证安全运营，使铁路人-机-环境系统取得最佳配合的安全效果。

依据对铁路人因安全特征的分析，构建高速铁路人因安全保障体系，如图6-7所示。

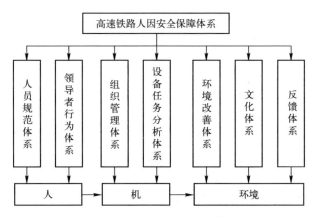

图6-7 铁路人因安全保障体系

3. 铁路人因安全保障措施

1）人员主要保障措施

（1）人员选拔与培训。铁路运营安全依赖高效、安全和可靠的人的行为。驾驶员需要进行应激水平测试，通过对其敏感性程度与各种噪声、强光、颜色的影响差异的判断，评估驾驶员执行任务的可靠性；值班员则需考虑人员自身素质与应变水平，综合个体智力差异和体力情况，同时，应对铁路值班员进行定期培训，通过对以往事故发生原因的分析，进行相应的训练，提高特殊情况发生时值班员的反应速度，降低人因失误发生的概率；此外，基于人的生理、心理、知识水平、操作技能与工作经验等方面对工作人员进行合

（2）合理安排工作负荷。工作负荷是影响人的行为及其可靠性的重要因素。适当的工作负荷在一定程度上有利于增强人的积极性，从而把人的工作效率提高到最佳状态。因此，在铁路工作人员工作负荷的安排过程中，应充分结合人员本身素质和工作要求，制定合理的人员任务分配制度和相应的班次安排，避免超负荷工作。

（3）人员组织管理。铁路运营一般需要多工种与多部门协同动作，对于部门与部门之间、部门内人员之间，以及同一作业的不同操作者之间的协调性要求很高，需要进行合理与高效的人员组织管理；通过协调铁路运营过程中的人、机、环境之间的关系，合理的班组搭配、各项工作协调搭配和工作人员之间的融洽相处，达到运营总体优化的目的。

2）机器设备主要保障措施

高效率的人–机系统应设计成一个整体，在界面设计的过程中应适应人的能力和限度；机器设备设计遵守显示器与人的信息通道相匹配、操纵器与人的效应器相匹配，以及人、机与环境要素相匹配等基本原则；在机器设备设计时，须综合考虑机器工作时产生的噪声、振动、光线对工作人员造成的影响，并通过优化设计最大限度减弱其对人员作业绩效的负面影响；通过优化机器设备的设计，提升人员工作的准确度和时效性，满足铁路高效运营的需求。

3）环境主要保障措施

工作环境对于工作人员意识形成与决策产生重大影响，舒适的工作环境可以提高工作人员正确决策的能力。铁路的工作环境是复杂多变的，在考虑工作人员环境适应能力的基础上，改善铁路工作人员的工作环境，能够减少值班员等工作人员的消极情绪，提升决策效率。同时，营造安全与团结的文化氛围等软环境，不但可减少因安全意识缺乏造成的人因失误，还可丰富工作人员的知识并提高其判断能力。

6.5.3 煤矿安全生产的人因可靠性

1941年，美国工程师海因里希的研究表明，煤矿事故诱因一般都是人的不安全行为和物的不安全状态，随着设备安全性不断提高，物的不安全状态已不再成为事故发生的主要原因，人的不安全行为在煤矿事故中的严重程度日益凸显。相关统计结果表明，2010年我国煤炭行业死亡人数占全行业死亡总人数的46.7%，其中由人员失误造成的事故数达到煤矿总事故数的88.3%[15]。相关研究表明，人的可靠性水平在一定程度决定了煤炭行业安全水平，人员因素发展成为现在煤矿安全生产的主要诱因。因此，把人因可靠性相关理论、方法应用到煤炭安全生产中，对保障与提升煤矿安全生产水平具有非常重要的意义。

通过半个多世纪的发展,人们开发了数十种人因可靠性分析方法(具体见第 3 章),并应用于生产安全评价与事故预防,取得了显著成效,在核电等行业常用的方法有 THERP、HCR、ATHEANA 与 CREAM 等。下面介绍 ATHEANA 方法与计算机辅助技术方法在实际中的应用。

1. ATHEANA 方法在煤矿安全生产评估中的应用

煤矿安全评价的困难在于煤矿安全指标体系影响因素众多,开展安全综合评价比较困难,各指标的重要程度难以比较与确定。ATHEANA 方法是将人的可靠性分析研究与认知心理学、情境影响因素相结合,考虑在人机作业系统中人与系统的交互作用和环境因素的影响,适用于较复杂的系统,ATHEANA 方法的指导思想是多重原则框架,在煤矿生产中,分析方法的应用从 4 个层次展开:第一层次是煤矿设备的设计和维修,这是最基本的层次,直接影响整个操作过程的进展;第二层次是迫使失误环境,包括煤矿生产的状态及安全条件,在这方面进行优化时需要很大的资金投入;第三层次是人的内因失误,涉及失误机理和不安全行为,是人因分析的重点内容;第四层次是风险管理方面的作用,这 4 个层次工作之间环环相扣,互为支持。

以某煤矿连续发生两起瓦斯事故的应用为例进行介绍。

步骤 1:事故描述。某煤矿防灭火措施不落实,采空区漏风,煤炭自燃发火,引起采空区瓦斯爆炸。

步骤 2:确定操作人员在事故发生过程中的不安全行为。①未按规定采取有效的防灭火措施;②在连续 3 次发生瓦斯爆炸后继续违章指挥、冒险作业,违抗省政府禁令,擅自决定再次组织人员下井进行冒险作业。

步骤 3:分析确定该事故发生时煤矿内部的状态和 PSF 因素对操作员的影响,确定操作人员哪个认知阶段出现了错误。

(1) 组织管理。
(2) 培训:缺乏培训或不存在培训环节。
(3) 规程:对煤矿的安全生产以及事故救援没有相应完善的制度。

以上是采用定性的方法研究 ATHEANA 在煤矿安全事故中的应用,根据人与环境相互作用时的复杂性和不确定性,从多个环节入手,较全面地分析了事故发生的原因。

2. 计算机辅助技术方法的应用

第 3 代基于仿真的动态建模系统,利用虚拟场景、虚拟环境以及虚拟人来模拟实际环境中的人的绩效,提供建模和量化的动态性描绘的基础,说明了复杂人-机系统间动态交互的特性。矿井安全监控系统对矿井中的风速、瓦斯、烟雾、CO、湿度、温度等环境参数和生产环节的机电设备的工作状态进行控制和监测,用计算机处理分析并取得有效数据的智能监控系统,具有代表性的有认知环境仿真和认知仿真模型(COSIMO)。

COSIMO用于在事故管理的过程中模拟一个复杂系统的操作行为,它特别关注模型的理论基础算法实现以及一些人-机系统交互的仿真实例,说明在复杂环境中操作员的各种认知功能结构,如信息搜索、模式识别、诊断、监控以及计划和执行。向软件中输入数据库中的数据,通过计算机模拟可在事故演变的各个可能的人员决策点进行操作员动态响应的模拟分析。

计算机模拟仿真技术在一定程度上克服了第1代和第2代分析方法的局限性,尝试建立一种基于模拟现实的动态HRA方法。

综上所述,在煤矿的生产过程中运用相关的人因分析技术可以更好地组织生产,指导培训方向,制定合理规程。中国近十年来煤矿事故百万吨死亡率直线下降得益于人因可靠性分析技术的应用,无论是在煤矿生产方面,还是在核工业、机械制造业、电力运输业方面,由于系统的可靠性的提高,相关人员越来越重视人对操作过程的影响。

6.5.4 石油钻井作业的人因可靠性

石油钻井工程是隐蔽性很强的地下工程,人们依靠各种钻井技术装备和施工工艺,结合不同领域的知识和经验,组织完成了一系列钻井工程项目,并且能对钻井过程进行实时判断和有效控制。然而,由于受到地质条件、装备能力、技术水平、管理规范、施工经验以及现场作业者熟练程度等因素的限制,加上钻井管理体制和钻井运行机制等因素的制约,钻井过程中不可避免地会发生各类事故,造成重大的人力、物力、财力损失。因此,保障钻井安全作业,减少或杜绝钻井工程事故的发生,始终是钻井科技工作者的主要工作目标。石油钻井工程是个复杂的人-机-环境系统,生产过程中存在较多的不确定因素,通过对石油钻井行业发生的重大、特大事故分析表明,人因失误导致事故占比达到60%以上,人因可靠性在石油钻井过程中是十分重要的。

1. 石油钻井作业

与其他行业一样,石油钻井也是一个复杂的生产体系,其主要作业特点有:①野外露天作业、施工条件恶劣。②特殊工种多,存在职业危害。③手工劳动和繁重体力劳动多、劳动强度大,容易使人疲劳、分散注意力,导致事故的发生。④立体交叉作业多,须多人配合。在设备搬迁、事故处理、提下钻具、下管等环节和工作环境中常需多人、多工种相互配合,立体交叉工作。如果指挥不好、衔接不当、防护不严,就有可能造成相互伤害。⑤高处作业较多,钻塔高度较高,在钻塔安装、提钻、下管等工序中都须爬上钻塔高处作业。⑥电设备较多且布置分散,移动频繁,钻机各部分均为导体,极易发生触电事故。⑦施工场地杂乱、泥泞,周围有泥浆池、泥浆槽和井管、滤料等物料和设备,且容易跑冒泥浆。⑧现场多为重型铁器设备,在维修和移动时,经常发生磕碰。⑨施工场地分散,变换频繁。⑩临时员工多。目前大部分井队一线作业工人中,工人文化程度不高,安全意识较淡薄。

随着技术发展,钻井平台的自动化程度日益提高,虽然自动化操作可解决生产部分难题,但实践表明,只要钻机有人操作,钻井的作业活动就是由人来引导或操作,以发挥机器的最大效能,特别是在故障处理与应急救援方面。由于钻井作业人员的思维、认知、决策和操作能力,使得钻机作业系统运行更可靠、使用寿命更长以及完成任务成功率更高,因此,考虑人的作用将简化系统设计和操作的复杂性。

2. ATHEANA 在钻井作业 HRA 中的应用[16]

1)人因失误模型

钻机作业系统是人-机-环境系统,许多研究人员为此建立了控制模型或决策模型和控制流程图。根据 ATHEANA 模型,将钻井作业过程分解为感知、决策和行动三个阶段,构建钻井作业过程中人因失误模型(图 6-8),并据此来识别各个阶段的人因失误行为以及绩效形成因子。

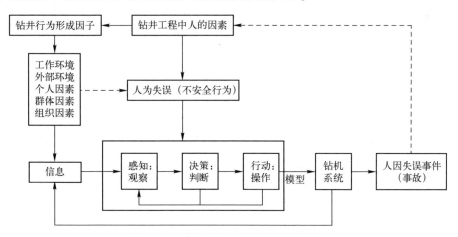

图 6-8 钻井工作中的人因失误模型

钻井工程作业中人的因素涉及作业人因失误和钻井绩效,人因失误(不安全行为风险)贯穿于人的认知过程中,即感知、决策和行动三个阶段,感知阶段的典型失误是观察不当,决策阶段的典型失误是判断失误,而行动阶段的失误是钻井操作不当。不安全行为有可能造成钻井工程事故,同时也受到系统中其他因素的影响,包括外部环境因素、内部环境因素、组织因素、群体因素及个人因素。

2) 行为形成因子

人的行为从感知到行动的各个阶段都可能受到失误迫使条件的影响，结合钻井作业特征及其认知三阶段，可归纳出钻井工程作业人因可靠性的主要行为影响因子（表6-11）。

表6-11 钻井工程作业中人的失误行为分类及行为形成因子

人的失误行为分类		
感知阶段：	决策阶段：	行动阶段：
观察不当	决策失误	未及时采取行动
未准确定位	选取的钻井方案不当	钻机系统操作不当
信息传递失误	未遵守操作规则	未采取安全转速，钻压
错误使用检测仪器	未遵守良好的钻井技艺	未发出（正确）操作指令
行为形成因子				
个人因素	组织因素	群体因素	工作环境	外部环境
身体因素	政策因素	管理因素	钻机维护	社会条件
生理因素	企业标准	监督因素	仪表显示	气象条件
心理因素	体系与规程	班组因素	噪声与振动	井下地质状况

3) 钻井工程中人因可靠性

为了便于给出钻井工程作业中人的可靠性计算模型，我们在图6-8的基础上，将认知各阶段人的行为可靠性用概率树的形式表示（图6-9），并给出下列定义和假设。

定义1：定义在单位时间内发生的钻井事故次数与该时间内钻机数量的比为钻井工程事故的概率用 P_C 表示。单位时间一般按年表示。

定义2：定义单位时间内人未能完成钻井作业任务的事件，即钻井事故为人因失误事件（human failure events，HFE）。HFE的次数与钻机数量的比为引起钻井事故的人因失误事件概率，用 $P_{(HFE)}$ 表示。据此，可以定义钻井工程中人的可靠性 R_H：

$$R_H = 1 - P_{(HFE)} \tag{6-8}$$

定义3：定义单位时间内钻机技术故障事件（technology failure events，TFE）或其他因素引起的钻井工程事故的次数与该时间内钻机数量的比值为技术失误概率，用 $P_{(TFE)}$ 表示。

假设1：在钻井作业中，将人因失误和技术失误共同引起的事故称为钻井工程事故，而人因失误事件（HFE）与技术失误事件（TFE）为相互不相容事件。

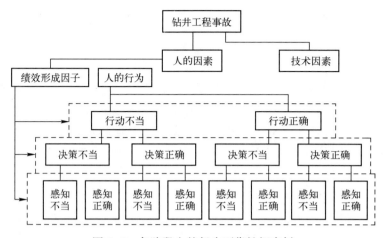

图 6-9 各阶段人的行为可靠性概率树

假设 2：认知各阶段的人因失误行为是相互独立的。

基于以上定义和假设，可以通过式（6-9）推算求得钻井工程中人的可靠性：

$$P_{(HFE \cup TFE)} = P_{(HFE)} + P_{(TFE)} - P_{(HFE \cdot TFE)} \quad (6-9)$$

由假设 1，式（6-9）可转化为

$$P_{(HFE \cup TFE)} = P_{(HFE)} + P_{(TFE)} \quad (6-10)$$

式（6-10）还可进一步写为

$$P_{(HFE)} = P_{(HFE \cup TFE)} \times \alpha = P_C \times \alpha \quad (6-11)$$

式中：α 为人因失误引发的钻井事故比例系数，该系数值的确定可参照相关研究结果确定。另外，根据图 3-5，可将人在钻井中的可靠性 R_H 写为

$$R_H = 1 - P_{(HFE)} = R_{HA} + R_{HD} + R_{HS} \quad (6-12)$$

式中：R_{HA}、R_{HD}、R_{HS} 分别为感知、决策以及行动各阶段的可靠性，也就是成功或不失误的概率，将式（6-12）进一步展开：

$$R_H = 1 - P_{(HFE)} = (1 - P_{A(HFE)}) \cdot (1 - P_{D(HFE)}) \cdot (1 - P_{S(HFE)}) \quad (6-13)$$

式中：$P_{A(HFE)}$、$P_{D(HFE)}$、$P_{S(HFE)}$ 分别为感知、决策和行动各阶段的人因失误引发的钻井工程事故概率。下面用在人因失误同时发生钻井事故的概率来表达式（6-13）：

$$P_{A(HFE)} = P_{A(C \cdot FA)} = P_C \cdot P_{A(FA \mid C)} \quad (6-14)$$

$$P_{D(HFE)} = P_{A(C \cdot FD)} = P_C \cdot P_{D(FD \mid C)} \quad (6-15)$$

$$P_{S(HFE)} = P_{S(C \cdot FS)} = P_C \cdot P_{S(FS \mid C)} \quad (6-16)$$

式（6-14）~式（6-16）中的 $P_{A(FA \mid C)}$、$P_{D(FD \mid C)}$、$P_{S(FS \mid C)}$ 表示发生钻井工程事故的情况下感知失误、决策失误、行动失误的概率。因为每个阶段都可能发生多种失误行为，这些失误行为分别受到迫使条件的影响，所以各阶段的人因失误概率可以进一步表示为

$$P_{\text{A(HFE)}} = P_{\text{A(C·FA)}} = P_C \cdot \sum_l \prod_i \text{PSF}_{\text{A}il} P_{\text{A(FA}_l\,|\,\text{C})} \quad (6\text{-}17)$$

$$P_{\text{D(HFE)}} = P_{\text{D(C·FD)}} = P_C \cdot \sum_m \prod_j \text{PSF}_{\text{D}jm} P_{\text{D(FD}_m\,|\,\text{C})} \quad (6\text{-}18)$$

$$P_{\text{S(HFE)}} = P_{\text{S(C·FS)}} = P_C \cdot \sum_n \prod_k \text{PSF}_{\text{S}kn} P_{\text{S(FS}_n\,|\,\text{C})} \quad (6\text{-}19)$$

式中：l、m、n、i、j、k 分别表示各阶段失误行为及其对应的绩效形成因子的个数（$l,m,n,i,j,k=1,2,\cdots$）。将其改写成上式主要是为了表明认知的每个阶段都会有数种失误行为，对应每一种失误行为，都会有数种行为形成因子起到作用。

展开式（6-19），其中：

$$\begin{aligned}P_{\text{(HFE)}} =\ & P_{\text{A(HFE)}} + P_{\text{D(HFE)}} + P_{\text{S(HFE)}} - P_{\text{A(HFE)}} \cdot P_{\text{D(HFE)}} - P_{\text{A(HFE)}} \cdot P_{\text{S(HFE)}} - \\ & P_{\text{D(HFE)}} \cdot P_{\text{S(HFE)}} + P_{\text{A(HFE)}} \cdot P_{\text{D(HFE)}} \cdot P_{\text{S(HFE)}}\end{aligned} \quad (6\text{-}20)$$

因为考虑到引起事故的人因失误概率是一个量级较小的值，故该值的 2 次方、3 次方的值会是一个更高量级的小值，与 1 次方的值相比，可以忽略。于是，将 $P_{\text{A(HFE)}}$、$P_{\text{D(HFE)}}$、$P_{\text{S(HFE)}}$ 分别代入展开式，得到 $P_{\text{(HFE)}}$，最终得到人的可靠性分析的数学计算公式：

$$P_{\text{(HFE)}} = P_C \cdot \Big\{ \sum_l \prod_i \text{PSF}_{\text{A}il} P_{\text{A(FA}_l\,|\,\text{C})} + \sum_m \prod_j \text{PSF}_{\text{D}jm} P_{\text{D(FD}_m\,|\,\text{C})} + \sum_n \prod_k \text{PSF}_{\text{S}kn} P_{\text{S(FS}_n\,|\,\text{C})} \Big\}$$

参 考 文 献

[1] OJ M, HIGGINS J, FLEGER S. Human Factors Engineering Program Review Model（NUREG-0711）Revision 3：Update Methodology and Key Revisions：BNL-96812-2012-CP［R］. Brookhaven National Laboratory：U. S. Department of Energy，2012.

[2] RASMUSSEN J. Skills, rules, and knowledge signals, signs, and symbols, and other distinctions in human performance models［M］. Piscataway：IEEE Press，1987.

[3] SASOU K, TAKANO K I, YOSHIMURA S. Modeling of a team's decision-making process［J］. Safety Science，1996，24（1）：13-33.

[4] RASMUSSEN J. Risk management in a dynamic society：a modelling problem［J］. Safety Science，1997，27（2）：183-213.

[5] 李鹏程. 核电厂数字化控制系统中人因失误与可靠性研究［D］. 广州：华南理工大学，2011.

[6] KIRWAN B. A guide to practical human reliability assessment［J］. International Journal of Industrial Ergonomics，1994，17（1）：69.

[7] TAYLOR A S, KIRWAN B. Human reliability data requirements［J］. International Journalo f Quality & Reliability Management，1997，12（1）：24-46.

[8] 徐志辉. 核电调试人因事件致因机理与屏障系统研究［D］. 广州：华南理工大学，2019.

[9] 陈善广，陈金盾，姜国华，等. 我国载人航天成就与空间站建设［J］. 航天医学与医学工程，2012，25（6）：391-396.

[10] WHITMORE M, BOYER J, HOLUBEC K. NASA-STD-3001, Space Flight Human-System Standard and the Human Integration Design Handbook：Proceedings of the 2012 Industrial and Systems Engineering

Research Conference [C]. 2012.

[11] LEIDEN K, LAUGHERY K R, KELLER J, et al. A review of human performance models for the prediction of human error [J]. Ann Arbor, 2001, 1001: 48105.

[12] 李青,潘旭峰,辜益山. 导弹保障人员可靠性研究 [J]. 军事运筹与系统工程, 2003 (3): 45-49.

[13] 梁凯林. 基于 CREAM 的海上交通事故人因分析 [D]. 大连: 大连海事大学, 2014.

[14] 陶伟. 铁路交通事故中的人因分析及对策研究 [D]. 北京: 中国铁道科学研究院, 2014.

[15] 孙猛,吴宗之,张宏元. 煤矿重大危险源辨识评价若干问题的研究与探讨 [J]. 中国安全科学学报, 2003, (5): 39-41, 85.

[16] 吉布子布,何世明,陈代树,等. 钻井工程作业中人的可靠性模型及其分析 [J]. 重庆科技学院学报 (自然科学版), 2010, 12 (4): 80-83.

7 数字化控制系统的人因可靠性

20世纪中期以来随着自动控制与信息技术迅速发展，人类进入以计算机控制与网络信息技术为标志的数字化时代，工业系统（如新建核电厂、火电厂、大型化工厂、船舶制造、大型控制/指挥中心等）广泛采用数字化控制技术，数字化控制系统（digital control system，DCS）中信息处理和表达数字化、信息传递网络化、通信模型标准化，以及各种设备和功能共享统一的信息平台，使得数字化控制系统在系统可靠性、经济性、维护简便性方面均比常规模拟控制系统有大幅度提升，且数字化人-机界面取代传统基于模拟技术设计的仪表盘等传统人-机界面，随着信息技术进一步发展，工业控制系统（如数字化核电厂、火电厂等控制系统）信息呈现与控制正快速与大规模实现数字化，数字化人-机界面使得工业系统信息呈现格式与显示方式发生改变，操作员更多通过计算机工作站、发光二极管（light emitting diode，LED）大屏幕等数字显示装置来获取系统运行、组件设备状态、操作规程与指令，以及页面管理等信息，有利于操作员更加准确、方便与直观地完成对系统的监控与操作等任务。数字化控制系统较早应用于化工厂和火电厂，随后广泛应用于航空航天、高速铁路、先进制造及核电厂等其他工业系统，本章以数字化核电厂为原型来阐述数字化控制系统中操作员的行为特征、可靠性分析技术及其人因失误预防等内容。

7.1 数字化控制系统的发展及其特征

7.1.1 数字化控制系统的发展

数字化控制技术于20世纪70年代开始广泛应用于常规电厂（火电厂与水电厂等）等工业系统，最初是将电厂仪表控制（I&C）系统自动化与信息化，后来随着数字化、信息网络与自动控制技术发展，逐渐发展为将工业系统全部设备的状态信息与信号数字化、管理信息数字化，以及控制系统集成网络化，即综合运用 4C 技术实现对电厂的中央集散控制，4C 技术主要包括计算机技术、网络通信技术、过程控制技术和数字化显示技术（CRT），使电厂具有控制功能强、效率高与生产过程间协调性好、可靠性高的特点[1]。核电厂数字化改造也是从 I&C 系统信息化与自动化改造开始的，并逐步向智能化报警、信息化管理、系统自动控制，以及计算机化操作规程等数字化控制技术发展，一般来说数字化核电厂就是把电厂全部信息信号（如电厂状态信息、设备组件参数、电厂过程控制等）与管理内容手段（如电规程电子化、过程记录自动化、管理信息数字化等）均实现数字化，并利用网络技术实现可靠而准确的数字化信息交换，以实现电厂跨平台的资源实时共享，并建立电厂的分散控制系统、厂级信息系统、管理信息系统、电厂仿真系统、决策支持系统[2]。基于数字化技术的 I&C 系统自 20 世纪 90 年代开始应用于工程，如日本的柏崎别羽沸水堆电厂、英国的 SizewellB 核电厂、俄罗斯的 Kalinin-3 电厂等，目前世界在建的 50 多个核电厂与新建火电厂均采用数字化控制系统[1]。

核电厂数字化控制系统发展主要经历了以下三个发展阶段，即以模拟量组合单元为主的纯模拟控制系统时期、以模拟元件与数字元件混合使用的混合控制系统阶段，以及目前采用全数字化控制系统的阶段。

第一阶段：系统模拟量控制一般采用小规模集成运放电路，而逻辑控制则通过搭建继电器等硬件逻辑来实现，其最大特点是控制器件数量多、操作运维任务重，且主控室内拥挤，控制过程多为手动实现，并没有实现真正意义上的自动化。

第二阶段：以核岛为主的大部分安全级系统的控制设备采用的是模拟设备，而部分常规岛以及辅助系统，则逐渐开始使用像可编程逻辑控制器等具有典型数字化特征的自动控制装置；软件逻辑开始引入现场控制器中，且结合了先进的网络通信技术，大幅削减了现场信号线以及控制柜的数量，使得系统的可维护性得以大幅提升。

第三阶段：采用全数字化控制系统，其最大特点就是分散采集、集中控制，大规模集成电路被广泛应用于系统控制，设备的数量与尺寸进一步减小，其不但把数据量采集风险进行分散，而且利用了计算机的高速计算性能，把现代信息技术的优势运用到了极致。

据不完全统计[3]，拥有核电厂的 30 个国家中，约有 40%的核电厂在部分子系统中采用了数字化控制系统，其一般是通过对原有模拟控制系统进行数字化升级改造而来的，如日本在 1996 年就把数字化控制系统引入柏崎别羽的先进沸水堆电厂控制，且 2009 年在滨网五号机组和 Tomari 三号机组采用了全数字化的主控室设计；俄罗斯于2004年建成的Kalinin-3电厂中配备了全数字化的保护系统和过程控制系统，且还配备了全范围的数字化仿真机；韩国Shin-Kori的1、2号机组与Shin-Wolsong的1号机组采用了全数字化的控制保护系统。中国实验快堆CEFR-25采用了半数字化控制系统；秦山二期常规岛的控制和全厂监视部分采用的是数字化控制系统；秦山三期、田湾1、2号机组与岭澳二期均采用西门子的全数字化控制系统（DCS）；清华大学的高温气冷堆（HTGR-10）采用了数字化控制系统和保护系统。

7.1.2 数字化控制系统的特征

基于模拟技术的传统控制系统中，系统参数由硬接线的模拟设备显示，模拟仪表控制系统技术成熟、响应速度快，且设计与运行经验成熟丰富，其可靠性及安全性满足要求，但存在控制保护算法简单而且精度差、信息储存和显示能力差、难以满足人因工程原则，以及不便于维修和更新换代等缺点与问题。数字化仪控技术早在20世纪80年代在常规电厂等工业系统中已经得到了广泛的应用，近年随着数字计算机技术的迅猛发展，大型工业系统逐步采用数字化仪表控制系统，核电厂的数字化仪表控制系统是以计算机、网络通信为基础的分布式控制系统，并引入面向状态的诊断技术、智能化报警技术、数据库技术、先进控制技术，以及基于计算机的数字化操作规程等，在数字化核电厂中（如田湾核电厂），数字化技术的广泛应用给核电厂操作员提供了新的操作环境，在一定程度上提高了核电厂的安全性和可靠性，方便了操作员的某些行为（如维修）。

三哩岛核电厂事故和切尔诺贝利核电厂事故，使人们对核电厂的可靠性和安全性提出了更高的要求，尽管传统模拟控制系统（图7-1）比较安全可靠，但相对数字控制系统（图7-2）来说，模拟控制系统的局限性日益突出，主要表现在以下几个方面：①功能单一，性能较差，如基于模拟技术的设备和系统功能都很单一，硬件可靠性较低，分立元件的平均无故障时间较短等。②经济性不理想，如故障率高，容易造成非计划误停堆，且系统的维护费用较高，对核电厂的经济性有直接影响等。③模拟技术专业人员匮乏，技术与产品更新升级难度大，系统运维与升级难以得到保障，随着数字控制技术的不断发展仪器设备和系统可靠性得到提高，加速了传统模拟控制系统的淘汰，社会需求量逐渐减少，成本提高，从而使熟悉与专注模拟技术的公司与人员越来越少，模拟系统在运行、维护及改进上都面临专业技术人员缺乏的困境。

第 7 章　数字化控制系统的人因可靠性

图 7-1　传统的模拟主控室

图 7-2　先进的数字化主控室

　　数字化控制系统在以下方面具有明显的优点：①控制的自动化程度和控制的综合性大大提高，从简单的单一参数、单一目标的控制发展到多参数、多目标的控制，能考虑在多种扰动的影响下，进行校正和补偿；没有定值漂移；多项改善功能，如容错，自我检测，自动校准等。②操作方式软件化，多层次的分布式结构，系统功能分散，提高了系统的可靠性。③人工操作和干预减少，操作地点集中，更详细的信息显示有助于操作员发现电厂状态，如操作人员只要在中央控制室的计算机工作站上就可完成所有的控制操作，而不必像模拟控制系统一样在很大范围内来回跑动以实现系统操控。虽然数字化控制系统对常规模拟控制系统来说具有很多优点，但是数字化控制系统新特性改变了操作员所处的情境环境，也会给操作员人因可靠性带来新的挑战，传统模拟控制系统与数字化控制系统在以下几个方面存在显著区别[1,4]（表 7-1），且数字化控制系统带来的诸如技术系统、人-机界面、规程变化，这些变化对核电厂操作员的人因可靠性带来新的影响，自动化水平提高会导致操作员不能及时地和精确地获得某些重要信息，从而引发错误的认知或操作。

211

表 7-1　传统模拟控制系统与数字化控制系统特征比较

比较维度		模拟控制系统	数字控制系统	数字化控制系统中典型的人因绩效影响因素
技术系统		功能不足，性能较差，硬件可靠性较低；单一指示器、单一参数、单一目标的控制	自动化水平高，系统可靠性高；多参数、多目标的控制	• 自动化水平 • 复杂性 • 可用时间 • 系统响应速度/延迟 • 系统可靠性
人-机界面交互	信息显示	控制面板上的模拟器显示，显示更多的是底层的具体的参数（组件层的）	基于计算机的数字显示，大屏幕系统总体状况显示，没有定值漂移，更多、更详细的信息显示，显示更多的是通过综合集成的抽象信息	• 画面的结构关系 • 画面信息的显示方式 • 信息的易理解性 • 显示的信息量 • 信息的一致性
	用户界面交互与管理	值长授权下的用户界面管理；控制室来回走动获取信息；来回走动执行操作动作；班组交流频繁	由于信息共享值长权威相对弱化；坐姿基于计算机工作站获取，并增加了界面管理任务；坐姿基于计算机工作站单击鼠标执行控制行为；班组交流相对减少	• 锁孔效应 • 界面管理任务
	操作控制	硬控制（实物）	软控制（虚拟图标）	• 软控制器的易识别性 • 软控制器在画面的位置 • 软控制器的易操作性 • 软控制器的类型 • 控制器数据输入和控制状态的反馈
	报警系统	马赛克式（tile-style）的报警系统和报警光字牌。报警直观且一目了然，但有太多的干扰报警和太多的条件信息	具有报警处理功能，包括报警分类、过滤、抑制和优先性区分	• 报警的易区分性 • 报警的易搜索性
规程系统		纸质规程	基于计算机的电子化规程	• 规程的显示格式 • 规程的功能/可用性/正确性 • 规程的复杂性 • 规程的易理解性
任务		以监视+操作为主，更多地表现为操作任务	以监视辨识、诊断和操作为主，更多地表现为认知任务，增加了界面管理任务	• 任务的类型 • 任务的复杂性
班组交流与合作		信息没有共享，面板操作员须及时巡盘，并将参数结果报告给值长，交流与合作频繁	信息共享，操作员按电子规程要求进行交流与合作，由于工作站比较近，交流合作更方便，协调员/值长起监护作用，安全工作人员起纠正和恢复作用	• 班组的结构和人员的配置水平 • 班组的角色和责任 • 班组的交流 • 班组的合作与协调

7.1.3 数字化控制系统的人因特征

随着人-机系统中硬件可靠性技术的提高，人因失误对系统的影响也越来越大，据美国有关机构统计，当今世界上所有系统失效中，约70%~90%直接或间接源于人的因素，国内核电厂人因事故率长期占比70%左右[1]，即人因失误已是对系统安全性影响最严重的因素。基于传统模拟控制系统的操作员一般需要不断走动以从不同的显示仪表或装置上读取信息、操作按钮和调节旋钮，而基于数字化控制系统的信息显示高度集中在操作员工作站显示屏（即计算机显示器）上，系统或设备操作控制也主要由操作计算机鼠标或控制器来完成，其信息获取与操作作业负荷显著减少；人因绩效方面，计算机化的规程系统、先进的报警系统与图形化的信息显示系统等新的人-系统界面为操作员作业绩效提供了积极的影响，降低了操作员的工作负荷，减少了人因失误。一方面，基于计算机显示控制系统使核电厂主控室值长能直接读取所需的状态信息，减少了向操作员询问沟通负荷；另一方面，基于先进的报警系统和图形化的信息显示系统，操作员可以获得比以前更为丰富的设备状态信息，能更广泛、准确与快速地对设备（过程）状态进行监控等。但是情境环境发生变化（如基于LED显示器的信息显示、基于鼠标和触摸屏操作控制、电子化规程、界面管理任务、决策支持系统等带来的系统复杂性、操作行为习惯变化、认知模式改变、班组结构及交流合作水平变化等）也可能对操作员的绩效带来不利的影响，诱发新的人因失误类型（如模式混淆、数据输入错误、情境意识丧失），以及导致不同类型人因失误比例变化（如执行型失误增加）等，下面以数字化核电厂为例来阐述数字化控制系统中操作员作业的人因特征。

（1）操作员角色和功能。传统控制室操作员的角色一般是监视者和手动控制者，而在数字化控制系统中操作员的角色从手动控制者转变成监控者和决策者，并且操作员的任务中包含了更多的认知工作，他们是通过一系列的认知行为来执行任务。另外，传统的模拟控制系统中，值长具有绝对的权威和责任，而在数字化控制系统中，由于电厂状态信息和规程信息（基于计算机的数字化规程）共享，增加了交流与合作，相对弱化了值长权威和责任，改变了操作员的角色和功能等。

（2）操作员作业负荷。基于计算机的显示信息不同于传统的模拟器在面板上的显示信息，传统的模拟系统显示的信息一目了然，而数字化控制系统一般采用基于计算机工作站显示器来呈现信息，在紧急情况下，操作员不仅要完成主要的任务（监视、状态评估、响应计划和响应执行），而且操作员为了获得更多的信息，需要执行二类任务（即界面管理任务），如画面配置、导航链接、信息查询等，因此，当操作员被要求从小范围屏幕（即操作员工作站某个显示器）上获取整个电厂状态的信息时，需要进行多次页面导航与配置等，且由于视频显示器（VDU）有限的视觉窗口会带来信息认知的"锁孔效应"，容易诱发信息获取失误，且大量的信息显示、繁重的界面管理，以及同时执行多个程序等会增加操作员作业负荷。

（3）操作员认知能力和操作经验。数字化控制系统高度自动化，但是自动化程度越高系统控制逻辑就越复杂，需要操作员对系统状态理解有更高的认知能力要求，且原来的手动控制操作数字化后均由系统自动完成，使操作员从操作者变成了监督者和诊断者，因此，正确及时理解与判断电厂状态，对操作员的认知能力和工作经验有了更高要求，也增加了操作员的认知负荷。

（4）操作班组结构和大小。在传统的模拟控制系统中，操作员一般在主控室相应仪表面板或装置前来回走动以获取信息，电厂信息难以共享；数字化控制系统是基于计算机的大屏幕总体信息显示，操纵班组对电厂信息是共享的，显然改变了班组的结构方式和大小。

（5）班组的交流和合作水平。电厂参数信息（温度、压力、水位、放射性等）、报警信息、计算机化规程、计算机化的操作支持系统等信息共享，改变了班组结构和信息交流方式，增加了操作员之间，以及操作员与应急人员之间的交流与合作。

（6）电子化规程对操作员执行任务的影响。传统的模拟系统的规程是纸质的规程，而数字化控制系统是采用基于计算机化的电子规程，电子化规程结构的复杂性增加了执行程序跳项或出错的风险，如状态导向的规程（SOP）包括主程序和操作单，主体程序和数字化操作单分离，操作员执行主程序时需要经常调用操作单来完成某项具体操作（如投运上充），这显然增加了程序调用频率和层级；此外，频繁更换程序容易出现程序跳项或者使用错误的操作单或程序等。

（7）基于（VDU）信息显示与控制。与传统控制面板上指示器不一样，基于计算机的信息显示不会局限于物理空间，可以通过滚动、窗口重叠、画面配置来显示更多数量与不同类别的信息，但是同一信息在不同界面中的位置与呈现形式难以一致，会增加操作员信息定位、搜索以及辨认难度；另外，数字化控制系统中的软控制相对传统控制系统中的硬控制不直接且执行步骤繁多，并且软控制的弹出对话框会覆盖画面一些重要信息，会增加操作员认知负荷和延长执行时间。

（8）基于计算机的报警。与传统的模拟控制系统相比，数字化控制系统中的报警在画面中的显示不直观，基于计算机的报警信息会集中显示在相应的警报窗口，在紧急情况下，操作员需要通过一系列的如过滤、查询、信息分类等行为来寻找所要求的报警，操作员需要花费更多的时间来搜索和确认报警，此外，后续报警信息会覆盖与干扰操作员对初始与重要报警信息的获取与判断。

(9) 人-机界面逐渐演变为人-系统界面。在传统人-机界面中,系统信息的显示和控制由单个模拟显示和控制设备提供,人员的控制行为是由人对单个固定的信息进行综合判断并通过控制设备逐个或者单元化输入,实现系统功能目标。DCS 系统中,数字化的人-机界面可以提供更加多样和综合性的信息显示,自动化的设备可以提供系统层级的控制输入。人-系统界面中,人与系统各元素交互更加多元化、综合化和自动化,且人的作用由系统控制向系统状态监视和系统紧急情况处理转化。

7.2 数字化控制系统的人员行为

人类行为是人类在工作、生活与学习中表现出来的生活态度以及具体的生活方式,包括行为主体、行为客体、行为环境、行为手段和行为结果五个基本要素。美国核电运行研究所(INPO)在人员绩效手册中把"行为"界定为人的言行,即人员为达到目的的一种手段,行为是可以看到的、听到的、衡量的与改变的。工业系统中人员行为可描述为作业人员为完成某项任务所付出的脑力和体力劳动,包括可观察到的(动作、语言等)和不可观察到的(思想、决策、情感等)活动,且可观察到的行为应该可测量和可控制,在人员交互活动中需要考虑"人员行为"的行为模式、影响行为的因素与人员行为模型三方面属性。一致的行为是达成同一目标所必需的,如一个青年棒球队的教练不可以要求一个 10 岁的投手从球员休息区"投好球"等超出其能力范围的期望,一个优秀的教练应该教与孩子年龄相称的技术行为,以帮助孩子投出好球,适当的行为总是伴随着正强化,正如人虽然做了最大努力也难以完全避免犯错,且人员失误也可为后续行为改进、预防与减少提供帮助。世界核电厂营运者联合会(WANO)每年发布的核电厂运行事件报告表明,人因失误事件的绝对数量虽然在减少,但是由于人因方面的根本缺陷尚未有效解决,人因失误在整个运行事件所占比例并未得到本质的下降;人因失误概率与核电厂堆型等技术性因素没有明显相关性;人因失误事件占比超过核电厂运行事件总数的 50%,仍是核电厂事故最主要的诱因之一[5]。

7.2.1 数字化控制系统的人员行为及其属性

工业系统主控室是工厂人-机接口最集中、操作员与人-机接口交互最频繁的地方,也是人因失误高发的环节,因此工业系统人因工程研究应高度聚焦主控室的操作员行为。了解如何人在整个系统中起着主导作用,以作业人员的动态工作流程为研究对象,分析与评价工业系统作业人员的人因绩效及其影响,下面以数字化核电厂主控室操作员为对象来阐述控制系统人员行为类别属性、特征规律及其可靠性等内容。

　　数字化控制系统性能对核电厂的安全运行是至关重要的，通过仪控系统监视电厂规程和保障核辐射的各种屏障的状态，与电厂人员一起构成电厂的控制中枢系统。操作员需要对电厂状态参数、设备性能与运行信息等进行全面、准确的掌握，必要时也需对部分操作行为做出调整。数字化控制系统主要聚焦于关键设备状态监控、失误诊断及应急处置等问题，且还可实现控制算法功能，数据处理能力较传统电厂有显著提升，如最优控制技术、非线性控制方法、神经网络、自适应控制以及基于状态的控制方案，但是上述先进控制与数据处理技术会导致电厂系统操作及规程日趋复杂，因此数字化控制系统不但提升系统自动化，且为操作员与系统交互引入了新的自动化交互方式。此外，数字化控制带来电厂人-系统交互界面（HSI）的变化，从而引起人员行为模式改变，传统的人-机交互界面是固定式的控制器和仪表显示器，操作员基于纸质规程通过与固定分布的控制面板或仪表控件来完成相应操纵任务；基于计算机的人-系统交互活动中，操作员主要是在信息化界面中选择需要的信息页面来监视电厂状态，通过软件控制电厂设备，且其操作规程也变为电子化，使控制行为更加直观地显示在操作过程中。数字化控制系统是基于计算机技术的程序（computer-based procedures，CBP）控制交互与信息显示，它较传统基于模拟技术控制系统在信息显示与控制操纵等方面有显著的优势，但是也给操作员人因绩效带来以下问题：

　　（1）CBP 的使用可能会遭受关键信息获取与操作情境意识部分丧失困境。计算机界面大量信息的有限显示会限制操作员转换程序或同时调用多种程序的能力，如在某个时间点，操作员只能关注某部分程序，而忽视了整个流程间的关系，有限的显示空间难以支持同时显示多个过程和相关的电厂状态数据，此外，多显示器导航和检索对应的界面管理操作也会影响操作员对电厂状态的及时、全面与准确获取。

　　（2）电子化程序会给规程结构带来新的呈现影响。目前尚不清楚基于流程图规程展示是否可使用电子化程序来呈现，至少在那些有限屏幕显示和需要滚动的界面来呈现是难以实现预期效果的；另外对文本信息显示，程序步骤呈现的信息太少容易导致操作员失去导航，呈现信息太详细、太多又容易分散其注意力，且长时间从 VDU 上读取信息容易诱发视觉疲劳。

　　电厂的信息如果可以通过 CBP 访问，操作员可能觉得没必要注意其他信息资源从而错失 CBP 未能显示的重要信息，会影响操作员对事件进程状态意识，比如操作员可能不加鉴别地接受 CBP 对电厂状态的评估。

　　（3）操作员基于 CBP 电厂信息相对独立显示，会影响操作员对电厂整体状态评估。CBP 无论是只用于自动化数据的收集等低级功能，还是也能用于程序步骤决策的自动化评估，对程序步骤逻辑分析来说都是 CBP 系统的一个重要功能，事实上其对步骤逻辑或者实际数据分析的需求评估仍然是不完整的，导致操作员对电厂整体状态做出不正确的评估，如一回路操作员和二回路操作员使用计算机化的规程系统来处理异常事件时，几乎都依据自己对电厂状态的认知来完成任务。

在主控室操作员、班组成员必须信息共享，协调各自的任务来满足特殊的目标任务需求，班组绩效需要全面了解整个系统状态，也需要掌握操作员各自的行为和目的，而基于 CBP 的数字化控制系统中，由于基于操作员独立自身的计算机工作站进行操作，可能将操作员隔离开来，操作员很难获得其他操作员的信息和控制行为，从而使他们的合作受到一定的影响，CBP 就带来了这种信息共享受限风险。比如，集成显示和控制的 CBP 操作员不需要从班组其他成员获取信息或者给出命令，从而降低了对电厂状态的整体意识。

（4）复杂工况下 CBP 失效对操作员绩效影响。CBP 设计时要保证 CBP 的备份是有效的，尤其是那些在应急条件下使用的程序，单一工况下，从 CBP 到纸质规程的转换比较容易，但是如果操作程序复杂，就要打开多个程序或者 CBP 来监视多步骤执行，从基于 CBP 的电子化程序切换到应急后纸质规程处理就变得十分复杂，操作员的认知负荷与人因失误概率都会显著增加，因此，操作员不但要强化 CBP 系统培训，还要对应急条件下程序切换进行强化培训，以应对 CBP 失效给操作员认知与控制带来的严重不利情况。

电厂操作员职能与其自动化的提升相关，包括监视、记录和分析等操作行为，并对异常情况做出判断，如输入失误或信息获取错误等情况监控。尽管自动化的提升能带来不少好处，但是也会诱发系列人因绩效的问题，尤其是自动化设计缺陷带来的潜在风险，如操作员的电厂运行心智模型形成难度增加、自动化使得部分操作步骤更多或操作更复杂、情境意识丧失和警觉性下降、自满情绪容易滋生，以及当系统出现异常导致自动控制系统失效时，操作员必须切换到手动控制带来的系列困境（如手动操纵技能退化或不熟练、自动与手动状态切换与状态判断差异带来决策风险、手动控制导致延迟等）。

7.2.2 数字化控制系统的人员认知行为类型与特征

人的认知行为本质是人员对信息加工的过程。信息通过感觉和知觉系统进行输入，通过工作记忆调用长时记忆的知识对信息进行加工输出，触发反应选择和反应执行。随着认知科学的发展，人们认识到人的认知过程不是按阶段连续进行处理的，如当处理复杂事件时，人的决策和解释是同时进行的。因此，人的认知过程可采用"认知域"（cognitive domain）来描述。数字化核电厂主控室操作员的主要职责是对电厂进行监视与控制，电厂的运行绩效是操作员和自动控制系统相互作用的结果，数字化核电厂操作员的认知域可分为四个部分，即监视和发觉、状态评价、响应计划和响应执行，操作员为完成运行任务，通过生理感觉通道（包括视觉的和听觉的等）获得外界信息，这些信息通过认知因素（包括注意力和记忆力等）进行加工，在以计算机屏幕显示和控制的人-机界面中执行任务，满足电厂功能的需求，此外，数字化人-机界面变化导致控制室人员行为对系统反馈的方式变化，操作员主要采用鼠标和键盘对电厂系统进行控制与操纵（软操控），操作方式、难易程度与工作量都发生了巨大变化，软操控在动作方式、操作信息反馈、操作失误恢复等方面有了显著的变化，操作员执行主任务的认知过程如图 7-3 所示[4]。

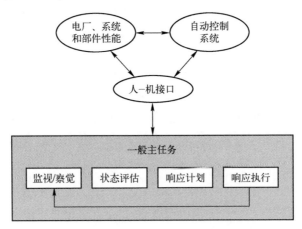

图 7-3　数字化核电厂操作员执行主任务的认知过程

数字化核电厂人-机界面设计属性与系统运行特性，操作员在执行第一类任务（操作员为实现电厂功能目标而执行的任务，主要包括监视和察觉、状态评估、响应计划和动作执行四类认知任务）的同时，还需通过执行第二类任务来辅助第一类任务的完成，第二类任务一般指界面管理任务，即画面的配置、导航、画面调整、查询和快捷方式等，数字化主控室中，计算机屏幕呈现的是图形、数字和符号，采用数字化人-机界面，核电厂大部分运行信息隐藏在当前显示屏幕背后，呈现在操作员工作站屏幕上有用的和执行任务所需要的图形、数字和符号信息，多数需要同时执行二类管理任务来获得，操作员在执行任务时，主任务和二类管理任务同时耗费认知资源，二类管理任务会给操作员带来更高的工作负荷，干扰操作员的主任务执行过程，从而影响电厂的安全。整合第一类任务和第二类任务的认知模型可描述数字化核电厂操作员的主要认知行为如图 7-4 所示[4]。

1. 操作员执行主要任务认知活动与特征

人的操作响应行为都是在特定的场景中执行的，由于技术的发展和自动化程度的提高，在核电厂这种复杂的社会-技术系统中，操作员的主要任务表现为认知任务，主要包括监视/发觉、状态评估、响应计划、响应执行，如图 7-5 所示[4,6]。

第 7 章 数字化控制系统的人因可靠性

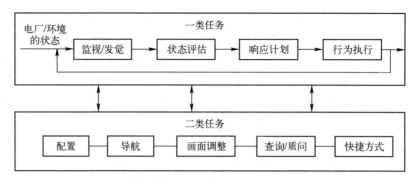

图 7-4 数字化核电厂操作员的主要认知行为模型

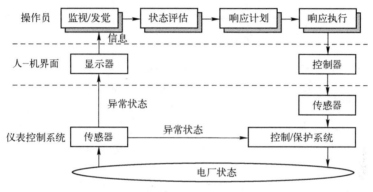

图 7-5 数字化核电厂操作员的操作过程

控制室操作员通过人-机界面来监视和控制系统,当系统状态处于异常情况时,系统就会通过报警提示以及传感器将异常情况在显示器中显示出来,操作员可通过显示系统从人-机界面获取系统的状态信息,并依此评估系统当前状态,然后依据评估和诊断结果确定异常状态,选择操作程序和路径,最后执行控制响应任务,当然上述阶段中都有可能出现各种认知和行为失误。

1) 监视/发觉

美国核管理委员会的 NUREG/CR633 报告与 NUREG/CR634 报告把监视行为描述为操作员从核电厂主控室环境中获得电厂信息的认知行为,操作员监视行为获取信息的方式主要为视觉与听觉,操作员监视行为可划分为主控室环境目标信息获取物理过程与对获取的物理信息进行加工的认知过程,主要包括对获取物理信息进行识别、对比、注意、确认等过程。扩展的监视/发觉阶段包括 3 个子元素,即监视、发觉和信息整合[7]。①监视/发觉是指从复杂动态的工作环境中获取信息的行为,监视就是检查电厂状态数据以确定系统运行是否正常,监视是以一种主动的和积极的方式来获取电厂状态数据,而发觉是一种以被动的方式来获取电厂状态数据,如通过控制室报警;因此,从发觉行为来说,操作员没有主动寻找明显的指示器/灯;当操作员已经发觉

219

存在一个异常条件时,其就会以一种更加主动的方式来获取电厂数据,会主动找出具体的参数值或指示标志,通过信息整合对更高层次的电厂过程、状态或功能进行评估。②信息整合包括的认知行为有信息检索、信息理解、信息过滤(内部过滤)、关联和分组,基于上述过程进一步推理进行优先性区分并得出结论,上述整个过程的认知行为可根据不同的认知能力需求分别分为技能型、规则型和知识型的信息整合过程。

数字化核电厂操作员监视行为具有以下主要特性:

(1) 操作员监视行为本质是"信息获取",即操作员从数字化主控室环境获取电厂信息的行为或活动,属于典型的人员认知活动,遵循"刺激输入(S)—组织调解(O)—输出反应(R)"人员认知模式。

(2) 操作员监视行为具有目的性(即信息获取是直接以满足操作员对电厂状态诊断或操纵需求为目的的)、主动性(即操作员的获取信息活动是基于电厂监控任务的主观要求的,具有主动意愿)与计划性(即操作员获取的"目标信息"一般是基于操作员需要执行的操控或诊断任务而预先计划的,获取的"目标信息"是明确的与唯一的);操作员对核电厂监控与操纵活动都必须以获取相应信息为前提与基础,信息获取是操作员与电厂进行交互的第一环节与窗口,监视行为一旦失效便意味着目标信息获取错误或未完成或没有获取到,就会对电厂诊断与操纵带来严重负面影响。

(3) 操作员信息主要来源于操作员计算机工作站、大的LED屏、纸质规程或任务单,以及班组成员间交流,监视目标信息主要来源于视觉与听觉通道(约95%);但是核电厂数字化后,巨量信息有限显示导致的信息显示"狭窄性"与操作员信息获取遭遇的"锁孔效应"困境进一步凸显,且数字化人-机界面上的信息显示失去了传统基于模拟仪表盘信息显示的"空间位置属性",以及监视过程中存在着大量的非目标性的辅助性监视活动,这些都带来监视情境意识丧失与脑力工作负荷增加趋势等不利影响。

(4) 核电厂数字化后因电厂信息自身属性(数字化、虚拟化)与呈现方式较传统核电厂发生很大变化,主控室特征与操作员监视活动面临环境情境特征也发生变化,这些变化都会给监视行为绩效带来影响,主要包括系统因素(人-系统界面、系统自动化程度、界面管理任务、电子化规程、任务性质、时间压力与报警系统等)、个体因素(培训水平、知识经验、心理压力与生理状态等)、环境因素(光照与噪声等)与组织管理因素(合作交流、班组结构、安全文化等)四个方面。

2) 状态评估

状态评估是指当核电厂发生异常状态时,操作员将根据核电厂的状态参数构建一个合理的和合乎逻辑的解释,来评估电厂所处的状态,作为后续的响应计划和响应执行决策的依据的过程。操作员状态评估涉及状态模型和心智模型，其中状态模型就是操作员对特定状态的理解，并且当收集到新信息的时候，状态模型会被更新；心智模型是通过正式的教育、具体的培训和操作员经验来构建的，并且存储在大脑中。状态评估过程主要就是发展一个状态模型来描述当前的电厂状态，如果一个事件（如报警）非常简单，操作员对电厂状态的辨识不需要任何推理，则认为其是技能型的状态评估。

如果一个异常事件属于"问题"，需要操作员对该问题产生的原因和影响进行说明以构建状态模型，并且需要将构建好的状态模型与操作员的心智模型来进行匹配（相似性匹配），这个过程称为规则型的状态评估。同样，对于不熟悉的状态模式，要求操作员评估和预测可能的电厂状态，然后分析问题空间的结构和功能之间更加抽象的逻辑关系，进行深层次的推理，逐渐形成一个状态模型并进行验证，最后确定电厂状态，这个过程被认为是知识型的状态评估；每类状态评估包含不同的认知行为和技能。

影响状态评估的因素众多，不仅有核电厂系统当时所处的状态、任务特征等情境变量，还有知识经验、认知负荷等主观变量，结合数字化主控室的新特征，在参考相关文献及访谈有关人因专家及操作员的基础上，基于贝叶斯网络构建了状态评估可靠性影响因素模型[4]（图7-6），其主要影响因素包括：

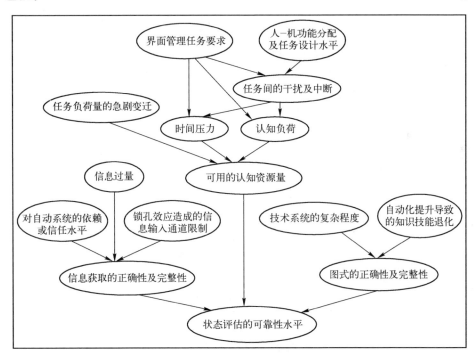

图7-6 数字化核电厂操作员状态评估可靠性影响因素模型

①影响信息获取完整性和正确性的因素，主要包括对自动系统的信任不当而导致的信息遗漏或信息错误、巨量信息有限显示导致的锁孔效应造成的信息获取通道限制与信息过量等；②影响图式完整性和正确性的因素主要包括核电厂数字化后期技术系统复杂程度的增加，以及因系统自动化提升导致操作员知识技能退化两方面；③影响认知资源充足性的因素主要包括任务负荷量的急剧变迁对认知资源的影响、界面管理任务对认知资源的影响，以及任务中断干扰对认知资源的影响三方面。

3) 响应计划

响应计划是指为解决异常事件而制定行动方针、方法或方案的决策过程[8]。完成状态评估后，应该对即将执行的行动进行计划，在异常条件下，操作员为了识别合适的方法来实现目标，应该识别可供选择的备选方法、策略和计划，并对它们进行评估，选择最优的或可行的响应计划。操作员的响应计划也是一种信息处理过程，针对不同的事件或事故场景，响应计划的复杂性不一样。因此，响应计划对应上述信息处理类型，包括以下三类：①技能型的响应计划：如果没有合适的响应计划，则需要重新构建新的响应计划。如果响应计划足够简单，就不需要或很少需要人的认知努力就能对人的行为做出响应的过程，如对报警的响应，当出现某个报警，行为直接对应某个动作。②规则型的响应计划：如对应急规程的响应，直接走规程，不需选择路径。同样，对于给定的电厂状态，如果存在有效的规程（如EOP）则适用于给定的电厂状态的处理的过程。③知识型的响应计划：如果没有对应的规程、程序和规则来处理，或现有的规程被证明是不完全的或无效的，则需要操作员重新构建新的响应计划，并对相应计划的可行性和有效性进行评估的过程，响应计划阶段具体的认知行为见图7-7中的响应计划子模型。

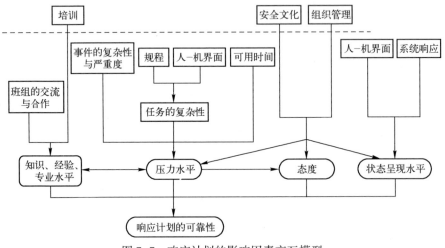

图7-7 响应计划的影响因素交互模型

Whaley 等研究表明[9]，操作员在响应计划或决策过程中可能存在的以下三方面失效原因：①不正确的目标或优先级设置，如选择了不正确的目标、目标的优先级不正确与目标是否成功的判断错误等；②内部模式匹配不正确，如没有更新电厂系统状态心理模型来反映系统的变化状态、无法检索以前的经验，以及将电厂系统状态心理模型与以前遇到的情况进行不正确的比较等；③错误的心理模拟或选择评估，如动作的不准确描述、系统对建议的行动反应的描述不准确，以及认知偏差等。响应计划受多种因素的影响，且影响因素之间存在较为复杂的相互作用，其相互作用关系可归纳描述如图 7-7 所示[4]。

4）响应执行

响应执行就是执行在响应计划中确定的动作或行为序列，如选择控制、提供控制输入、监视系统和过程响应。这个过程可以非常简单，如操作员按下一个控制按钮或虚拟的图标进行操作，但该简单过程包含一个完整的认知功能过程，如在屏幕上寻找图标信息（监视/发觉）、识别所要找到图标（解释评估）、确定执行方式（是按压还是旋转？）或步骤序列，执行按压操作等，或许还需要确定是否完成（通过信息反馈）。另外，针对电厂不同的任务，响应执行也可能需要不同程度的班组交流与合作，需要相互配合，对任务进行分配和安排，对于那些非常规的和复杂的控制行为，特别是当响应计划没有规则型的模式进行指导时，则需要根据电厂状态来改变或建立行为的优先次序，并且需要通过在多个地点多个人员之间的合作与协调来完成，这一过程称为知识型的响应执行。

2. 操作员辅助任务执行行为

在数字化人-机系统中，为了成功执行第一类任务，操作员必须与系统界面发生交互，执行第二类任务，即"界面管理任务"，以支持第一类认知任务的完成，界面管理任务一般包括导航、配置、画面调整、查询、自动化/设置快捷方式等。

1）导航

导航一般是指人-系统界面的具体方面的进入与返回，如进入一个画面或控制。这可能包括在信息系统中基于对当前的状态或位置的理解发展和跟随一条路径以达到期望的目标或检索对象。当操作员在定位和检索信息时不确定具体的导航路径，则可通过人-系统界面的搜索功能得到支持。

2）配置

配置一般是指以一种期望的布置方式建立人-系统界面。如在工作站、单个画面以及单个功能（如模式调节）等方面都可配置期望的布置。在基于计算机的控制室，可对单个工作站安排提供唯一的显示和控制的组织，如反应堆操作员或汽轮机操作员，工作站可指定控制授权或只指定为监控站点。单个画面也可配置成用趋势图的形式描述特定的变量。

3) 画面调整

画面调整是指操作员对信息进行调整,包括跨画面的和画面内的显示。例如,如果一个具体的画面被检索并且将其置于某个屏幕上,则信息可能需要重新安排,使其以一种期望的顺序支持正在进行的任务或减少混乱。在一个屏幕上多个窗口的这种安排和协调就是例证。另外,操作员也可能在一页画面或窗口中调整条目,如抑制(清除)画面的条目或冻结正在更新的画面。

4) 查询

查询是指当对与任务相关的人-系统接口产生质疑以确定信息状态的行为,如当前显示与其余显示网络的关系或与当前文件数据的关系。也包括帮助系统的使用(如安全参数显示系统),特别是当操作员的界面复杂或不太熟悉的时候。

5) 自动化/快捷方式

自动化/快捷方式是指操作员为使界面管理任务更容易执行而设置的捷径方式。例如,操作员可能指定一个特定的功能键对应一个特定的显示以减少检索时间和工作负荷。对于频繁执行的任务,也可能使用宏功能以减少键击的次数。快捷方式可应用于任何其他界面管理任务。

7.3 数字化控制系统的人因可靠性分析技术

人因可靠性分析(HRA)起源于20世纪50年代,美国桑迪亚国家实验室在1952年发表的对武器系统可行性研究的报告中,在复杂装备系统的风险分析中首次尝试评估人员失误对装备可靠性的影响,并测算了人因失误概率;HRA方法既可以用于回溯性分析,也可以用于预测性分析,是用来指导人因事故的分析,以及用于对系统中人因失误的预测和安全审查的一种系统分析方法。人因失误已成为现代生产系统以及生活系统事故的主要根源之一,其一般是指人员不恰当的操作行为,但是当前对人因失误分析与预防都不理想,人因失误在复杂工业系统(如核电厂、航空航天等)事故中的占比一直居高不下,在国内外核电厂领域人因失误占比高达80%以上,究其原因就是科学实用的HRA方法与基础人因失误概率数据的缺乏;经60多年发展,目前不同工业系统先后发展形成了几十种HRA方法,根据方法形成时间与适用对象可分为第一代HRA方法、第二代HRA方法和第三代HRA方法;结合数字化工业系统(以数字化核电厂为例)特征及其人因可靠性分析需求,根据HRA方法自身属性与适用对象,筛选以下几种可应用于数字化控制系统的HRA技术。

1. 故障模式及影响分析

故障模式及影响分析(failure modeand effect analysis,FMEA)是用于发

现问题的一种系统化的技术,是在 20 世纪 50 年代发展起来的。它是一种"自底向上"的方法。故障模式及影响分析是指在产品的设计过程中,通过寻找产品所有部件的各种潜在的故障模式并分析其对系统功能产生的影响,然后按其影响的严重程度对所有潜在故障模式予以分类,再采取相应的预防和改进措施的一种设计分析方法。必要时,该系统也可以分层次地划分为一些子系统。FMEA 易于掌握,方法简单,接近工程实际,在实际工程应用中具有很强的实用价值。但是 FMEA 有一定局限性,首先不能识别造成严重失效的复合失效或者共因失效,每个部件均被看作独立的,复合失效没有被处理;其次,FMEA 不能进行定量分析,但它可以作为 FTA 以及初因事件分析的预先分析手段。

2. SPAR-H 方法

SPAR-H 方法是将标准化厂房风险分析(SPAR)方法和 HRA 方法融合的一种简化的人因失误分析技术。SPAR-H 方法将操作人员的行为分成"诊断"和"操作"两部分,其中计划、团队内部交流或者任务完成过程中的资源分配都被认为是操作活动。"诊断"活动包括解释和决策制定,诊断任务一般与目前的状况理解、计划和排序、确定合适的行动步骤有关;"执行"活动包含操作设备、进行排序、执行等。

SPAR-H 方法定义了影响操作者行为的 8 类行为影响因子,即可用时间、压力、任务复杂度、经验或培训、规程质量、人-机界面、职责适宜度、工序,并建立比较矩阵(一个用于诊断失误,另一个用于执行失误),且其行为影响因子之间的关系有以下 4 方面基本假设:

(1)行为形成因子对人的绩效可能产生负的影响,也可能产生正的影响。

(2)大部分行为形成因子有正的影响作用,且正的影响作用是负的影响作用函数的反射,失误概率随着行为形成因子的负影响作用的增强而增长。

(3)SPAR-H 方法建立了人因失误概率的不确定性模型,认为人因失误是行为形成因子主观水平的贝塔函数。

(4)SPAR-H 方法认为,行为形成因子的正向影响作用也只能使人因失误概率减少到 1×10^{-5}。

SPAR-H 方法中,行为形成因子对人因失误的影响作用是通过乘法来评估的,人因失误概率的计算方法如下:

$$HEP = \frac{NHEP \cdot PSF_c}{NHEP \cdot (PSF_c - 1) + 1} \qquad (7-1)$$

式中:PSF_c 为各项行为形成因子值的乘积,诊断任务的名义失误概率。NHEP 为 1×10^{-2},操作任务的名义失误概率(NHEP)为 1×10^{-3}。

3. IDHEAS 方法

集成化决策树人因事件分析系统(IDHEAS)包括了人的认知机制和影响

操作员响应的行为绩效影响因子。IDHEAS 方法中使用了检测与注意（人从工作环境中察觉重要信息的过程；该功能强调的是人的感知过程，该过程使人能够从环境中察觉大量的信息、并选择关注与当前任务有关的信息）、理解（人从"检测与注意"功能获取的信息中理解信息含义的过程，该功能中的认知过程包括数据/框架理论、情境意识、解释单条信息、整合多条信息形成诊断等）、决策（决策的过程包括目标的选取、计划、根据实际情境改变计划、选项评估与选择等，核电厂主控室操作员的决策活动通常由相应规程主导，但操作员仍会有自己的心智模型，并半依赖规程而决定如何行动）、行动（操作员执行一项单一的手动操作或一个规划好的手动操作序列，将影响电厂状态的硬件或软件操作）与团队合作（班组内成员相互配合、共同完成任务的过程）5 种宏观认知功能，主要包括以下几个要素：

（1）识别和定义人员失效事件（HFE）。

（2）开发班组响应树（CRT），进行任务分析，开发时间线。识别成功响应所需的关键任务，主任务和子任务的需求、输入和导则，以及 HFE 失效场景中的成功路径和班组失效路径。

（3）基于对 HFE 的解释进行定量化计算，步骤包括：为 HFE 的班组失效路径识别班组失效模式（CFM），在 IDHEAS 方法中，CFM 与状态评估、响应计划和行动三类任务有关；然后在与 CFM 相关的决策树（DT）中识别出合适的路径；最后计算 HFE 的人因失误概率。

4. 人的认知可靠性模型（HCR）

HCR 方法使用时间可靠性作为主要失误模型，用来处理事故后操作员的人因可靠性的诊断。随着计算机的普遍使用，不少作业岗位对运行人员的要求已从一系列的操作转变为综合认知判断与操作，HCR 是为了评价运行班组未能在有限时间内完成诊断决策的概率而开发的。该方法详见 3.2.1 节中的第 5 点。

5. 马尔可夫方法

马尔可夫方法已经用于模拟核电厂的系统，包括数字化系统。马尔可夫分析（Markov analysis，MA）利用马尔可夫过程将系统的成功/失效状态间的转移作为概率现象进行建模和定量分析。马尔可夫方法是一种非常灵活的方法，可以明确系统运行的不同状态。它是一种功能强大的分析工具，不仅可以精确详细地模拟不同的状态，还可以精确处理失效和修复的时间。它的局限性在于，通常系统的复杂性使其状态的数量迅速增加，从而使模型分析变得非常困难，并且其与通常核电厂静态事件树/故障树风险模型相结合十分困难。

6. 动态故障树

动态故障树（FT）方法是对传统故障树方法的简单扩展，通过引入特殊的门来处理事件发生的先后顺序。动态故障树是指包含一个或者多个特殊的动态逻辑门的故障树。它把静态的故障树分析应用到动态系统,可以算是静态故障树的一种扩展,能够分析具有顺序相关性、各种可修复系统,以及冷、热备件等特征的动态系统。但是动态故障树方法看起来需要将其转化为马尔可夫模型,以便其量化,它在模拟数字化系统的实用性,尚没有得到全面应用的证实。

7. GO 法

GO 法是在 20 世纪 60 年代中期为分析武器系统而开发的,后来也应用到了核能领域。它基于决策树理论,采用 16 种标准的 GO 图操作符和信号线来描述系统。GO 图操作符不仅可以描述"与"和"或"等逻辑关系,而且能够较好地表示系统和设备的动作、故障等,最终信号线输出为系统动作的成功概率。GO 法模型简洁、计算精确和适用性好,可用于时序系统分析,利用 GO 法能够获得与故障树最小割集(minimal cut set,MCS)相对应的故障集,但是 GO 法也存在不容易处理阶段任务的时序问题,以及没有对故障模式进行描述等不足之处。

8. 动态事件树

动态事件树是一种明确表示时间轴的分析方法,可以将不同时刻同一事件在事件树中的不同位置体现。动态事件树需要考虑操作员的诊断、状态和行动计划等,也可用于人因可靠性分析。但其缺点是容易导致分支过多,事故序列数量迅速增大。

9. 动态流图方法

动态流图方法(dynamic flow model,DFM)是将主要过程变量连接起来的图形化模型,用于表示因果和时间关系,具体的逻辑关系通过决策表表示。对于数字化控制系统,被控制的过程变量和控制软件都能在模型中表示出来。它可以模拟有环路及多状态的系统。动态流图方法已经用于航天和核电安全分析领域,它的局限性在于,建模过程复杂,特别是对于复杂系统模型的构建十分困难。

10. RISMC 方法

RISMC(risk-informed safety margin characterization)方法通过合并概率风险模拟和机械代码的新型交互来优化电厂的安全与绩效,其功能是将风险模拟模块当作情境触发器将信息传递给机械代码。评估安全界限时,不仅要关注事故发生频率,还应该注重安全相关事件及如何提高安全界限。RISMC 使用优先概率的方法量化对电厂安全性与可靠性的影响。从定量角度来讲,RISMC 一般通过风险模拟和物理模型的方法来研究;安全界限及不确定的量化指标则依赖电厂设备状态参数和概率风险模拟,它们一般发生在电厂物理参数互换以及运行或事故的场景下。

7.4 数字化控制系统的人因失误预防方法

在复杂的社会-技术系统中，人因失误的产生是一个动态的过程。人因失误的产生遵循多因素致因理论，是若干个因素（包括组织因素、情境状态因素、个体因素等）共同作用的结果。因此，预防人因失误的发生需依据上述因素综合考虑。但是组织因素与情境状态因素以及个体因素存在复杂的交互作用，如何有的放矢地对人因失误的预防与控制提供支持，需识别关键的组织缺陷、班组失误及个体失误，从而采取具体的预防和控制对策以减少人因失误发生及其带来的风险。

为了识别当前核电厂人因失误影响因素的重要性，给核电厂人因失误预防、电厂人员培训，以及因素之间的因果关系的辨识提供参考，文献［5］分析世界核营运者协会 2002—2008 年共 318 份人因事件报告，采用"组织定向结构化的人因事故分析方法"进行分析，如果一个事件中有多个人因失误，则相同的行为影响因素合并为一个，具体的频率统计结果如图 7-8 所示。

图 7-8 表明，直接导致人因失误的因素为个体因素中的人的生理状态和人的素质和能力因素。在 318 个人因事件中，由人的生理状态方面的原因贡献的失误达 151 次，其贡献率为 47.48%。生理状态方面的具体不良因素主要表现为压力、未注意以及对风险的认识不充分。人的素质和能力方面的原因高达 168 起，其贡献率高达 52.83%。其中，具体因素是知识和经验不够。另外，规程（频率为 127）、组织管理（频率为 148）、培训（频率为 174）、组织文化（频率为 149）、组织设计和规划（频率为 154）是引发核电厂人因失误最重要的间接原因或根原因。规程中的问题主要表现在规程不完善、规程中风险提示不足等；组织管理中的问题主要体现在人员配置、工作准备、时

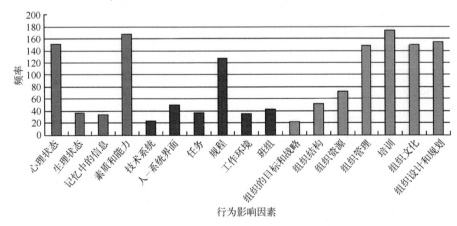

图 7-8 2002—2008 年 WANO 人因事件的行为影响因素的频率分析结果

间安排、人员监管以及文件和规程的审核不充分等方面；培训的问题主要表现在没有再培训或者培训不充分；组织文化方面的问题主要表现为安全的态度、缺乏经验反馈、违规操作以及文档记录不充分等；组织设计和规划方面的问题主要表现为系统设计、工作设计、程序设计以及人-机界面设计不充分等。

7.4.1 数字化控制系统对人因失误的影响

1. 人-机交互与管理的影响

人-机交互是指操作员通过人-机交互方式从界面中获取信息、向人-机界面输入指令控制信息，以及管理输入和输出信息。

DCS 主控室中，操作员、机组长、值长各有工作站，增加了各自的信息渠道，通过独立验证保证参数获取有效。4 个工作站功能一致，在一个工作站故障情况下，可切至另一个工作站，可靠性提高。

人-机交互方式弱化了整个团队的交流，操作员间只有根据规程规定才会进行交流，如果没人主动提醒，操作员间不清楚各自在做什么。尤其是机组长、值长与操作员间，一个在前面一个在后面，缺少面对面交流机会，因此，较难监控、检查和发觉失误（除非有信息反馈）。

2. 信息显示的影响

DCS 显示是图形化显示系统，各系统有单独系统画面，包括系统流程简图、设备状态、参数等信息，此外，DCS 还设有综合画面、大屏幕画面，通过工作站及大屏幕显示，让操作员对整个电厂全貌有大概了解。大量信息可通过重叠的画面和分层来显示，因此信息显示不受限于物理空间。但是信息的超负荷将给操作员在信息过滤、筛选、分类、重组、整合等方面带来较大的认知负荷和干扰，使其容易产生感知失误；此外，同一窗口显示大量的信息提高了操作员定位、搜索以及辨识的困难度。

模拟控制盘台将整个电站的关键参数和设备状态显示在操作员眼前，有益于操作员理解整个电厂状态。而数字化控制系统的显示在这方面存在局限性，在 DCS 主控室，每个操作员需要在 5 个显示屏上来回切换画面以获取整个电站的状态，这种方式容易引起操作员忽略、过滤一些重要信息，降低了分析精度，尤其是在事故发生时操作员感受到时间压力的情况下。

3. 操作控制的影响

硬控制是基于实物的按钮、调节旋钮或操纵杆等控制电厂，而软控制则是通过鼠标对虚拟图标进行操作。多次单击鼠标进行多次确认，降低了操作员误操作概率；DCS 带来自动化程度提高、操作方式软件化的同时，操作员任务控制组件增多，逻辑复杂，加大了操作员的认知负荷；此外，数字化控制系统中的软控制比传统控制系统中的硬控制更复杂，且软控制的弹出对话框会覆盖画面一些重要信息，会提高操作员的认知负荷和延长执行时间。

4. 报警系统的影响

DCS报警系统有不同优先级，且根据报警重要程度按照不同颜色区分，报警信息的出现、确认、恢复都有醒目提示，并且报警系统增加了诊断和报警响应功能，能诊断引发报警的具体原因。但是，当核电厂发生异常情况时，仍会产生大量报警，而报警屏的设计是按时间先后布置，关键报警需导航或搜索才能获取。因此，不易找到关键报警，容易由于忽视报警而产生人因失误。

5. 人员行为模式变化，出现新的失误模式与风险

随着操作员在系统中功能和作用的变化，其作业模式和行为方式及内容发生变化，从而导致作业任务和作业负荷随之发生巨大变化，可能产生新的人因问题及新的失误模式。如DCS中出现了界面管理任务，界面管理任务加上信息过载使得操作员容易产生模式混淆，降低情境意识水平。操作员成为系统中被动者和有限能力信息加工中心，其能动作用被弱化。运行班组的构成及成员间关系和团队协作模式的变化带来交流和沟通问题。

7.4.2 人因失误预防方法

1. 优化人-机界面设计

数字化人-机界面初步设计阶段应有详细、完整和系统化的人因工程设计标准作为设计指导，该指导包括总则和具体设计规范，设计和审查时充分考虑人因，识别出人因失误陷阱，并进行优化，在投运后，还应建立长效优化机制，保证不断优化。其优化人-机界面设计主要目标是防止基于计算机的软控制操作的人因失误，主要包括软控制操作的信息显示和人-机系统交互。

（1）面向软控制操作的信息显示界面设计需满足以下五方面基本原则：基于计算机界面的操作必须允许操作员保持对他人操作的情境意识，以保证不会互相干扰；信息显示必须使操纵能够迅速评价控制系统中的单个部件的状态，以及单个部件与其他部件之间的关系；操作员必须清楚地辨识所操作的对象（如位置、大小、颜色等）；操作员能够从控制输入区域获得所输入的控制操作在系统中的反馈显示；对于就地现场及其他特定场合，界面设计必须能够满足操作员在某种特定环境下对于信息的阅读和输入。

（2）人-系统交互的人-机界面设计需要满足以下基本原则：操作员能够清楚地选定和判断所操作的区域和对象；操作员能够实时获得操作员的操作系统反馈；系统响应时间与操作员反应能力匹配；控件位置（位置须清楚，且不易混淆）、大小设置与操作反馈等数量要小，布局要符合人员的习惯特征等。

（3）合理布置画面：为了合理管理机组信息，及时有效控制机组，必须

对主控室操作员的计算机画面进行合理的设置，保证机组控制效率以及信息的及时调取。对于某些特定系统功能的控制需采用合适的和专门的画面设计，例如操作员同时控制 1/3 台蒸气发生器（SG）水位时，需同时打开 2/3 个 SG 调节阀的控件，容易出现误操作的情况，同时控件的位置遮挡了命令控制画面的重要参数，使得操作员有可能遗漏某些画面信息。

2. 优化组织结构，强化组织管理

核电厂的各级管理层要确保与生产相关的要素（如使命、目标、流程）和与安全相关的要素（如愿景、信仰、价值观等）等并行不悖，确保生产相关要素和安全相关要素的一致性和同向性，基于组织结构与管理预防人因失误的主要途径如下：加强班组情境意识，形成主控室多层人因失误预防体系；建立、践行与鼓励以事故预防为导向的安全文化；建立良好的组织流程（如有序开展工作、避免长期依赖"人工干预模式"等）；定期试验要有充分计划；制订合理与科学的事故预防方案或风险减少监控计划；强化信息在班组和员工间的交流；减少多级审核和多级批准；强化人机接口管理；优化规程设计与强化规程执行；确认防御屏障的完整性；重视经验反馈；强化对人因陷阱辨识与管控；强化操作员、监督者和管理者教育培训，使其保持警觉；减轻操作员的负担；创建学习型组织（如开展自我评估）；培育良好领导者行为规范（如公开交流与提倡团队精神等）；等等。

3. 预防人因失误工具使用推广与培训

预防人因失误工具（详见第 4.3 节）使用是核电厂等复杂工业系统人因管理理念在实际工作中的应用典型范例，在操作员中推广预防人因失误工具使用，并加强训练，能使日常工作更规范，有效避免人因陷阱，减少人因失误风险。

4. 优化报警设计与及时响应报警

在事故状态下，工作站报警列表会同时产生大量报警，操作员在事故诊断完成后，需及时对报警进行消声和确认，这样在产生新报警时才能及时发现新的报警，从而判断是否有叠加事故发生或事故恶化。报警是机组存在异常时对操作员最直接最快速的提醒，及时响应报警能让操作员第一时间发现异常。

5. 针对核电厂 DCS 后变化来强化操作员教育培训

培训使操作员具有一定技能和知识，只有通过不断培训，才能提高操作员的知识和技术，保证安全有效完成工作，提高操纵可靠性，通过培训可将知识型失误向技能型失误转化，以降低人因失误概率。强化操作员培训主要路径有以下三种：①提高操作员的基本技能，DCS 核电厂因主控室人-机界面变化导致操作员基本技能与传统控制模式相比发生变化，给操作员基本操作技能带来一定影响，如在传统控制室中操作员基本操纵技能为按钮、读表与调节等，而 DCS 后变为导航、选屏、与控件操作等；②高操作员对于事故的处理能力，特别培养操作员在 DCS 事故状况下的响应能力，事故状况下操作员可能产生很高的工作负荷，这会使 DCS 的缺陷放大而导致失误，例如，二类管理任务；③培养操作员班组各个成员保持共享情境意识的能力，即培养操作员班组的交流通信技能。

6. 加强班组情境意识

操作员班组情境意识直接影响核电厂运行安全，由于 DCS 的特点，发生电厂事故后，操作员可能更容易陷于程序执行，而无法保持对电厂系统整体运行状态的掌握，特别注意协调员/值长（US/SS）或者安全工程师（STA）在保持整个运行班组情境意识方面的作用，运行班组对于机组关键的参数、状态的变化、变化的趋势要知悉，需要操作员有良好的交流技能（如交流时机、交流手段、交流反馈等）来保持。DCS 中，操作员执行的绝大部分 SOP 任务是技能型和规则型行为，其失误的形式主要是偏离和遗漏。操作员行为所致的"失误"会对核电厂的安全造成严重后果，因为基于机组目前状态对未来状态的判断和决策错误，恢复的可能性小且恢复时间长，因此，为防止"失误"的发生，整个班组必须保持良好的情境意识，从更高的意识水平上防范失误的发生。

7. 加强界面管理任务管理

操作界面管理主要为屏幕选择和导航，操作员应该对屏幕选择和导航所在的数据空间的位置随时都有清楚判断，其计算机屏幕也必须有清楚标识（例如，用数字进行编号）。操作员执行界面管理任务中的失误主要为偏离或者遗漏，其原因主要是操作员在执行界面管理任务过程中注意失误或者记忆失误。DCS 中基于计算机界面的操作，操作员对于界面管理任务执行方式或执行过程都非常熟悉，失误往往发生在操作员处于高工作负荷情况下。

8. 强化 SOP 规程理解与执行培训

规程是操作员执行操作特别是处理异常的依据与指引，对于我国采用 DCS+SOP 新一代核电厂，事故诊断和处理主要是对 SOP 规程的执行，为预防人因失误，对于操作员理解与执行 SOP 提出以下几点要求：操作员须使用独立的信息源（报警、数字和图表显示、盘台指示等）对规程中的信息来源进行核对；操作员需建立相对应设备或系统状态的趋势曲线；需要培养操作员班组良好的通信交流技能以确保事故后操作员班组共同面对电厂当前状态；确保操作员对规程的目标和响应策略充分理解；强化对纸质规程的使用，以及如何从电子规程执行中快速地与准确地切换到纸质规程执行中等方面的培训。

9. 智能化人因失误防控系统

以数字化工业系统中人因失误事故防控为目的，或对象，基于人因工程基础理论与人因可靠性分析基本原理，运用人工智能（行为模式识别）、大数据挖掘、云计算等现代自动控制与计算信息科学技术，开发可嵌入工业控制系统的智能化人因失误防控系统或装置，以实现对数字化工业系统（如核电厂）中的人因数据动态采集、人因失误风险在线评估与预警，以及人因失误自动防控，其主要包括以下3个方面关键技术与产品：①行为识别与人因数据自动采集技术及其装置。基于工业系统运行人员行为特征，面向人员行为视频、音频、生理心理状态与系统操作日志，开发行为识别技术及其深度学习算法，建立起面向大数据背景的人因数据自动采集与挖掘技术，开发相应的便携式人因数据采集终端与数据分析管理软件。②人因失误在线监测、预警及其智能防控技术及其软件系统，即建立基于"人-机-环境-管理"全要素的人因失误风险动态预测模型，在此基础上，以工业系统人因失误事故为研究对象，形成工业系统人因失误风险在线评估及其主动智能预防技术，并利用大数据、云技术等技术，开发其人因失误预警技术及其系统。③人因失误智能防控产品及其系统集成，主要包括人因失误主动预防关键设备（主要为人因失误在线监测装置、人因失误动态预警装置系统、操作员作业行为智能监护装置、人因失误自动防控装置与人因失误风险在线评估软件），最后基于上述技术与产品，根据数字化工业系统人因失误防控工程需要，集成开发人因失误数据实时采集与在线分析技术、自动预警与智能控制系统，以对作业人员行为进行实时监测、预测、预警、指导与纠正。

7.5 数字化控制系统的人因可靠性技术发展趋势

7.5.1 数字化控制系统的可靠性分析发展现状

1. 国外研究现状

数字化控制系统在包括化石燃料发电、核电、化工、航空航天等领域有不可替代的重要应用。在核电领域，采用数字化仪表与控制系统已是先进型反应堆的一个重要特征。因此，针对数字化系统的风险可靠性分析技术逐渐成为世界各国风险与可靠性研究的一个重要方向。

1995年，美国核管会在"Probabilistic Risk Assessment Policy Statement"声明中推荐应用概率风险评价（PRA）方法对核电厂进行系统可靠性分析，其中就提出了对数字化仪控系统可靠性评估问题。1997年，NRC建立了一个委员会来对商业核电厂中的数字化仪控系统技术进行研究，并提出了关于建立安全与可靠性模型的建议，包括：①发展PRA评估失效概率；②模型中应包含软件失效对系统可靠性的影响；③发展专门的技术来增加数字化系统的安全性，并做出量化的评估；④发展可信的先进技术降低定量化评估中的不确定性。

NRC的报告NUREG/CR-6962基于核电厂的数字化系统特性分析表

明[10]，核电厂的仪表控制（I&C）系统的接口应包括：种类Ⅰ反应堆控制与保护系统与核电厂控制进程（如增压、加热等）的接口，以及种类Ⅱ反应堆控制与保护系统本身各个部件之间的接口（如多级任务分配、多路传输等），这些接口可能会在事故工况期间产生触发式或随机事故，对预计的系统失效模式造成严重影响。目前，已有的对于数字化仪控系统的可靠性分析方面的意见和导则十分有限，这严重限制了数字化系统中风险指引的监管和应用，为此 NRC 委托了布鲁克海文国家实验室、俄亥俄州立大学核能技术部、弗吉尼亚大学电力及计算机技术系等单位对数字化仪控系统可靠性分析的 PRA 做出了初步的研究。

对于核电厂数字化仪控系统的许可证批准，目前主要采用的是基于确定论的方法，风险指引方法仅仅是一种补充，部分咨询公司研究报告中模拟了工程安全特征启动系统/反应堆保护系统的详细故障树模型，以分析一些特定的问题，如频率检测和允许失效次数监测等。

在现行的核电厂系统可靠性分析中，仍以传统的静态事件树/故障树（ET/FT）方法为主，如 AP600 和 AP1000 的 PRA 报告对仪控系统就是应用传统 FT 方法得出计算结果。但在数字化系统和核电厂专设系统动态接口的可靠性分析，以及数字化系统本身硬件与软件的动态模拟中，ET/FT 方法显得能力不足。因此建立一种新型的动态方法来模拟数字化系统显得十分必要。

2006 年，俄亥俄州立大学的 T. Aldemir 等受 NRC 委托完成了报告 NUREG/CR-6901。该报告中分析了核电厂数字化仪控系统风险指引的概率风险评价方法。其中描述了传统 ET/FT 方法对于 I&C 系统的优点和不足，结合了现今比较先进的动态 PRA 分析技术如动态流图（DFM）法、Petri-net 法、贝叶斯方法等，分析了各种方法的限制和优点，提出了使用 DFM 和马尔可夫/CCMT 模型可作为数字化系统可靠性建模和安全分析的有效手段这一结论。在报告 NUREG/CR-6942 中 T. Aldemir 等将 NUREG/CR-6901 得出的结论做出了扩展，提出了一个概念验证，用于阐述 DFM 和马尔可夫模型在 I&C 系统构模中的使用准则，并以一个典型的数字化给水控制系统为基准模型，给定了分析的结果和不确定度。

布鲁克海文国家实验室的 T. L. Chu、G. Martinez-Guridi 和 J. Lehner 等在 2008 年发布的 NUREG/CR-6962 报告中更加详细地分析了传统 ET/FT 和马尔可夫模型在 I&C 系统上的应用，同时也描述了 ET/FT 在数字化 I&C 系统中应用的不足。该报告提出了应保留传统方法的合适特性，改善数字化 I&C 系统动态特性在分析中的体现。

在 NUREG/CR-6985 报告中，俄亥俄州立大学的 T. Aldemir、D. W. Miller 等结合 NUREG/CR-6942、NUREG/CR-6962 中建立的数字化给水控制系统（DFWCS）基准模型和 NUREG-1150《Severe Accident Risks: An Assessment for Five U.S Nuclear Power Plants》报告中的典型核电厂模型，计算得到了引入数字化系统的模型堆的堆芯损伤频率，同时也证明了动态技术在已有的 PRA 模型基础上融入数字化特性的可行性。

除了上述 NRC 支持的研究之外，麻省理工学院和剑桥大学核工程技术部的 Chris J. Garrett、George E. Apostolakis 等在 2001 年发表的报告中探讨了应用 DFM 对数字化系统和软件的可靠性进行风险分析，以核电厂的反应堆控制系统模型为基准，使用 DFM 对反应堆控制系统进行了建模，使用质蕴含（类似于最小割集）、多值逻辑和功能流程框图识别了系统可能的失效事故，定性地分析了 DFM 法应用于数字化系统风险分析中的优势。

数字化系统的可靠性分析离不开对软件失效的评估，2009 年由美国核工业界、软件可靠性分析领域以及 PSA 分析技术领域专家成立了研究小组，共同研究软件有关失效问题，专家共同的意见是：软件失效是一种确定性的过程，但是由于人们不完善的知识，并不能完整、准确、灵活地定义所有的软件失效过程，因此人们使用概率论模型来描述其特性，主要意见包括：①软件会失效；②软件失效的发生概率可用概率论的方法来处理；③软件失效率可以包容到数字化系统的可靠性模型中 3 个研究软件可靠性的基础定义。软件的失效模型中失效率的确定是按照平均失效的概率值定义的，评估软件失效率的方法主要包括应用测试数据和将硬件失效扩展到软件评估中两种。软件失效取决于软件应用的环境因素，包括运行硬件条件、输入信号及随机失效等。

Leveson 等在 1995 年提出了软件是确定性的观点，即相同的输入会给出相同的输出，他们认为应用偶然模式来评估随机失效对软件来说其失效时间是极短的，而应用认知模型，可以认为软件将保持失效/完好状态。通过这种模式可以间接认为软件存在的失效时间作为参考的失效概率值。

Garrett 在 1999 年提出了迫使失误情境（error forcing context，EFC）的概念。在 EFC 中，软件是确定性的，且提出了应用 DFM 法确定故障树的质蕴含，质蕴含等价于传统故障树的最小割集。不同的是它还包含了更多的内容，如时间、明确的失效软件等，EFC 否定了故障树分析中的典型假设，即基础事件是独立的，它认为相同的基础事件代表了一种软件失效模式，但不适用于不同的边界条件和事件树定义的情境模式。

EFC 概念下的 DFM 方法有助于识别软件开发者无法识别的失效死角，但并非完全排除。DFM 作为一种检查/排除故障的方法可以有效地降低潜在失效模式触发的概率。

随着核电行业主控室朝着数字化控制的转变，一系列与安全相关的人员行为开始被研究。挪威能源技术研究所（the institute for energy technology）着手研究新型的数字化控制系统对主控室室内及室外人员相互之间的信息交流、信息共享以及工作任务相关的潜在影响。在挪威哈尔登项目的支持下，DCS系统的可靠性及人员的可靠性得到了探究。在 Halden 2014 年度报告中，挪威大学科学与技术学院、挪威科技工业研究所、船级社以及石油公司共同提出了一种新的人因可靠性分析技术——基于人员-技术-组织的安全分析方法（safety-man-technology-organisation，Safety MTO），其是基于 Halden 人机实验室实证研究发展而来的人因可靠性分析技术，通过对人员、技术、组织等因素的分析，全面保障系统安全运行。在随后的 2015 年度报告中，他们又对基于人员-技术-组织的安全分析方法做了进一步的说明，该方法旨在确保复杂加工处理系统（如核电厂、石油化工等）的安全高效运行。它是将人、技术、组织看作一个系统的多科际研究方法，从不同的学科领域来改善系统的安全问题。

2. 国内研究现状

国内对于核电厂数字化仪控系统的可靠性分析主要开始于在引进美 AP1000 技术后，对 AP1000 的 PRA 模型中有关数字化仪控系统软件可靠性评价，目前我国岭澳二期、红沿河等一系列新堆型的设计中都对数字化仪控系统的可靠性给予了高度关注。国内大型核电厂使用的数字化仪控系统，特别是安全级的数字化仪控系统不完全具备国产化条件，田湾和岭澳二期核电厂采用了德国西门子和法国 AREVA 提供的 TXP 和 TXS 系统，红沿河项目采用了日本三菱的 DCS 系统，AP1000 采用的是美国西屋公司提供的 DCS 系统，由于核电系统的 DCS 比较复杂，往往由 DCS 供货商提供完整的技术方案和可靠性分析报告。

AP1000 数字化仪控系统的 PRA 建模方法与模拟仪控系统的建模方法是类似的。数字化仪控系统仍然模拟成一个支持功能来触发前沿系统。在支持功能连接到前沿系统方面没有区别。通常需要考虑的两个问题：①当需要时不能执行动作和误动作；②由于缺乏系统级的统计数据，仍以传统的故障树方法作为一个评价仪控系统可靠性主要有效方法。在西屋公司提供的 AP1000 PRA 报告中，数字化仪控触发逻辑通过子树与总模型相连接，这些子树直接与设备的支持动作信号相关联，每个子树的成功或失效由组成它的部件状态、硬件或软件、成功或失效的逻辑输出推导而来。

综上所述，就引进国外的数字化仪控系统可靠性分析而言，目前对数字化系统失效模式和失效机理的认识水平，以及数字化系统中软件可靠性数据可支持的程度的研究仅仅开始进行。而对核电安全级的计算机软件失效模式、失效机理和共因失效，以及失效数据方面，还需要开展大量深入的研究工作。广东核电集团设计院等有关单位对相关内容进行了初步的研究，其依托我国正在建设的二代改进型核电厂工程，主要以传统 ET/FT 方法进行了分析和探讨。

7.5.2 数字化控制系统的人因可靠性分析技术发展趋势

数据问题一直是当前 HRA 方法的主要问题，尤其是在当前的数字化控制系统中，数据的缺乏已经严重阻碍了可靠性分析技术在 DCS 的发展。尽管现在广泛使用的 Swain 和 Guttmann《人员可靠性分析手册（NUREG/CR-1278）》中的数据（针对不同的任务有不同的人因失误概率值）基本是基于统计分析和专家判断得来的，但其处理的只是疏忽型失误，对执行型失误涉及较少。而基于 Swain 和 Guttmann《人员可靠性分析手册（NUREG/CR-1278）》中的数据发展起来的人因可靠性方法中的数据，基本上都是带有专家判断和推理性的。因此，如何解决数据问题是当前 HRA 方法的核心问题。而 NRC 对数字化控制系统的可靠性技术的研究也指出了针对数字化控制系统的可靠性分析技术方法应当满足以下要求：①所建立模型能够进行有效和合理的假设；②所建立模型能够描述系统特性；③所建立模型能够描述故障事件间的依存关系；④能够对数字化仪控系统进行详细和完整的建模；⑤建模方法必须表示数字化系统和非数字化系统之间的交互；⑥所建立模型能够预测当前和可能发生的故障；⑦模型能够区分功能失效和间歇失效；⑧模型不能过度依赖连续性的与时间相关的电厂信息；⑨建模方法能够使分析人员容易理解和方便使用；⑩必须提供技术领域有较大可信度的数据；⑪能够提供包括割集、失效概率和结果的不确定性等信息。另外，考虑到人的行为的动态性描述更能描述人的行为随机特性，扩大方法的应用范围，像如何考虑人的认知过程、班组和组织因素交互过程等都说明了人的行为的动态特性，更能体现真实的行为和系统的风险进程及大小。因此，在数字化控制系统中，未来发展先进的 HRA 方法应解决以下问题。

1. 人因失误模型的发展和完善

随着技术的发展，如数字化系统日益进入高风险系统，改变了操作员的认知和行为方式。因此，使传统的人因失误模型难以体现真实情境下的人的认知和行为过程，需发展一种新的模型来满足新的要求。

2. 人因数据的获取和规范化

除了传统的人因失误数据需继续收集和更新之外，还需收集新的人因失误数据，因为技术的发展变化，操作员面临的任务和情境环境发生了相应的变化，操作员出现了新的任务（如界面管理任务）和新的人因失误（如模式混淆等）模式。另外，情境环境的变化使得传统的人因数据与新的环境出现偏差，因此，传统的人因失误数据难以满足当前新形势的需求，需重新收集新的人因数据，并建立统一的规范，使其标准化。

3. 行为形成因子（PSF）与人因可靠性间的因果关系辨识

应发展一种基于情境环境的人因失误辨识和预测技术，描述整个复杂社会-技术系统的动态 PSF 和静态 PSF 的因果关系以及对人的绩效的影响,特别需要将组织管理因素的影响整合到人因可靠性分析中。

4. 人的认知过程及人-机交互的真实描述

先进的 HRA 方法应能在不同的情境环境识别出人的动态认知行为及动态的人-机交互作用、人的认知和动作过程中的关键行为,以及系统的风险进程及风险大小。

5. 任务相关、时间相关以及失误恢复因子的考虑

先进的 HRA 方法应建立一套完善的识别任务相关性及时间相关性的理论基础。同时应考虑失误恢复因子对人的绩效的影响,使分析结果更贴近实际。

6. 人因可靠性分析结果的一致性、可验证性及可追溯性

先进的 HRA 方法应有一套可靠的评估技术,用来识别 HRA 结果的一致性及精度,使分析结果具有可追溯性,可识别不确定性、误差,以期对 HRA 进行改进。

参 考 文 献

[1] 胡鸿. 数字化核电厂主控室操纵员监视行为及其可靠性研究 [D]. 衡阳:南华大学,2016.
[2] 汪映荣,许修亮,曹姝媛. 数字化核电厂构想 [J]. 电信科学,2016,32(4):186-191.
[3] IAEA. Instrumentation and Control (I&C) Systems in Nuclear Power Plants:A Time of Transition [R]. Pennsylvania:IAEA 2010.
[4] 张力,戴立操,胡鸿,等. 数字化核电厂人因可靠性 [M]. 北京:中国原子能出版社,2019.
[5] 张力,赵明. WANO 人因事件统计及分析 [J]. 核动力工程,2005(03):84-89.
[6] SHORROCK S T, KIRWAN B. Development and application of a human error identification tool for air traffic control [J]. Applied Ergonomics,2002,33(4):319-336.
[7] MOSLEH Y H J C. Cognitive modeling and dynamic probabilistic simulation of operating crew response to complex system accidents. Part 2:IDAC performance influencing factors model [J]. Reliability Engineering & System Safety,2007.
[8] 李鹏程,戴立操,张力,等. 一种基于 HRA 的数字化人-机界面评价方法研究 [J]. 原子能科学技术,2014,48(12):2340-2347.
[9] WHALEY A M, XING J, BORING R L. Cognitive Basis for Human Reliability Analysis:NUREG-2114 [R]. Washington D. C:U. S. N. R. C,2016.
[10] GARRETT C J, APOSTOLAKIS G E. Automated hazard analysis of digital control systems [J]. Reliability Engineering & System Safety,2002,77(1):1-17.

8 人因可靠性试验设计与应用

人因工程学本质上是一门试验科学,其主要任务是把与人的能力和行为有关的信息及研究结果应用于产品、设施、程序和周围环境的设计中[1]。试验要达到研究所预期的目的,必须事先设计科学可行的试验方案,并严格按照制定的试验方案和试验程序执行。本章主要阐述人因可靠性试验设计和实施的要点,并给出应用案例。

8.1 人因可靠性试验设计

设计人因可靠性试验方案时需要着重考虑以下几个方面。

8.1.1 确定研究类型

人因可靠性试验大致可以分为两种不同类型:①因素型试验,主要探索行为的原因是什么,是因果关系研究试验的一种;②函数型试验。两种类型的试验具有不同的特点、研究目的,进行研究的基本程序也有各自的要求。

1. 因素型试验

这类试验的主要目的是探明现象产生的原因。例如,广告形象代理人的知名度和广告效果之间关系的研究,研究者不知道影响用户购买欲望的因素,需要通过试验来探索、确定究竟有哪些因素会影响用户的购买欲望。许多的人因工程学试验属于此类研究,它是我们认识客观事物相互关系的第一步,让我们认识到某些现象形成的原因。

2. 函数型试验

函数型试验探索人的行为和条件之间的函数关系。在这类试验中,研究者系统地确定原因变量,探索原因变量和行为之间具有的函数关系,明确两者是怎样变化的。例如,感知觉试验中,韦伯定理的研究就是一个典型的函数性研究。

8.1.2 选择研究对象

选择研究对象既要考虑试验对象对研究总体的代表性,还要考虑试验对象应该具有什么样的机体特征。

（1）根据研究目的，确定研究的总体范围，即人因工程试验研究的结论要在多大范围、在怎样的人群中推广，从而确定研究对象的总体。

（2）根据研究总体，确定样本数量、取样方法，采取一定的程序保证抽样具有代表性。例如，考虑准备采用大样本还是小样本研究设计模式（被试数量是否超过30），并考虑如何抽取这些数量的被试，确保其对总体的代表性。只有具备代表性的样本才能根据其推断总体的情况。

（3）根据研究设计，将被试进行分组，并随机分配到各试验条件中去。这时，就要考虑所采用的研究设计类型。如果是被试间设计，则有多少试验条件就要有多少试验组，将随机抽取的被试随机分配到各试验条件中就可以了；如果是被试内设计，则不存在试验组数目的问题，只需要随机选择一部分做控制组，另外一部分做试验组即可；如果采用混合设计，则被试的分配相对复杂一些。

8.1.3 界定研究变量

研究变量是研究者感兴趣的、所要研究与测量的、随条件和情境变化而变化的因素。

试验研究中的变量包括自变量、因变量和额外变量。

自变量即刺激变量，是试验者在试验过程中可有目的加以操纵的变量，它的变化会引起因变量的变化。

因变量又称反应变量，是自变量作用于被试后产生的效应，即研究者要测定的结果变量，如操作员的反应时间、操作员失误的次数等。

额外变量也称控制变量，是指与特定研究目标无关的变量，即除了研究者操纵的自变量和需要测定的因变量之外的其他变量，是研究者不拟研究但会影响研究结果，需要加以控制的变量。

定义变量一般有两种方法：描述性定义和操作性定义。在人因可靠性试验中一般对自变量和因变量采用操作性定义。"操作性定义"是美国物理学家P.W.布里奇曼（P.W.Bridgman）提出的，他认为一个概念的真正定义不能用属性，而只能用实际操作来给出；如果想避免科学上的名词或概念含混不清，最好能以人们"所采用的测量它的操作方法"来界定。操作性定义是根据可观察、可测量、可操作的特征来界定变量的含义，从具体的行为、特征、指标上对变量的操作进行描述，从而将抽象的概念转换成可观测、可检验的项目。因此，下操作性定义就是详细描述研究变量的操作程序和测量指标[2]。例如，"工作绩效"这个概念是十分抽象的，在具体的研究情境中，可以将其界定为"完成某具体工作任务的时间和正确率"。

操作性定义可由以下3种方法来描述：

（1）条件描述法。通过陈述测量操作程序来界定一个概念，或是对所研究对象的特征和可能产生的现象进行描述，对达到某一结果的特定条件作出规定，指出用什么样的操作引出什么样的状态，即规定某种条件、观察产生的结果，这种方法常用于给自变量下操作性定义。

（2）指标描述法。通过陈述测量操作标准来界定一个概念，是指对解释对象的测量手段，测量指标、判断标准作出规定。通常这些指标能作量化处理，常用于给因变量下操作定义。

（3）行为描述法。行为描述法通常是指对陈述测量操作结果进行界定，是对所解释对象的动作特征进行描述，对可观测的行为结果进行描述的方法[3]。这种操作定义通常用于解释客体的行为，常用于给因变量下操作定义。

8.1.4 额外变量的控制

额外变量会造成研究结果不准确，或者研究结果不一致。其效果具体可分为系统误差和随机误差。系统误差又称常定误差，是指由恒定而有规律的额外变量引起的误差。这种误差稳定地存在于每次测量和研究结果中，其影响方向和大小是恒定而有规律的。系统误差只影响研究结果的准确性，但不影响研究结果的一致性，因此会显著降低研究的效度而不影响信度。

随机误差是指由偶然的无关变量引起的误差。它使对同一观测指标的多次观测得出不一致的结果，其影响方向和大小无规律可循，因而难以控制。随机误差既影响研究结果的准确性，又影响一致性，因此既会降低研究的效度，又会降低研究的信度。

在实际研究中，研究者要对额外变量进行认真辨别，通过设计适宜的控制措施，将这两种误差降至最低水平。

1. 消除法

消除法即通过采取一定措施，将影响研究结果的各种无关变量消除的一种方法。这是控制无关变量最理想的方法。因无关变量产生的原因不同，应用于消除无关变量的具体方法也有所不同。例如，可采用"双盲程序"，消除"试验者效应"和"霍桑效应"。可在研究开始前，设法与研究对象建立良好的合作、信任关系，向他们讲明研究的科学意义，从而消除研究对象的焦虑、紧张、不合作与不认真态度及各种心理反作用；通过加强对研究人员的训练，使其按规定程序操作，用来消除主试方面的一些无关变量；通过尽力完善测量工具，做到科学抽样，合理分类，评分标准客观统一等方法，消除研究设计、数据分析方面的无关变量；在研究前充分做好各种准备工作，选择好研究场所，避免意外事件发生，可在一定程度上消除研究实施环境条件和过程中的无关变量[4]。

2. 恒定法

恒定法是指研究者采取一定措施使某些无关变量在整个研究过程中保持不变。在试验研究中，有些无关变量是无法消除的，如被试的年龄、性别、人格特征、生理特征、研究场所、研究条件等。这些无关变量就需要在研究中保持不变，如测量工具、指导语、试验场地、试验时间等对不同的被试要求一样。人因工程试验中常见的可恒定的无关变量有：采用同一地点、同一仪器、同一主试、同一时间段，主试态度要保持恒定，按同一试验程序或步骤进行试验，选择智力、性别、年龄、教育程度相同的被试等。

3. 平衡法

平衡法是对某些不能被消除，又不能被恒定的无关变量，通过采取某些综合平衡的方式使其效果平衡的控制方法。平衡法主要有对比组法和循环法。

对比组法是按随机原则建立试验组与控制组。除研究变量因素外，保持其他无关变量的效果相等，因而两组研究结果的差异就可以认为是研究变量的差异造成的。与此类似的方法还有匹配法和兼作组法。匹配法是指通过对被试在某个与因变量有关的变量上进行匹配，使各被试在额外变量，特别是机体额外变量上相等的方法。研究者可就某个额外变量进行匹配，如在智力水平上匹配；也可以整体匹配，如同年龄组。兼作组法是指一组被试，既做试验组的被试，又做控制组的被试，也叫重复测量法。这种方法在完全意义上实现了各试验条件间在被试方面的平衡。

循环法主要用于平衡顺序效应。在研究中，当研究对象接受两种以上试验处理，先后呈现两种以上不同刺激，就会产生顺序效应，即先前的处理或反应对随后的处理或反应发生影响。在这种情况下，须采用循环法，按一定的原则安排刺激项目或研究对象的顺序，以平衡顺序效应。平衡顺序效应的具体方法有平衡对抗设计（ABBA）法、拉丁方设计法等。当研究中只有两种试验条件时就采用 ABBA 法，当有三种或三种以上试验条件时，就采用拉丁方法。

4. 随机化法

随机化法是指通过被试的随机取样和随机分派被试到各处理条件中而控制无关变量的方法。该法依据数学上的概率原理，将被试按相等机会原则分组，在理论上可使除不同组的被试除试验条件外，其他无关变量保持相等。随机化法包括两个方面：①试验单元或被试是从一个更大的、研究者感兴趣的总体中随机选择的；②试验单元或被试是随机分配给各个处理条件的。

5. 无关变量纳入法

无关变量纳入法指把影响试验结果的某种无关变量当作自变量因素之一，使之系统化安排，通过一定的统计分析，将其效应从自变量效应中分离出去的方法。如在过度学习与记忆的关系的研究中，智力因素、性别因素的排除都可通过无关变量纳入法加以实现。

6. 统计控制法

上述无关变量控制法都是在研究之前可以控制的方法，还有一种是研究之后可以利用统计方法进行控制，利用统计分析方法将影响试验结果的效果分析出，常见的统计控制方法有偏相关法和协方差法。

8.1.5 数据处理与分析

试验实施之后，研究者通常会面对大量数据，这些数据是在试验过程中记录的分数、测量值或观察值，接下来要完成的则是用统计学方法分析这些数据，使其隐含的意义显现出来。数据的统计分析主要有两方面的作用：①帮助研究者组织和概括资料，以便能更好地了解试验中发生的现象，并将研究结果与他人的研究进行比较；②帮助研究者检验研究假设，确定研究结果能证实的假设并作出结论。这两种基本用途对应两种基本统计方法，即描述性统计和推断性统计。

描述性统计是对一批数据的特点进行描述，它一般是将一批数据组织成图表的形式，并计算出一个或多个值，如用于描述数据整体情况的平均数、方差。描述性统计的作用就是组织、概括和简化一批数据。推断性统计则是利用来自样本的有限信息回答有关总体的一般性问题。虽然样本来自总体，并且可以作为总体的代表，但并不能确保每个样本都会准确地反映总体的情况，所以研究者必须慎重考虑样本得到的结果能否反映总体的普遍性。推断性统计的作用就是帮助研究者决定在何种情况下能够用样本反映总体。

试验结束后，对记录的原始数据及相关资料进行整理与分析，主要包括初步整理、统计分析、结果表述三方面工作。

1. 试验数据与资料的初步整理

这种整理主要是对试验记录进行汇总、归并、建档，其中包括数据资料，也包括一些文字记录资料。在一些较为复杂或大型的试验研究中，资料量是很大的，保证研究资料的清晰、有序非常重要，试验研究者要有一些有效的数据记录和整理经验。但在这一整理的过程中，一定要保证研究资料的原始性。

在前述整理的基础上，计算每位被试在某一特定试验条件下简单重复试验的平均值。比如在声光刺激简单反应时间比较的试验中，每位被试在声音刺激下或灯光刺激下重复测量反应时间20次，那就要将这20次测试结果平均以得到被试在声音刺激条件下的简单反应时间或灯光刺激条件下的简单反应时间。

最后，要形成一个由每种试验水平条件下对应的每位被试测试结果的平均值组成的数据表。此表是后续统计分析的一个基本数据资料。

2. 对数据进行统计分析

对试验数据进行统计分析的主要目的是对各种试验条件下被试反应总体情况给出描述，对各种条件下被试反应之间的差异性、相关性进行分析和检验。就人因工程试验研究来说，前者经常用到计算一组数据的平均数、中位数、标准差、方差、四分位距、频数分布状态，有时还需要对其分布的正态性进行检验和对一些分数进行转换，如标准分数转换等；后者经常用到的是两组数据间平均值差异的 t 检验（也有研究者常用 Z 检验）、多组数据间平均值差异的 F 检验、百分数差异的检验与计数变量的卡方检验等。

目前，人因工程试验数据通常借用 SPSS、SAS 等统计软件来完成，读者可进一步参阅相关书籍。

3. 试验结果的表达

试验结果的表达主要包括三种方式：图、表和文字。其中，图、表的表达往往是必需的，这两种方式能非常直观地表现大量信息，而且这些图表具有通用形式，是同领域研究者都非常熟悉和认可的表达形式。人因工程试验常用来反映试验结果的图形主要包括线图、条形图、直方图、箱图等，数据表格形式主要包括描述性数据表、t 检验表、方差分析表等。

8.1.6 人因可靠性主要研究工具

人因可靠性研究除了要选取正确的研究方法外，还需要选择合理有效的研究工具，才能获得科学可信的研究结果。人因工程有 3 个专业研究领域：生理人因学、认知人因学和组织人因学。以下从这 3 个领域出发对人因可靠性试验常用相关工具做一简要介绍。

1. 生理人因学研究工具

生理人因学主要关注人在进行生理活动时人体测量学、人体解剖学、生理学和生物力学特征。

第一类仪器主要关注试验者的人体参数，如身高、体重、臂长、腿长等，主要仪器装置有身高体重计、人体尺寸测量尺等。

第二类仪器主要关注试验者的生理活动特征：如心率、皮肤温度等信息，主要仪器有多导生理仪、心率测量仪、红外热像仪等。

第三类主要关注试验者的协调参数固定生理信息测度，主要考察被试者两个或两个以上器官的协调能力，如眼和手的配合能力、左手和右手的配合能力，试验仪器有手指灵活测试仪、眼手配合测试仪、手压力测量仪等。

2. 认知人因学研究工具

认知人因学主要关注认知过程，如感知、记忆、推理和响应等过程。他们影响着人与系统其他元素的交互。相关课题包括脑力负荷、决策过程、熟练操作、人-机交互、人的可靠性、工作压力和训练等。主要的人因学研究工具有 3 类：

（1）考量个体的认知心理状态的量表，使用标准化测验工具度量个体之间的认知差异，如测量认知负荷、认知风格、疲劳感知等，主要有 NASA-TLX 量表、CSQ 问卷、FS-14 量表等；

（2）模拟人认知决策的软件，通过计算机编程模拟人的信息加工过程，对人的基本认知心理现象进行模拟分析，例如采用 E-Prime、Inquist、VB、Python 等编程工具，呈现刺激，通过反应时长、反应正确率等指标来揭示人的信息加工状况；

（3）认知神经科学研究工具，近年来随着技术的进步，采用脑成像技术研究大脑活动的生理机制或生物学基础，比如 X 射线计算机体层扫描成像技术（X-ray computer tomography，CT）、功能性磁共振（functional magnetic resonance imaging，RI）、脑磁图（magnetoencephalography，MFG）、功能性近红外光谱技术（functional near-infrared spectroscopy，NNIRS）事件相关电位（event-related potential，ERP）[5]。

3. 组织人因学研究工具

组织人因学关注社会技术系统的优化，包括组织的结构、政策和过程，主要研究工具有以下几种：

（1）组织行为相关量表，采用标准化量表对员工进行招聘和选拔、绩效评估等，例如用霍兰德职业兴趣量表、MBTI 性格能力测试等对员工进行选拔，用工作满意度、职业幸福感等对员工工作状态进行评估。

（2）人因审查类工具，对产品设计和过程控制两个方面进行人因工程审查，即发现和辨识存在的各种人因问题。常用的人因工程审查量表有 EA 核对表、PAQ 位置分析调查表、AET 核对表。

（3）行为观察分析系统，主要通过行为观察系统记录不同（作业）环境下的肢体动作与表情反应，统计各种行为发生的时刻、持续时间和发生次数等，揭示作业环境中的人-机交互过程中人的认知心理反应过程。代表性系统有 INTERACT 行为分析系统、MVTA 行为分析系统。

4. 其他人因学研究工具

人因可靠性研究必须正确处理人、机、环境三大要素的关系，除了前面牵涉的三个领域的研究工具，比较常见的还有测量机器性能的相关仪器，例如测量显示器成像质量等的成像亮度计等，对作业人员所处的作业环境基本参数进行测量与分析的仪器，如温度计、湿度计、照度计等。

近些年，随着技术的发展，配合软硬件设备，可以实现通过无线传输技术，对人、机器、环境数据进行同步采集与综合人机工效分析，国内使用较多的有 ErgoLAB 人机环境同步云平台、Captive 人机环境同步平台等。

8.2 人因可靠性试验方法应用

8.2.1 噪声水平对人不安全行为的影响试验[6]

1. 试验原理与目的

噪声是世界公认的三大公害之一，是我国现代化进程中存在的主要环境问题之一，同时作为职业性有害因素的一种，在一定程度上影响人在作业时的听觉判断，造成生理、心理上的紧张，不仅会对接触人员的身体造成损害，也会对人员的安全行为有或多或少的影响，进而诱导事故的发生。

本试验的目的在于通过构建噪声场景，研究噪声水平对人的生理参数与注意力的影响，以期为预防和控制噪声对人的影响提供依据。

2. 主要试验仪器与工具

试验涉及的仪器包括噪声大小控制系统、注意力集中能力测试系统、生理指标测试系统。

噪声大小控制系统包括计算机、音箱以及噪声计，本书选取常见的机械噪声和空气动力噪声的混合噪声，并利用音箱和噪声计精准控制噪声大小。

注意力集中能力测试系统，主要采用 BD-Ⅱ-310 注意力集中能力测试仪，仪器由一个可换不同测试板的转盘及控制、计时、记数系统组成。转盘转动是测试板透明图案产生运动光斑，用测试棒追踪光斑，注意力集中能力的不同量将反映在追踪正确的时间及出错次数上。

生理指标测试系统采用法国国家安全研究所（INRS）与法国 TEA 公司联合开发的 Captive 人因与工效学数据同步采集系统，可以用来记录被研究个体的生理、心理、眼动、行为等各种活动及周围环境变化，分析个体动作、姿势、运动、位置、表情、情绪、社会交往、人-机交互等各种细节动作等，在本测试过程中主要采集被试的心率和皮肤电两项生理指标。

3. 被试

选取 15 名被试，其中男性 10 名，女性 5 名。将被试按照测试顺序（1-15）依次编码。他们的年龄、身高、体重分别是（21±2）岁、（168±9.7）cm、（58±12.2）kg。试验开始前，让被试处于安静的环境中以放松的状态接受测试。同时，为保证试验的统一性，将从相同部位测量各试验对象的生理指标。

4. 试验方案

本试验自变量为不同噪声水平，分别为安静（30dB）、低噪（50dB）、中噪（70dB）、高噪（90dB）。因变量为注意力集中能力测试所采集的操作失败次数，以及 captive 人因与工效学数据同步采集系统所捕捉的心率、皮电指标。具体试验流程如下：

(1) 为保证每名被试都掌握注意力集中能力测试方法，保证每名被试都掌握注意力集中能力测试方法，试验前须对被试集中进行 30min 的仪器操作训练，以防止由于生疏程度的不同对试验结果造成影响。

(2) 试验前，让被试保持放松状态，坐在椅子上，佩戴好皮电、心率信号的测试探头，并做好注意力集中能力测试仪测试准备。

(3) 设置注意力集中能力测试仪以 90s 为单位，以 50r/min 的速度运转，测试被试追踪作业时的失败次数。

(4) 主测人员调节好噪声大小后对被试说出操作口令，并同时按下注意力集中能力测试仪和生理指标测试仪开始测试按钮以及噪声播放按钮，此时被试开始追踪作业，同步记录其操作过程中生理指标变化及成功时间。

(5) 每次测试过程均只有一名被试参与，其余被试处于隔离休息状态，当一名被试测完一种转速下的一种噪声大小的测试后，换下一名被试测试，防止被试持续重复操作造成疲劳，从而影响试验结果。

5. 试验数据处理

1）生理参数的方差分析

运用统计学软件 SPSS19.0 进行方差分析，结果见表 8-1。由表 8-1 可知，噪声等级和性别这 2 个变量对于人的心率和皮电的影响不同，对于因变量为心率这个校正模型的 F 统计量为 5.333，概率水平为 0，可见此方差分析模型是非常显著的，其中性别对心率的影响有显著的影响，P 值小于 0.0001，而"噪声等级"及"性别 * 噪声等级"对心率没有显著影响，P 值分别为 0.502 和 0.980。从皮电的方差分析模型中可知，F 统计量为 0.725，概率水平是 0.652，大于 0.05，因而不接受检验假设，性别、噪声等级、性别 * 噪声等级对皮电的影响不明显，P 值分别为 0.063、0.717、0.999，均大于 0.05。

表 8-1 生理参数方差分析结果

源	因变量：心率/(次/min)			因变量：皮肤电/μV		
	均方	F	P	均方	F	P
校正模型	544.798	5.333	0	20.551	0.725	0.652
截距	403870.262	3953.263	0	2866.226	101.050	0
性别	3470.746	33.973	0	102.176	3.602	0.063
噪声等级	81.270	0.796	0.502	12.815	0.452	0.717
性别 * 噪声等级	6.150	0.060	0.980	0.229	0.008	0.999

统计不同噪声水平之下心率和皮电均值以对比其差异，结果见表 8-2。随着噪声等级的提升，心率和皮电均值都增大。

表 8-2　不同噪声水平下心率和皮电均值

噪声等级	数量 N	心率/(次/min)	皮肤电/μV
安静	15	86.6887	5.8060
低噪	15	88.5493	6.5027
中噪	15	90.7013	7.1133
高噪	15	92.8987	8.0560

综上所述，噪声大小对人的生理参数的变化影响不明显，而性别对心率的变化有显著的影响。Pearson 相关系数显示，性别和心率、皮肤电的相关系数分别为 0.617（$P<0.0001$），0.366（$P<0.05$），而噪声等级和心率、皮肤电的相关系数分别为 0.188（$P>0.05$），0.106（$P>0.05$），可以认为这种短时间的、即时的噪声水平对人的生理参数没有多大影响，人在作业时也不会受到噪声的危害。但如果长期暴露于噪声中，则会引起人的听力丧失，心率过速，幸福感下降等生理、心理问题，最终还会影响人的行为安全，引起安全事故。

2) 注意力方差分析

注意力集中能力测试中，以被试在进行追踪作业中的失败次数来表征注意力集中能力，失败次数越多，表明注意力集中能力程度越差，人在作业时就越容易产生不安全行为。如表 8-3 所示，注意力方差分析结果显示，模型的检验统计量 F 的观测值为 5.734，检验的概率 P 值<0.001，拒绝零假设，具有统计学意义。性别和噪声等级均显著影响人的失败次数（$P<0.0001$，$P<0.05$），性别和噪声等级的交互效应对人的失败次数没有显著影响（$P>0.05$）。对噪声大小、性别和失败次数进行相关性分析发现：噪声大小和失败次数呈正相关关系，相关系数为 0.996（$P<0.01$），性别和失败次数的相关性系数大小为 0.448（$P<0.001$）。

表 8-3　注意力的方差分析结果

源	Ⅲ型平方和	df	均　　方	F	P
校正模型	43473.733	7	6210.533	5.734	0
截距	421267.500	1	421267.500	388.925	0
性别	31428.033	1	31428.033	29.015	0
噪声等级	9831.633	3	3277.211	3.026	0.038
性别 * 噪声等级	128.700	3	42.900	0.040	0.989
误差	56324.200	52	1083.158	—	—
总计	663950.000	60	—	—	—
校正的总计	99797.933	59	—	—	—

第 8 章 人因可靠性试验设计与应用

利用 Duncan 检定对不同噪声水平下心率和皮电的显著性进行分析,结果见表 8-4,第一均衡子集中包含安静水平和低噪水平 2 种情况,它们的平均值分别为 76.4000 和 93.2000,2 组均数比较的概率 P 值为 0.1680,大于 0.05,接受零假设,可以认为安静和低噪下注意力无明显差异,第二均衡子集包含低噪、中噪、高噪情况,它们的均数分别为 93.2000、103.6000、114.6667,3 组均数比较的概率 P 值为 0.0460,小于 0.05,认为这 3 种情况下,注意力存在明显差异,而安静情况下没有和低噪、中噪、高噪情况列在均衡子集表的同一个单元格,可以认为安静情况和另外 3 种噪声水平存在显著差异。

表 8-4 不同噪声水平下失败次数 Duncan 分析结果

噪声等级	N	子集	
		1	2
安静	15	76.4000	—
低噪	15	93.2000	93.2000
中噪	15	—	103.6000
高噪	15	—	114.6667
P	—	0.1680	0.0460

3) 噪声水平对注意力影响预测

由以上分析可知,性别对注意力的影响非常显著,因而文中分别对男性和女性进行回归分析,分析噪声水平对注意力的影响程度,为提高人的安全行为意向和提高噪声环境下的作业安全提供依据。本回归过程选取线性、对数、二次、幂函数、指数函数五种回归曲线模型,不论男性还是女性,拟合度最好的是幂函数模型,R^2 为 0.996,从 F 值来看,同样也是幂函数模型的拟合情况最好。因此,从拟合情况来看,幂函数曲线回归方程 $y = ax^b$(式中:y 为因变量、x 为自变量,a、b 为参数)最适合文中数据的建模。得出男性和女性在不同噪声水平与失败次数之间的关系分别为 $y = 28.284x^{0.344}$,$y = 9.427x^{0.475}$,其中,x 为噪声水平,y 为失败次数。由幂函数特性可知,随着噪声强度的增高,幂函数导数值逐渐减小,趋近零,y 值不会持续增大,而是趋近一个极值,因而噪声强度在达到一定值时对人的注意力影响不再增加。

4) 试验结论

(1) 男性和女性在生理指标和注意力集中能力测试中,变化趋势相似,高噪声水平会导致高皮电、心率,也会引起高失败次数。女性的心率、皮电和注意力集中能力测试中的失败次数均较男性低,女性在噪声环境中较男性注意力更集中,在噪声下的安全行为更明显。

(2) 方差分析显示,短时间的噪声暴露不会显著影响人的生理参数,但是能显著影响人的注意力集中能力,Duncan 多重比较显示,中噪和高噪的失败次数值显著高于低噪和安静状态,而低噪和安静状态时差异不明显,中、高噪更能影响人的注意力,对人的行为安全影响更大。

(3) 性别对生理参数和注意力都有显著影响,男性在有噪声的情况下进行注意力集中能力操作时,更加兴奋,防噪声干扰能力较女性弱。不论男性还是女性,幂函数模型均能很好预测噪声水平高低对注意力的影响。

8.2.2 数字化控制系统信息显示特征对操作员信息捕获绩效的影响及优化试验[7]

1. 试验原理与目的

在现代工业系统中,70%的事故直接或间接与人有关,人因已成为工业系统中引发事故的主要因素。数字化技术在核电厂、火电厂等主控室的广泛应用,在提高系统运行可靠性和作业绩效的同时,也导致监视失误、"锁孔效应"等新的人因问题,研究这些新的人因问题对于提高工业系统的安全性有着重要作用。数字化的主控室改变了传统模拟技术的仪表控制系统,使主控室的信息显示、操作班组运作模式、操作员的职责都发生了改变。在信息显示方面,数字化主控室的信息集中布局在几个大屏幕上,能够为操作员提供更多的数据,信息的显示不会受限于物理空间。操作员直接从大屏幕上获取系统各部分的运行状态,完成监视、状态评价、响应计划、计划执行的认知任务。数字化控制系统操作员的任务简单化,减少了复杂知识类型的行为,从而减少了操作员的生理、心理负荷,但是,数字化后信息量剧增,大量的数据"隐"在几个显示屏上,增加了操作员要执行的子任务量,增加了操作员的认读、信息搜索、路径选择、执行(导航、画面配置等)行为,这些均可能影响操作员的作业绩效。

本试验目的在于研究信息显示率、信息提供率、数据更新率对操作员信息捕获绩效的影响,寻求三者之间的最佳匹配。

2. 试验工具与设备

试验在安静、明亮的试验室进行,保证灯光对屏幕无反光现象,试验室温度适宜,保证被试集中注意力并舒适地进行试验,减少由于外部因素造成被试精神状态和认知的误差。试验仪器为一台戴尔计算机,20英寸液晶显示器,屏幕分辨率为1366像素×768像素,试验程序由E-Prime2.0软件编写,程序使用简单的操作即可,程序自动记录试验判断的正误与反应时间。为了更为科学精确地对信息量进行描述,本书基于香农信息熵理论表达信息量,运用平均自信息量的数学表达式计算信息量:

$$H(x) = -\sum_{i=1}^{n} P(x_i) \log a P(x_i) \quad (i = 1, 2, 3, \cdots) \quad (8-1)$$

式中: i 为第 i 个状态; $P(x_i)$ 为出现第 i 个状态的概率; $H(x)$ 为平均自信息

量，即事件出现 n 种结果所获信息量的数学期望，也称信息熵 [a 取 2，单位为比特（bit）]

试验中，信息显示屏上设置 48 个均匀分布的信息区域，每次试验中在每个信息区域随机呈现英文字母，即 26 个英文字母在每个信息区域出现概率都为 1/26，由信息熵的定义以及式（8-1）计算可得，每个信息区域的信息量为 4.7bit，信息界面提供的 48 个信息区域的总信息量为：4.7bit×48＝225.6(bit)。

3. 试验被试

被试为 20 名在校研究生，其中男性 10 人，女性 10 人，年龄在 22~26 岁之间，所有被试双眼视力正常或矫正后视力正常，为了更好地模拟数字化控制室的操作员，本试验所选取的被试满足以下条件：与研究相关的专业背景（如核工程）；经过至少一年的人因工程专业学习，对本试验的研究背景相当熟悉；具有参与核电厂模拟机调研的实践经验；颜色辨认正常。试验结束后给予被试一定的报酬。

4. 试验方案

试验按照三因素三水平的正交试验设计，自变量包含三个因素：①信息显示率，用信息显示密度方法表示，将 48 个信息区域划分为 25%、50%、75% 三个水平，48 个信息区域的 25%、50%、75% 分别为 12 个、24 个、36 个信息区域，每个信息区域随机呈现英文字母，信息提供率由式（8-1）计算，其信息量分别为 12×4.7＝56.4(bit)、24×4.7＝112.8(bit)、36×4.7＝169.2(bit)，信息呈现于界面，在本试验界面中为带有明显阴影的方框信息区域，如图 8-1 所示。②信息提供率，在信息显示率所显示的信息区域中由试验程序软件自动选取其中的 2、3、4 三个水平的信息区域，所选取的信息区域随机呈现英文字母，即假设提供的能被被试有效获取的信息量三个水平分别为：2×4.7bit＝9.4(bit)、3×4.7bit＝14.1(bit)、4×4.7bit＝18.8(bit)，在试验中为带有阴影的方框中的阴影带双下划线的字母信息区域，即这部分信息是界面提供给操作员并且要求其有效捕捉到的关键信息。③数据更新率，分为 2s、3s、4s 三个不同的水平。试验设计的因素水平如表 8-5 所示。

表 8-5 试验设计的因素水平表

水平	因素		
	A：信息显示率/bit	B：信息提供率/bit	C：数据更新时间/s
1	A_1：56.4	B_1：9.4	C_1：2
2	A_2：112.8	B_2：14.1	C_2：3
3	A_3：169.2	B_3：18.8	C_3：4

试验的因变量为被试能否察觉到探测刺激与初始刺激的信息是否发生了变化的正确率。

5. 试验程序

试验前被试进行适当练习，了解有关规则，熟悉试验操作平台。试验采用变化察觉范式，要求被试记忆初始界面的信息，然后进行检测。在测试试验正式开始前，被试阅读屏幕上试验指导语，然后被试双眼正对显示屏，试验正式开始。屏幕正中央呈现注视点"+"，2s 后显示初始刺激信息界面，要求被试有效捕捉到带阴影方框中的阴影带双下划线的字母的信息。界面显示干扰信息包括：①信息区域是否出现警报的带阴影方框；②出现警报的带阴影方框里的字母是否为阴影带双下划线的字母。之后呈现 2s 的空白界面，接着呈现探测刺激信息界面（在一半测试中，探测刺激信息界面与初始刺激信息界面相同，在另一半测试则改变探测刺激中的一个字母或者带阴影方框的位置），要求被试判断探测刺激界面信息是否与初始刺激界面信息一致，如果探测刺激信息界面与初始刺激信息界面一致，则在键盘上按"J"键，反之按"F"键，以此来检测被试是否观察到了界面信息发生变化，通过判断的正确率来衡量被试对信息的捕捉绩效。被试做出按键反应后，屏幕再次呈现注视点"+"号，继续下一个试次。依此循环，直至试验结束。每个试验具体的因素水平变化如表 8-6 所示，9 个试验里每个试验要进行 30 个试次，需做三轮重复的试验，即每个被试需要完成 9×30×3 = 810（个）试次，选取 20 名被试，即本试验需要 810×20 = 16200（次）试验测试，考虑到试验时间较长，容易造成被试疲劳，影响试验的可靠性，每个被试完成一个试验后都有充分的休息时间。

试验过程如图 8-1 所示，图中信息显示率为 112.8bit，信息提供率为 14.1bit。与初始刺激（a）界面相比，察觉刺激界面（c）中带阴影方格中的带双下划线的字母 V 发生了改变（变成了 W），被试按键盘"F"键表示"否"为正确的反应，即被试察觉/捕捉到初始刺激界面的信息发生了变化。

6. 试验结果与分析

本文选用 $L_9(3^4)K=3$ 重复正交试验设计和分析用表，每个被试每轮需要完成 9 个试验（试验号如表 8-6 所列），为了提高试验的可靠性与减小试验误差，取 $K=3$，即每个被试在同样的试验条件下做 3 轮重复的试验，一共收集到 9×3 = 27（组）试验数据。通过试验数据来分析各因素的变化对被试信息捕捉绩效的影响。原始数据由 Excel 2007 整理，得到试验的正确率结果如表 8-6 所列，对试验结果的分析主要为极差分析和方差分析。计算正交试验结果的极差可以确定因素的主次顺序，由表 8-6 可知，A 列极差 R 为 0.924，B 列极差为 0.735，C 列极差为 0.6985，由此可以得出极差 R 由大到小

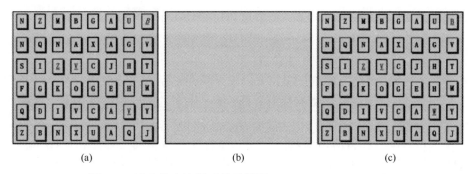

图 8-1 试验基本流程 [显示顺序 (a) → (b) → (c)]
(a) 初始刺激界面；(b) 空白界面；(c) 探测刺激界面。

的顺序为 A>B>C，说明影响被试试验结果最主要的因素是 A 信息显示率，其次是 B 信息提供率，最后是 C 数据更新率。

表 8-6 $L_9(3^4)$ $K=3$ 正交试验设计及结果

参　数		因素				正确率		
		A（信息显示率）	B（信息提供率）	C（数据更新率）	D（空白列）	结果一	结果二	结果三
试验号	1	A_1	B_1	C_1	D_1	0.9383	0.9617	0.9583
	2	A_1	B_2	C_2	D_2	0.9783	0.9567	0.9650
	3	A_1	B_3	C_3	D_3	0.9700	0.9650	0.9617
	4	A_2	B_1	C_2	D_3	0.9467	0.9467	0.9433
	5	A_2	B_2	C_3	D_1	0.9550	0.9417	0.8083
	6	A_2	B_3	C_1	D_2	0.8117	0.8033	0.9467
	7	A_3	B_1	C_3	D_2	0.9233	0.9317	0.9217
	8	A_3	B_2	C_1	D_3	0.8500	0.8367	0.8500
	9	A_3	B_3	C_2	D_1	0.7950	0.8150	0.8067
K	K_1	8.6550	8.4717	7.8183	8.1184			
	K_2	8.1034	8.2801	8.1534	8.1000			
	K_3	7.7301	7.7367	8.5168	8.2701			
极差 R		0.9249	0.7350	0.6985	0.1701			
最优水平		A_1	B_1	C_3	D_1			

通过比较各列 K 值可以得到各组合的最优方案，本试验的指标为被试反应的正确率，正确率越高表明被试捕捉信息的绩效越好，所以 K 值越大越好。在 A 列中，$K_1(8.6550)>K_2(8.1034)>K_3(7.7301)$，最优水平为 A_1，同理，B 列中，$K_1>K_2>K_3$，最优水平为 B_1，C 列中 $B>2>K_1$，最优水平为 C_3，所以在不考虑其他因素的情况下，可得最优水平为 $A_1B_1C_3$，即信息显示率为

56.4bit、信息提供率为 9.4bit、数据更新时间为 4s 时的绩效最佳。

将正交试验结果输入 SPSS 20.0 中进行方差分析,结果见表 8-7。A、B 的 P 值均小于 0.0001,说明因素 A、B 对试验的正确率有统计学意义,而 C 因素的 P 值为 0.515,无统计学意义,说明信息显示率与信息提供率 3 个不同水平的改变对被试的绩效影响极其显著,3 个水平的不同数据更新率对试验结果无统计学意义。从表 8-7 中的 F 值的大小也可以看出因素的主次顺序为 A、B、C,这与极差分析的结果是一致的。综合极差分析与方差分析的结果,信息显示率对被试信息捕捉绩效的影响极其显著,数字化控制系统的操作员在界面上获取相关信息的过程中,在单位时间内显示的信息量越少,对操作员有效获取信息越有利,操作员的信息捕获绩效就越好。但是,为了完整监视系统的运行状况,系统运行所带来的"巨量的信息"要在有限的界面上显示完整,考虑界面显示空间的经济性和有效性,又必须显示更多的信息,以便于有效监视,所以界面信息显示设计的时候在保证安全的,同时需兼顾界面信息显示的全面性和有效性。信息提供率是系统界面很重要的一个特征,其重要程度主要体现在操作员当前所能有效捕获的信息量对目前系统运行状态的理解以及对即将执行任务的计划,甚至可以理解为信息提供率提供的是关键的目标信息点、急需解决的状态信息。信息提供率在短时间内是一个有限值,其影响因素也很多,有待进一步深入进行研究,应该以具体的某一个安全值作为上限进行设计。由于方差分析中数据更新率对被试信息捕获绩效的影响并不显著,说明该因素所选取的几个水平对整体的绩效并无显著的影响,但是,并不能得出其他水平对操作员信息捕捉绩效毫无影响,在本试验中,数据更新率可根据实际情况予以考虑取最优值。大量的研究表明工作负荷和作业绩工效的关系是非线性的,负荷过高或过低都会在不同程度上降低工效,只有适当范围的工作负荷,才能使人发挥出最大的工效,而将作业绩效保持在较高水平上。本试验中,在保证信息显示率、信息提供率的基础上,数据更新率 $C_2(3s)$ 为最优水平,此时界面信息捕捉好,任务完成绩效好。

表 8-7 方差分析结果

参数	III型平方和	自由度	均方	F	P
A	0.48	2	0.24	17.047	0
B	0.32	2	0.16	11.446	0
C	0.02	2	0.01	0.686	0.515
误差	0.28	20	0.01		

7. 结论与讨论

通过试验,对得到的 27 组数据进行统计、分析,获得了信息显示率、信息提供率、数据更新率三者对操作员信息捕捉绩效的影响,试验结论如下:

(1) 信息显示率对操作员信息捕捉绩效影响最大，信息显示率越大，界面无关信息对被试的干扰程度就越大，操作员信息捕捉绩效越差；信息提供率影响次之，界面提供的能被被试有效捕捉到的信息量在较小的情况下，操作员的认知任务较小，绩效越好；数据更新率影响最小，在理想状态下，提供的数据更新时间越充裕，利于被试充分捕捉到界面的信息。

(2) 信息提供率（A 因素三水平、B 因素三水平）对试验正确率具有极其显著的影响（$P<0.0001$），数据更新率的三个水平 2s、3s、4s 对试验正确率的影响无统计学意义（$P=0.515$）。

(3) A 因素三水平（56.4bit、112.8bit、169.2bit）以 A1 最佳，B 因素三水平（9.4bit、14.1bit、18.8bit）以 B_1 最佳，C 因素三水平对被试信息捕获绩效的影响并不显著，本试验综合考虑其他因素下的最优匹配为 $A_1B_1C_3$，即信息显示率为 56.4bit，信息提供率为 9.4bit，数据更新率为 4s 时，为试验的最优组合。

参 考 文 献

[1] 孙林岩. 人因工程 [M]. 北京：中国科学技术出版社，2001.
[2] 郭秀艳. 实验心理学 [M]. 北京：人民教育出版社，2004.
[3] 丁念金. 研究方法的新进展 [M]. 北京：教育科学出版社，2004.
[4] 莫雷，温忠麟，陈彩琦. 心理学研究方法 [M]. 广州：广东高等教育出版社，2007.
[5] 邵志芳. 认知心理学理论、实验和应用 [M]. 3 版. 上海：上海教育出版社，2019.
[6] 李敏，贾惠侨，李开伟，等. 噪声水平对人不安全行为的影响研究 [J]. 中国安全科学学报，2017，27（3）：19-24.
[7] 张力，周易川，贾惠侨，等. 数字化控制系统信息显示特征对操纵员信息捕获绩效的影响及优化研究 [J]. 中国安全生产科学技术，2016，12（10）：62-67.

内 容 简 介

大型复杂人-机-环境系统中的人因可靠性研究是可靠性工程、安全工程和管理科学的一项重要前沿课题,有着广泛的需求和应用前景,如核电厂、空间站、大型武器装备系统、大型电网调度中心等。

本书系统分析了人因可靠性对大型复杂人-机-环境系统安全和绩效的作用与影响,讨论与建立了人因可靠性基础理论,深刻阐述了人因可靠性若干重要概念,探讨了复杂人-机-环境系统人员认知行为机制及规律,建立了规范化的人因可靠性分析方法、人因事件分析与预防方法、人因绩效提升方法,并给出了这些理论、方法、技术的应用案例,最后介绍了人因可靠性实验设计与应用。

本书是作者对30年来在国家自然科学基金、国防军工技术基础计划等的长期支持下所取得的一系列有关人因可靠性研究成果的总结和概括,通过对不同复杂人-机-环境系统特征与人员特性共性的抽象,建立了适应不同系统的人因可靠性通用性理论。

本书可供从事复杂工业系统与国防军工系统的设计、运行与安全评价等工作的科研人员与工程人员参考,也适合大学与研究院所相关专业的教师与研究生阅读。

Human reliability research in large complex man－machine－environment systems is an important frontier topic in the field of reliability engineering, safety engineering and management science. It has a wide range of requirements and application prospects, such as nuclear power plants, space stations, large weapons and equipment systems, large power grid dispatch centers, and so on.

The book systematically analyzes the role and impact of human reliability on the safety and performance of large complex human－machine－environment systems, discusses and establishes the basic theory of human reliability, and profoundly expounds some basic and important concepts of human reliability. It also discusses the cognitive behavior mechanism and rules of personnel in complex man－machine－environment systems. It establishes standardized human reliability analysis technology, human failure event analysis and prevention method, human performance improvement method, and gives application cases of these theories, methods and technologies. The book also introduces the human factor reliability experiment design and application method. The book collects the research work by the authors in the past 30 years under the long-term support of the national natural science foundation and national defense military technology program. By abstracting the common characteristics of different complex human-machine-environment systems and human characteristics, this book establishes the universal theory of human reliability adapted to different systems.

This book can not only be the reference for scientific and engineering personnel engaged in the design, operation and safety assessment of complex industrial systems, but also be suitable for teachers and graduate students of relevant majors in universities and research institutes.